孔子传

华夏的崩坏与新生

韦政通——著

岳麓書社·长沙

繁体中文版原书名：《孔子》

图书在版编目（CIP）数据

孔子传：华夏的崩坏与新生 / 韦政通著. -- 长沙：岳麓书社，2025. 8. -- ISBN 978-7-5538-2108-5

Ⅰ. B822.2

中国国家版本馆 CIP 数据核字第 2024E7V774 号

KONGZI ZHUAN: HUAXIA DE BENGHUAI YU XINSHENG

孔子传：华夏的崩坏与新生

作　　者 | 韦政通
出 版 人 | 崔　灿
策划编辑 | 奉懿梓
责任编辑 | 刘书乔　王　畅
责任校对 | 舒　舍
书籍设计 | 左左工作室

岳麓书社出版发行
地址 | 长沙市岳麓区爱民路 47 号
承印 | 长沙超峰印刷有限公司

开本 | 880mm × 1230mm 1/32　印张 | 11　字数 | 226 千字
版次 | 2025 年 8 月第 1 版　印次 | 2025 年 8 月第 1 次印刷
书号 | ISBN 978-7-5538-2108-5
定价 | 78.00 元

如有印装质量问题，请与本社印务部联系
电话 | 0731-88884129

唐 先师孔子行教像拓片

明　孔子圣迹图·诛少正卯（局部）

明 孔子圣迹图·西狩获麟（局部）

明 至圣先贤半身像册 · 端木赐

明 至圣先贤半身像册 · 宰予

自　序

11700字的《论语》，是研究孔子最可靠的资料，要在如此单薄的凭借上，写一部较有系统的论著，实在不是一件简单的事。十年前曾约请国外一位华裔学者，承担《孔子》一书的撰写，后因健康不佳而退约。近年来曾征询过一些学者写此书的意愿，结果均未能如愿。《世界哲学家丛书》自十年前开始出书以来，每年平均出书十种，眼看即将出到百册，而《孔子》一册依然阙如，作为丛书的主编，再无任何推托的理由，只好暂时把其他的写作计划搁下，自己承担下来。

四十年前初教书时，一连七年的语文课中，都要附带教点《论语》，后来教中国哲学史十几年，又写《先秦七大哲学家》和《中国思想史》，先后二十多年，年年要复习《论语》，照理说，应该有相当了解。可是此番重读《论语》，仍觉难解之处甚多，对往日自以为是的一些了解，也缺乏自信，甚至觉得过去并未能掌握孔学的精义，这种感觉使我惶恐，使我内疚。

我写这本《孔子》的准备工作，就是在这种心理背景下，从头开始的。三十多年前，为方便教学，曾自制一套《论语》

的观念索引，这次又重编了一次。观念索引无异于观念统计，其中可显示出，哪些是孔子思想中最重要的观念，哪些是孔子最关心的问题。在准备的过程中，花时间最多的是重温古史，并补读一些有关古史研究的新书。早年我曾对中国哲学的起源问题感兴趣，因此涉猎过现代一些有关古史研究的著作，那时候这些新书尚未出版。早年的探讨，曾发表过《从宗教看中国哲学的起源》和《从〈周易〉看中国哲学的起源》两篇文章，我之所以会在这本书里，写下《传统与孔子》一章，正是早年兴趣的延续。

《传统与孔子》《孔子的时代》《孔子与鲁国》这三章，都与古史息息相关，我希望由这些广阔的背景，能为了解孔子的思想，拓展出广角性的新视野。《传统与孔子》是尝试进入孔子心目中的传统，去了解孔子思想的形成与开展，以及他如何温故知新，如何转化传统，又如何从返本的思考中，开出一片人文的新天地。此外，孔子的言论中有一部分，是针对他生存的时代和鲁国的政情而发，如不深入了解那时代的脉动，以及他与鲁国政治之间的关系，对这些言论，未必真能理解。

当然，孔子的思想，如只停留在传统的冲击、时代的刺激、环境的互动这些层次上，他就不可能在中国历史上成为如此重要且影响深远的人物。孔子之所以能成为中国文化的代表性人物，是因在中国文化极具关键性的转型时代，扮演了承先启后的关键性角色，也就是说，在文化的传承之外，还有文化的创新。创新方面最重要也是最核心的部分，我们称之为成德之学，它包含成德的工夫（修身）、成德的理想（君子）、成德之教（以身作则）。其中修身是孔学的命脉，如缺乏精神修养这个基础，社会政治的、道德理想的实践，皆不可能。成德的理想，在为儒家塑造理想人格的同时，也赋予中国士人传统一种理想主义的精神。成德之教的功能，是激励士人们产生成德意愿，确立人生奋斗的方向，以及从事修身的工夫，以达到提升道德，创造理想人格的目的。这种教育有效的唯一保证，有赖于以身作则的身教。由成德之学，可明显地看出，孔子对人类的道德问题，有一种非常独特的关怀，与西方道德哲学或伦理学所处理的问题，大异其趣。这套学问，如一定要纳入道德哲学或伦理学的范畴，它也是一种非常独特的类型。就因为它的独特，近代以来学人间才产生儒家究竟是哲学还是宗教这种不知就里的问题！

上述的成德之学，就是本书第五章以下探讨的中心论题，希望从不同角度、不同层次，抉发孔子成德之学中三个组成部分之间的内在关联，使成德之学成为统一而较有系统的有机体。我当然清楚孔子这套学问，与现代人的心灵是格格不入的，在现行的教育体制中，成德之学也几无立足之地。二十年前我在《中国哲学辞典》的序文中就说过："我们生活的是一个重视知识的时代，在社会上泛滥的是商业文化，塑造出来的是大量市场型的人格，由中国哲学所开发的那条道路，自然是乏人问津，也根本无法被了解。如果说百年来中国文化失落些什么，那么失落的最重要的部分，应该是这里（指道德人格的塑造）。我们相信，人类的文化，绝不会停顿在现在这个样子。就哲学而言，正如亚伦·华滋所指出的，当‘逻辑、智力和理性被满足了，但心却饥饿了’的时候，人类的思考就不能不转向了。”

二十年过去了，中国大陆正陷入追求经济成长的狂潮之中，而台湾经济成长的高峰似已过去。一百五十年来，中国人追求富强，追求自由、民主、人权，绝对要肯定，但也不甘心让我们的后代子孙，仍生活在这样既不快乐、也不幸福的生活之中。就台湾而言，对精神世界的重视，已有迹可循，假如人类还想更好地生活下去，对精神世界和精神修养的重视，在21世纪势将成为全球性的运动。在未来人类精神世界重建的过程中，孔子成德之学能否有所贡献，那就要看今后我们在从事儒学的理论建构之外，是否能培养一批以儒家为信念的笃行之士了。

韦政通
1996年8月30日
于台北内湖碧湖之滨

目录

第一章　绪　论

一、《论语》是怎样一部书

讲孔子的思想，不管你如何取材，《论语》都是最重要的依据。那么，《论语》究竟是怎样的一部书呢？我们不妨从它不是怎样的一部书说起。

首先，《论语》不是“圣经”。在现代中国的社会，人们一听到“圣经”之名，直接想到的多半是基督教的《新约》《旧约》，这种联想，对《论语》很容易引起不必要的误解，因为耶稣乃神之子，《圣经》属于神启的语言，尽管其中具有深刻的心灵表现与高妙的智慧，但其性质与《论语》完全不同。相对于神之子，孔子可以说是大地之子，这不只是因为他关怀的是人今生今世的人格、文化、社会、政治等问题，而是由于他的生命、他的精神，彻彻底底是植根于大地之上。

其次，在思想上，《论语》不是一部系统之作，这当然不是说其中没有中心思想。自古及今，对所谓“吾道一以贯之”或

“予一以贯之”有许多不同的解说[①]，有的则忽略了它是与“多学而识”相对而言，因此，“一以贯之”绝非指经验知识与理论。但在我们这个时代，为了要从学术上研究它，为了使《论语》在学院中也能占一席之地，有时不得不将其思想概念化、理论化、系统化，也就是从事现代诠释。在现代，这一步工作，有其必要，但也不可不知，经由现代诠释，不可避免地，会使其内容的活泼性、丰富性、复杂性受到局限。

毫无疑问，《论语》是一部伟大的书。熟悉西方经典的阿德勒博士，在讨论伟大名著问题时，认为使一本书伟大的因素是[②]：

第一，伟大书籍“都以独特的方式提出人所必须面对而经常发生的基本问题，因为这些问题从不曾完全解决，这些书便成为知性代代相传的来源与不朽名作”。这类问题，在《论语》中有仁智、道、德、命、志、忠恕、忠信、礼乐、文质、修身、学思、中庸、义利、权、孝弟、友道、理想人格、言行、进退、生死、鬼神等，经由代代相传，一直是儒家传统中的基本问题。

第二，“伟大书籍含有多层深意，自然便显出它的富丽，它们引出了各种注解。……其他书我们只要读一遍就能洞悉无遗，

① 韦政通：《中国哲学辞典》，“一以贯之”条，大林出版社，1981 年，第 5—7 页。

② 以下五条引文均见阿德勒：《西方的智慧——伟大书籍中的伟大观念》，周勋男译，幼狮文化事业公司，1974 年，第 117 页。

但是伟大的书籍，却让人钻研不尽。它们是启发智慧的泉源，永不枯竭。”中国历代对《论语》的注释，已以千计，最著名的有包罗古注的何晏《集解》与皇侃《义疏》，有代表宋代理学的朱熹《集注》，有集合清代考据的刘宝楠《论语正义》。其中朱熹从年轻时到老年，对《论语》始终钻研不断，注释之书《集注》之外，尚有《论语要义》《论语训蒙口义》《论语或问》等。《要义》一书曾一再改写，始而易名为《论语精义》，最后则改为《论语集义》。[①]《朱子语类》里，记录有关《论语》与时人及弟子的问答，多达三十一卷，1200多页，对各书的注释仍有不少修正。当代钱穆与陈大齐两位先生，毕生都保持对《论语》钻研的兴趣，各自写了好几本有关《论语》的书[②]，这就足以证明，《论语》一直到现代，对学者仍具有极大的魅力。

第三，“伟大书籍能超越它们源起的地域限制，它们始终是世界性的文学。我们确定为伟大的作品就是所有时代各地人类一再颂扬的作品。”《论语》的主角孔子出生于春秋时代的鲁国，经过两千多年的薪火相传，孔子在世界上早已成为中国文化的象征，如果他代表文化之光，那么《论语》就是光源。1993年上海出版的《孔子大辞典》，罗列了从先秦到近代、到台湾、香港地区，以及东亚和欧美各国研究《论语》或孔子的人物与著

---

① 朱熹注《论语》的经历，参考钱穆：《孔子与论语》，联经出版事业公司，1974年，第26—27页。

② 钱穆：《论语新解》《孔子与论语》《孔子传》；陈大齐：《论语臆解》《孔子学说论集》《孔子学说》《孔子言论贯通集》。

作，虽仍不完备，已达600页，可以证明“伟大的作品就是所有时代各地人类一再颂扬的作品”。

第四，“伟大书籍并不容易读，没有人能读一次就完全了解，甚至读很多次也不一定能完全精通。我常说，伟大书籍永远超过每一个人的头脑，这正是大家必须一读再读的原因，也正是对大家有益的原因。只有超越我们头脑的东西才能将我们提升起来。”在文字上，《论语》在所有古籍中，算是可读性最高的，但要全盘了解其内涵，可真不容易。没有人比朱熹对《论语》下的功夫更深更久，经过多年改订的《集注》，虽自认“添不得一个字，减不得一个字”[①]，被后人指出的问题还是不少。到目前为止，市场上出版研究古籍的书，《论语》在数量上仍居绝对优势，这当然不只是因为它不容易读，而是因为它对大家仍然有益。

第五，伟大的书是“以最清晰、最简单的方式描写人类心灵所面对的最困难的主题，它们尽可能以最容易的方法来处理这些主题”，因而使其具有“美而简明的风格”。在前文提到历代儒者们钻研不辍的基本问题中，像仁智、忠信、义利、孝弟、言行、进退、生死、鬼神，都是人类心灵所面对的最困难的主题。如果我们想说明同样的主题，恐怕需要几十倍的文字。简明的风格，丰富的内涵，岂不也是伟大书籍的特色？

① 转引自钱穆：《孔子与论语》，第29页。

阿德勒之言，来自对西方经典传统的体会，几乎都适合于《论语》，也的确有助于我们对这部书的认识。如此惊人的相似，似乎使人不能不相信，所谓伟大的书，确有一些基本而又共同的要素。

二、如何研读《论语》

中国自汉以下的传统社会，凡识字者，大概多少会读过《论语》。可是现在，中国人的处境与知识来源已很复杂，且撇开那些对国家认同、文化认同出了问题，甚至不愿做中国人的人不谈，对一般受过相当教育者，要讨论如何研读《论语》，恐怕不免要先面对“我们为什么要读《论语》”的问题。过去在教室里，在社会上，都曾有人向我提出这个问题，我的答复往往是：我并没有充足的理由说服人一定要读《论语》，再则，即使想读《论语》，如在生活上没有一点成德的意愿，读了也不见得能有多少感应，能有什么受用。而现在，依照前文所说，我可以回答：因为《论语》是一部伟大的书，它对形塑中国人的文化意识和中国人的生活方式，都起了极大的作用。这个理由也不充分，一百多年来，中国人的文化意识中，已渗入许多新的成分，中国人的生活方式也早已改变。更何况在现代，人生和道德的资源有多种来源，昔日能从《论语》中汲取的人生智慧，与提升道德生活的力量，从其他传统的伟大书籍中，一样能获得。这是现实，也是我们无法提出充足理由说服人必读《论语》

的主要原因。因此，今日要讨论如何研读《论语》，只有针对一些特定对象来谈。

（一）有成德意愿者

所谓“成德”是指提升道德水平、道德人格而言，它是一无止境的过程，因此有不同的层次或梯阶，在高层次上可以希圣希贤，在低层次上，凡人有知过能改的一念，便含有成德的意味。成德意愿的强弱，与人对自己过恶自觉的深浅，密切相关。汉代以《论语》作为幼童的教材，幼童读《论语》，背诵而已，可能埋下一点成德的种子。研读《论语》特别强调成德的意愿，是宋代儒者，例如程伊川：

> 读《论语》，有读了全然无事者，有读了后直有不知手之舞之足之蹈之者。

又：

> 如读《论语》，未读时是此等人，读了后又只是此等人，便是不曾读。[1]

读《论语》读到使内心充满喜悦，甚至连人自身都有被提

① 钱穆：《孔子与论语》，第 17 页。

升的感觉，如无强烈的成德意愿，是不可能有如此效果的。

程伊川是就成德的效果而言，《论语》的读者必然会问：要获得如此效果，有无具体的步骤可以遵行？下引朱熹与王子充的问答，可供参证。《朱子语类》卷十九：

> 王子充问学，曰："圣人教人只是个《论语》。汉、魏诸儒只是训诂，《论语》须是玩味。今人读书伤快，须是熟方得。"曰："《论语》莫也须拣个紧要底看否？"曰："不可，须从头看，无精无粗，无浅无深，且都玩味得熟，道理自然出。"曰："读书未见得切，须见之行事方切？"曰："不然，且如《论语》，第一便教人学，便是孝弟求仁，便戒人巧言令色，便三省也，可谓甚切。"

朱子在这里教人研读《论语》的方法是：（1）要全读，不可选读；（2）要熟读，不可求快；（3）就文理脉络，反复玩味，俾能达到冥会默识的地步。这三点是属于明义理的阶段，义理既明，再进一步，是要将《论语》所说，如"学而时习之"，如"其为人也孝弟"，如"巧言令色"，如"吾日三省吾身"，一一回归到身心上来，切实体认，也就是反验诸身，知道哪些是要努力去做的，哪些是不该去做的。很明显，朱子教人读《论语》的方法，完全是为了增进读者成德的意愿。

钱穆先生于 1963 年向香港新亚书院的学生讲《再劝读〈论语〉并论读法》，在引了前文程伊川的话后，他说："究应如何去读《论语》？我主张当依程伊川语去读。”[①]时不论古今，成德永远是人类应当追求的理想，但这条道路也永远是最艰难的。春秋时代，读书人的生活比现在单纯得多，孔子已有“吾未见好德如好色”之叹。现在社会上泛滥的是商业文化，塑造出来的是满街市场型人格，人的自我疏离的问题十分严重。更严重的是，传统的成德教育，在现代教育制度中根本无法落实。

（二）阐明孔子学说者

钱先生在文章中又说：“通常只讲孔子如何说‘仁’、说‘天’，孔子哲学思想如何；或赞成，或反对。然此非读《论语》之主要所在。”此就理学家强调成德的传统而言，当然是对的。但在我们这个时代，能使青少年接近《论语》的，是在学校，学校里的教师和学生，在教学上，主要已不是出于成德的动机，而只是把它当作一门课程或一门学问，也就是要满足求知的需要。既是为了满足求知的需要，就不能不就《论语》从事概念的分析，并将其中散见的观念与思想加以重组，使其系统化。

台湾四十多年来，采用此一方式，始终以阐明孔子学说为职志，足以成为一种范例者，据我所知，当推陈大齐先生。陈氏自1958年出版《孔子学说论集》，到九十多岁的晚年撰成《孔子言论贯通集》，对《论语》的研究，真可以说是鞠躬尽瘁，死而后已。九十五岁时（1981）为《孔子言论贯通集》写《付

---

①钱穆：《孔子与论语》，第18页。

印记》，他说："诸文所说，有与前贤所见相左的，有为前贤所未言及的，或虽经言及而尚有遗义的，既不甘践陈迹，亦不故意立异，一以有助于孔子思想体系的完整性为依归。经此贯通，孔子思想的特色及其思想成分相互间的关系，当可随以益趋明朗。此在理智方面令我获得满足与快乐。"其实，从《孔子学说论集》开始，即表现陈氏治《论语》是以概念分析、思想重组及使其系统化的一贯特色。而规模最大，架构严谨，能表达"孔子思想体系的完整性"的，是1964年出版的《孔子学说》。

在《孔子学说》一书中，以专章探讨"如何研读《论语》"，共提十一点：（1）力避断章取义；（2）同名务作（不是必作）同解；（3）不忽视虚字的作用；（4）作必不得已的补充；（5）少作不合文例的解释；（6）少作事实判断看待；（7）不作不当的推测；（8）疏通似是而非的矛盾；（9）以言论间的符顺助证；（10）可疑章句不求强解；（11）会通以求完整义理。除了逐点从文字上加以解说之外，还引《论语》的文字作为例示。如扩大范围来看，陈氏几部有关《论语》的著作，可以说都是用这种方法写成的，也是他所标榜的研读法的示范。

阐明孔子学说，有不同层次的工作，友人傅伟勋先生曾提出五个辩证层次的"创造的诠释学"：（1）"实谓"层次——原思想家（或原典）实际上说了什么？（2）"意谓"层次——原思想家想要表达什么？或他所说的意思到底是什么？（3）"蕴谓"层次——原思想家可能要说什么？或原思想家所说的可能蕴含什么？（4）"当谓"层次——原思想家（本来）应当说出什么？或创造的诠释学者应当为原思想家说出什么？（5）“必谓”层次——原思想家现在必须说出什么？或为了解决原思想家未能完成的思想课题，创造的诠释学者现在必须践行什么？[①]以此为参考，陈大齐先生的工作，属于前三个层次，他追求的是对《论语》的“正解”“真义”与“学说的真相”，着重的是“实谓”“意谓”两个层次，所谓“不作不当的推测”，是说涉及第三层次时，就要格外谨慎戒惧。陈氏的工作因有此局限，因此对朱熹以理学家言注《论语》，每不以为然。如从“创造的诠释学”的观点看朱注，那些夹杂理学家言的注文，正是越过了前三个层次，对《论语》中一些仅由表层分析察觉不到的深层义蕴，做了创造性的诠释，并赋予古典以新的生命。研究《论语》的工作，如只限于前三个层次，只能说是“继往”，尚不足以言“开来”。继往的工作用得着逻辑的解析（这是陈大齐所擅长的），开来的工作须有哲学的慧识。

（三）主观体认自得者

有成德意愿者研读《论语》，有赖于体验，自不待言。即使以追求理智性满足而研读《论语》者，若无相当的体验，恐怕也很难达到相应与同情的了解。主观体认自得者，与二者之不同，是在接近《论语》的过程中，并没有成德或成学的固定目

① 傅伟勋：《从创造的诠释学到大乘佛学》，东大图书股份有限公司，1990年，第10页。

标，其动力乃来自人生的实感经验。相对于德性与智性的动机而言，这第三类型毋宁是属于感性的。由感性出发，有人在年轻时对《论语》并无好感，甚至有反感。在经过漫长人生而又曲折多变的心路历程后，在不期而遇的契机中，使它重又进入思维网络，对早年的印记重新加以反省。及至晚年，那些曾经激动过心弦、影响过心路的思潮，在心灵上已化为云烟，再以平实的心境重读《论语》，遂引发与往昔完全不同的感受，感到既喜悦又充实。另一种由感性出发的人，是经历了数十载的风霜岁月，经历了长期社会动乱，使幼年时读过的《论语》，在生命中发酵，当人的自尊与自我彻底被剥落，赤裸裸地面对横逆时，古老箴言却给他一股支撑的力量，在万般无奈中，《论语》使他感动，并激起强烈的共鸣。对上述两种主观体认自得者，下文各举一例予以说明。

一位是日本京都大学的桑原武夫氏，他回忆在读中学时，因老先生教《论语》，对孔子推崇太过，一点也引不起他的兴趣。他父亲虽是科学主义的东洋史学者，却守住儒者的生活态度，这使他很反感。他生长在反儒家的时代，周围的“知识分子都相信，从儒教脱离一尺，即与新思想、美意识，接近一尺”，“大家认为这是不值得用力去打倒的老朽物”。昭和初年，马克思主义在日本思想界发生巨大影响，反动势力利用包括儒教在内的各种传统思想，压制革命的进步思想，但没有收到预期的效果。战后，许多人想从美国的想法中找出路，并没有人想回到孔、孟之道。1958 年，桑原因研究中江兆民，思想有了转变。日本学界认为中江兆民承受卢梭的思想，但还残存有儒家思想，所以有他保守的界限。桑原则为之辩护，认为“孔、孟思想与法国革命思想，不必是绝对矛盾。假使有矛盾，则人若在内藏的矛盾中而能做出很优异的事情，又有什么不好？”到了1973年春，他抱着“既无尊孔之念，也无批孔之心”的态度通读《论语》，感到读后有种快适的余味，他说：“经过两千四百年的岁月，从它（《论语》）的文章中剥落掉当时的政治现实性，其中还含有政治、经济、道德的意义，更含有无价的文学语言，洗练到艺术的程度。在这里，古典给我们的，可以说是产生一种安心感。……我不怕怠慢乃至逃避的毁谤，即以此安心感为依据，以读《论语》为乐。”[①]

另一位是中国大陆的姚式川氏，也是一位教师，先看他亲近《论语》的自述：“我是浙江东阳南上湖人，在乡风崇尚孝道、讲信守义、人人尊师好学这环境的熏陶下，自幼喜读《论语》，但囫囵熟背，不求甚解。真正有所理解，还是在经历了半个世纪风风雨雨的人生实践后，经过重新反复精读，进行了甚至是逐字、逐句、逐章、逐篇地反复琢磨，细细体会玩味其中所蕴含的精义，这才有了比较全面的理解和较为深刻的认识，从而萌发了要把这些感受写下来的强烈愿望。”所谓“半世纪风

① 以上摘录自徐复观《日本一位现代知识分子对〈论语〉的反省》一文，见《徐复观杂文》第一册，时报文化出版事业有限公司，1980年，第299—303页。

风雨雨”，当是指经历了镇压反革命运动、三反五反运动、反右派斗争、社会主义教育运动、“文化大革命”和“批林批孔”运动，作为一个对儒家传统极为尊崇的教师，在无休无止的运动中，其所遭受的挫折与屈辱可以想见。就在这种惨痛的生活背景下，于“文革”后重新体会玩味《论语》，这是很特殊的经历和经验。

他继续写道：“正是怀着这种强烈愿望，并深信孔子伟大思想必将为全人类所重新认识的坚定信念，我在十分艰苦的条件下，以苦行僧的生活态度和以探索《论语》真谛为乐的精神状态，八年如一日，默默地、辛勤地耕耘在这园地上，终于写成了本著作。”《论语》使他重获生命的意义，八年如一日的耕耘，与日本桑原教授“即以此安心感为依据，以读《论语》为乐”的经验，真可谓心灵交会、异域同成，为这部古老经典的不朽，做了鲜活又感人的现代见证。

姚式川氏完成的著作《论语体认》，1993 年在台北出版，将《论语》全文按不同义理分为十章，体例是先原文，次译文，再注释，然后是以“体认方式表述”所加的按语，这一部分“能将身受、耳闻、亲见的各类众生相，和形形色色的人性、心态放到一定位置加以比照、鉴察，更凸显出孔子洞察人生的深邃，烛照心迹的隐微”①。这是古为今用，以今证古，通过人生的

① 以上姚氏的自述，见所著《论语体认》一书的自序。

实感，超越了时光的隔阂，不愧为一部由主观体认自得者的典型之作。

三、孔子思想的特征

陈大齐先生说："孔子的思想，非常精深，但平实而不玄虚。……其言'吾未见能见其过而内自讼者也'，揭发了人人心底的秘密，但未尝归因于人性之本恶。其言'我欲仁，斯仁至矣'，指示了人人求仁的坦途，但未尝归因于人性之本善。其论人性，只说到'性相近也'，未尝论定人性之尽同而没有丝毫差异。凡此所说，都足以见其精深。而这些精深的道理，都可在日常生活中体验得到，不必求之于高远的境域，故又足以见其平实而不玄虚。孔子思想寓精深于平实之中，不作玄虚的言论，可谓孔子学说的一大特色。"[①] 凡是通读过《论语》，而稍有体认者，应该都能赞同"孔子思想寓精深于平实之中"的看法。在这里，要进一步讨论的是：孔子真的"不作玄虚的言论"吗？

> （一）子曰："莫我知也夫！"子贡曰："何为其莫知子也？"子曰："不怨天，不尤人，下学而上达，知我者其天乎！"（14·35）
>
> （二）子曰："予欲无言。"子贡曰："子如不言，则小

① 陈大齐：《孔子学说》自序，正中书局，1964 年，第 2 页。

子何述焉？”子曰：“天何言哉？四时行焉，百物生焉，天何言哉？”（17·19）

（三）子曰：“天生德于予，桓魋其如予何？”（7·23）

（四）五十而知天命。（2·4）

以上这些言论都很“玄虚”，不是一般人“都可在日常生活中体验得到”的。引文（一）中的“天”，与“获罪于天”“天厌之”“天丧予”的“天”一样，是指原始宗教中的“天神”或“至上神”，天神与“季路问事鬼神”的“神”，性质不同，阶位不同，孔子回答子路：“未能事人，焉能事鬼？……未知生，焉知死？”他对鬼神多少保存着存疑的态度，这就是墨子批评孔子“以鬼为不神”的缘故。但对天神或至上神，孔子是心存敬畏的，更直接的表达，即“畏天命”之说。[①]

引文（二）天不言，但可由“四时行，百物生”体认其意义。唐君毅先生认为这两句明显地含有赞叹“运转发育”“宇宙动而不已”之义，所欲表现的实是一种庄严静穆的宇宙中健行不息的气象。[②]若然，则不言之“天”，盖即子贡以为“不可得而闻”的“天道”，是孔子一套伦理思想的形上根据。既是形上的，便代表一种“高远的境域”，在道德上要达到这种高远的境

① 以上参考杨慧杰：《天人关系论——中国文化一个基本关系的探讨》，大林出版社，1981 年，第 55 页。

② 唐君毅：《中西哲学思想之比较研究集》，正中书局，1947 年，第 137 页。

域，只有靠不断的实践工夫之自悟，所以说“予欲无言”。

引文（三）“天生德于予”，孤立地看，表示孔子对自我道德生命的充分自觉与自信。同时，这句话也表现出强烈的宗教情绪，从这方面看，它与周初“天命靡常”“德、命相符应”，以及“天生烝民”之诗中，天赋予“民”以道德意义的生命这个传统有深厚的关系。这个传统演变的总趋向，不只是宗教的人文化，且使宗教意义的天神，逐渐转化为道德意义的天道。从这个背景，我们才能体会这句话具有震撼人心的力量，也是从这句话无意中泄露了孔子“内在的己德”与“超越的天德”合而为一的讯息。

引文（四）“五十而知天命”，历来对“知天命”的解释，确是难如人意。针对此一“二千年无确解”的悬案，徐复观先生撰有专文，对历代具代表性的解释，做了批判性的检讨以后，扣紧孔子进德修业的历程，对“知天命”做了颇富创意的诠释：“三十而立，四十而不惑，这是取资于经验界所得之成效。在此一阶段中道德的根源是在外面，人是由外面的客观标准来规律自己的生活。但是孔子在经验界中追求道德，已如前所述，不是在构成一种有关道德的知识，而是拿在自己身上来实践；由不断实践的结果，客观的标准，与自己不断的接近，融合，一旦达到内外的转换点，便觉过去在外的道德根源，并非外来而实从内出……道德的根源达到了此一转换点，这才是孔子所说的‘知天命’。……换言之，知天命乃是将外在的他律性的道德，生根于经验界中的道德，由不断地努力而将其内在化，自律化，以使其生根于超经验之上。”徐氏自谓此一解释方法，是“将古人所应有但未经明白说出的，通过一条谨严的理路，将其说出”[1]，这恰是前文提过的“创造的诠释学”中第四层的“当谓层次”，前人之解释所以难如人意，是因始终跳不出前面“实谓”“意谓”“蕴谓”这三个层次。所谓道德经由内在化，以使其生根于超经验之上，正是道出孔子思想中隐而未显的一种具有“内在超越”特性的特殊类型的道德形上学[2]。

假如要追溯这种“内在超越”特性的道德形上学的历史根源，它与周人特殊的天命观及其演变息息相关。另一方面，包含宗法、封建、礼乐的周文传统，则孕育了孔子一套特殊类型的伦理思想。由孔子以前的特殊传统，才会产生孔子的特殊心态、路向和学问性格。伦理思想，加上完成道德人格的要求，其目标是在重建周人开发的人文传统与社会秩序，而“内在超越”的道德形上学，则成为伦理思想与人格完成的哲学基础。二者之所以可能，皆有赖于孔子自身对道德自我实现的主体的充分自觉。从这里我们才能了解孔子继往开来的志业，也只有从这里我们才能把握到孔子思想的特征。

---

① 徐复观：《中国思想史论集续编》，时报文化出版事业有限公司，1982年，第386—388页。

② 关于孔子思想中“内在超越”这一特性的阐说，可看汤一介：《儒道释与内在超越问题》，江西人民出版社，1991年，第2—5页。

四、孔子历史地位的形成

50年代中期，我刚开始教书，记得国文课本里有一篇有关孔子的文章，提到由于汉武帝时的“罢黜百家”，才使孔子在历史上获得独尊的地位。这大概是民初新文化运动以后一般的看法。关于这一点，唐君毅先生与徐复观先生早已撰文批驳过。[①]1975年，香港的报章、杂志曾争论孔子在历史文化中的原始地位的问题，这场争论，因是在中国内地“批林批孔”运动之后，所以徐复观先生在回应的文章中说“这是反映时代的争论”[②]。“批林批孔”尽人皆知是政治斗争，但却引出一个有意义的问题，梁漱溟先生的《今天我们应当如何评价孔子》的长文[③]，就是在运动中（1974年）写成。二十年过去了，这个问题仍然值得思考，下文仅就汉以前孔子历史地位的形成，提出三点说明：

（一）孔子个人的成就

要了解孔子历史地位的形成，这一点是最重要的，但首先必须排除一种观点。冯友兰先生于30年代撰《原儒墨》一文，

---

① 唐君毅：《孔子在中国历史文化的地位之形成》，原载《中华学报》第一卷第二期，又收入《中国史学论文选集》第二辑（幼狮文化事业公司，1977年）。徐复观：《中国人性论史（先秦篇）》第四章《孔子在中国文化史上的地位及其性与天道》，台中东海大学出版社，1963年。

②《徐复观杂文》第一册，第309页。

③ 见梁著：《东方学术概观》，巴蜀书社，1986年，第33—109页。

有谓“孔子虽自命不凡……而以继往开来、平治天下自命，但欲达其目的，仍必有人用之方可”。并引《礼记·檀弓上》孔子将死时所说“明王不兴，而天下其孰能宗予”之言为证。[①] 根据《论语》，我们知道孔子的确热衷于仕途，总希望有人用他，以实现他德治与文治的理想，而这方面却是最失败的，依冯氏所说，孔子岂不是无成就可言，更不用说获得“天下宗予”的地位了。事实上恰恰相反，孔子是因坚持以道自任和“士志于道”的理想，才使他无法被时君所用，才使他四处碰壁，甚至有时候连生活都过得很凄惨，但他并未因此而丧失热情与自信。正因为他对自己理想的坚持，才为中国文化建立起一个用世不用世并不能决定人格价值及其历史地位的新标准，因而开启了一个人可以不用世，仍然可以有人生奋斗的目标，仍然可以有伟大的理想，仍然可以赋予人生以丰富的意义，仍然可以享有历史崇高地位的士人传统。

由“士志于道”的理想出发，孔子对政治上的用人主张尚贤。在这一要求下，“孔子打破了社会上政治上的阶级限制，把传统的阶级上的君子小人之分，转化为品德上的君子小人之分，因而使君子小人，可由每一个人自己的努力加以决定，使君子成为每一个努力向上者的标志，而不复是阶级上的压制者”[②]。他不但主张尚贤，还培养了一批弟子，尽可能符合这个要求，这

① 冯友兰：《中国哲学史补》，商务印书馆，1936 年，第 24—25 页。

② 徐复观：《中国人性论史（先秦篇）》，第 65 页。

批弟子事实上也成为春秋各国尚贤政治下贤才之一重要来源。[1]《吕氏春秋·十二月纪·不侵》："孔、墨，布衣之士也，万乘之主，千乘之君，不能与之争士。"此言虽嫌夸张，但孔子及其领导的士人集团，在春秋时代的尚贤政治中，确实居于十分重要的地位。

此外，孔子对中国文化最重要的贡献，是由于人格世界的开发，在诗、书、礼、乐的传承中，重建了以人为中心的人文传统；由于以仁为核心的道德主体性的自觉，为社会秩序的重建提供了一套理论；由于首开民间讲学之风，为中国传统的教育精神、教育目标、教学方法奠定了不朽的基础。凡此种种，在以后相关的章节中，将有详细的讨论。

（二）弟子及继起者的尊崇

就《论语》看，孔子生前在时人心目中的形象，似乎很复杂，如仪封人以为"天将以夫子为木铎"，好像是位神授超凡的人物。也有对他没有好感的，如微生亩当着他的面就说："丘何为是栖栖者与？无乃为佞乎？""佞人"是孔子最讨厌的；又如荷蓧丈人就把他看作"四体不勤，五谷不分"之辈。当然，也有人把孔子当作圣人的，如"太宰问于子贡曰：'夫子圣者与？

---

① 参考黄俊杰：《春秋战国时代尚贤政治的理论与实际》，台北问学出版社，1977 年，第 63 页。

何其多能也。’子贡曰：‘固天纵之将圣，又多能也。’”[1] 不论时人如何看孔子，他的弟子对他是很尊崇的，子贡除了应和太宰语之外，有一次，他听到叔孙武叔毁谤仲尼，子贡的反应是：“无以为也，仲尼不可毁也。他人之贤者，丘陵也，犹可逾也；仲尼，日月也，无得而逾焉。人虽欲自绝，其何伤于日月乎？多见其不知量也。”附带一句：孔子从未以圣自居，这正是他的伟大处，假如子贡这些话，当着老师的面去说，孔子必定不会同意的。

孔子身后，门弟子的情况，据《史记·儒林列传》的记载：“自孔子卒后，七十子之徒散游诸侯，大者为师傅卿相，小者友教士大夫，或隐而不见。故子路居卫，子张居陈，澹台子羽居楚，子夏居西河，子贡终于齐。如田子方、段干木、吴起、禽滑厘之属，皆受业于子夏之伦，为王者师。”所谓“子路居卫”，是明显的错误，因子路比孔子早一年已去世。至于孔门弟子人数，《史记》所载并不一致，《孔子世家》：“弟子盖三千焉，身通六艺者七十有二人。”《仲尼弟子列传》：“受业身通者七十有七人。”而据《论语》，比较能确定为孔门弟子者，有

①《左传》襄公二十三年（前550），臧孙纥也被称为“圣人”，也曾做过鲁国的司寇，《论语·宪问》孔子曾赞其“知”，所谓“若臧武仲（臧孙氏，名纥）之知”，可见春秋时人心目中的“圣人”，与孔门弟子心目中的“圣人”不同。

二十二三人。[①]《史记》的记载虽未必都可靠，但说弟子们“散游诸侯”，这本来就是孔门宗风，当然可信。因弟子们散在四方，因而扩大了孔子的影响力，也是可以想见的。不过，在孔学的继起者之中，有两位大思想家——孟子与荀子，由于他们在战国时代特出的地位和思想上的杰出成就，对孔子历史地位的形成，其功比孔门众弟子，恐怕有过之而无不及。

孟子是一位充实而有光辉的人物，我们在两千多年后读《孟子》，仍然能感受到一股逼人的光焰。孔子欣赏木讷，讨厌佞人，孟子却滔滔雄辩，“恶声至，必反之”。他与孔子一样，都有永不衰竭的救世热情，但比孔子更加自命不凡。觉得当今之世，舍我其谁。孔子开启了“士志于道”的理想主义的传统，孟子所塑造的人格典范，则为这个传统注入强大的动力。这样一位不可一世的人物，对孔子却完全心悦而诚服，所谓“乃所愿，则学孔子也”。也赞同孔门弟子宰我、子贡、有若“自生民以来，未有盛于孔子也”的颂扬，他对孔子的总评断是“圣之时”与“集大成”，从此成为历史定论。

荀子与孟子虽皆传孔子之道，但人格类型与学问性格大不相同。在人格上，孟子凸显的是道德的光辉，荀子凸显的是理智的光辉。孟子所传之道，须向身心上内求，因而奠定了内圣

① 关于孔门弟子，蔡仁厚《孔门弟子志行考述》称见于《论语》者，共三十人。姚式川《论语体认》附录《孔子弟子简介》，则说包括载于《论语》与不见于《论语》者（仅一人），共三十四人。

之学的基础；荀子所传之道是由“礼义之统”来彰显，是一种制度性的客观标准，也是认知的对象。因由心性出发，故孟子倡性善之说；荀子为发挥礼义的功效，故主张性恶。孟、荀虽仍未能实现理想，在现实上其地位的崇隆，已非孔子当年可比，孟子周游列国、游说干君之日，往往“后车数十乘，从者数百人”，齐宣王时出仕为卿，享万钟之禄。荀子在赵国贵为上卿，当齐稷下盛时，曾三次被推为祭酒，领袖群伦。孟、荀在百家争鸣的战国时代，不但树立起儒家巨擘的地位，也确实能发扬孔子的精神与孔子的学说，使其光耀后世。

孟子宣扬孔子的伟大，使用类似宗教的语言，荀子尊崇孔子，使用的是历史的语言。在《荀子·儒效》篇中，他把儒分为俗儒、小儒、雅儒、大儒，称得上大儒的，只有周公、孔子。他认为孔子之所以能“名垂乎后世”，是因他“诚义乎志意，加义乎身行，箸（著）之言语”，[①] 也就是说，他的言行志意都符合礼义。荀子对孔子最大的尊崇，是说他“德与周公齐”，所以然者，是因“孔子仁知且不蔽”。[②] 周、孔并称，与后世的孔、孟并称，其精神、其内涵是大不相同的，就孔子的终极理想而言，周、孔应优位于孔、孟。

①《荀子·王霸》。

②《荀子·解蔽》。

（三）墨、老、庄、韩的褒贬

战国时代，孟、荀之外，各家对孔子皆贬多于褒，此或如苏轼所说，乃“阳挤而阴助之”[①]。盖言不论是褒是贬，已使孔子成为箭垛式的人物，俨然居于历史的中心位置。

先说墨子。《淮南子·主术训》：“孔丘、墨翟修先圣之术，通六艺之论。”他成长的大环境，也与孔子相似，但思想取向与人格特质，二人大不相同，这与墨子出身于下层社会有很大关系。战国初年，对士人阶层提供了自由发展的环境，下层社会的百姓的生活却更加困苦，墨子就从一般百姓的感受出发，主张节用、节葬，又非礼、非乐、非儒，孔子心目中辉煌的周文传统几乎成为反面教材。孔、墨之间最尖锐对立的是伦理观，孔子的伦理观发之于宗法传统、家族组织，讲求亲疏、差等；墨子的伦理观建基于墨者团体，他反宗法、反封建，以兼爱代替差等之爱，最重要的价值观念，不是孝、弟、忠、信，而是正义、公道、平等。如果说孔子是一位伟大的道德与人文的教师，墨子扮演的则是一位苦行卓越的社会改革家的角色。必须指出，墨子虽因不利于国家百姓之利而非议礼乐，但对相传“制礼作乐”的周公，仍称其“为天下之圣人”；有一位叫程子的人曾问墨子，你既然非儒，为何又称道孔子？墨子回答：“是

---

① 苏轼：《庄子祠堂记》，见《苏东坡全集》正集卷三二，宝华盦光绪三十三年刻本，第 12 页。

亦当而不可易者也。”[1]可见他承认孔子确有其“不可易”的价值在。

次说老、庄。读了《论语》《墨子》，再读《道德经》，其文字风格及其揭示的意义世界，与孔、墨大异其趣，直觉的印象是，老子的思想与殷、周的文化传统，在历史的纵贯上，几乎没有什么关联。他不托古，也不提以往历史上的人物，他超越了传统，也不存心与其他学派为敌，有些地方好像是针对儒家而发，其实他只是利用现成的素材、已流行的观念，表达他自己的思想。[2]他没有孔、墨那样的救世热情和使命感，他冷眼看乾坤，洞悉现实政治、社会、人生的奥秘，即使以现代的标准去看，他依旧是一位具高度智慧的哲学家型的人物。

从《庄子》书中所了解的庄子，是中国思想史与文学史上不世出的天才，他那丰富新颖的概念，纵横奔放的想象力，奇诡独特的文体，在在都表现出他的独创力。[3]他追求生命的本真，向往超越、自由的心灵世界，为中国文化注入一股异于儒家的活力和精神。《庄子》书中所反映的孔子，正如庄万寿先生所说，“充满道家的主观偏见”，“充满揶揄、攻击孔儒的文字”，特别是《渔父》《盗跖》《胠箧》三篇。孔子重视仁义，庄书“直视仁义是心乱的根源”；孔子推崇三代礼义法度，庄书视

---

①以上对周、孔的赞语均见《墨子·公孟》。

②以上见韦政通：《中国思想史》，大林出版社，1980年，第138页。

③以上见韦政通：《先秦七大哲学家》，牧童出版社，1974年，第89页。

之“如取先王已陈的刍狗”；孔子不耻下问，学无常师，“在庄子书中被写成为没有自我，唯人是师的庸才”。此外，孔子学于老聃之事，于《德充符》《天地》《天运》《天道》《田子方》等篇中出现多次，其中牛头不对马嘴的对话，可以当幽默、滑稽的文章欣赏，没有人会当真的。倒是有一点值得提出来，即孔子为何在《庄子》书中“被塑造为宣扬道家思想的主角”？[①]我们对古人的动机、心理，无意妄加揣测，但有一点可以确定的是，假如孔子在当时没有显赫的声名，假如孔子在他们的心目中不占有一定的分量，是绝不会这样去做的。

再说韩非。萧公权先生早已指出，“韩非术治为吾国古代最完备之专制理论”，“就先秦历史背景言，则为法家思想之最高发展”，“就近代法治思想言，不免为‘祖型再现’之退化”。[②]从近代民主法治的观点看韩非，他当然代表一种负面的思想系统，在历史层次上，韩非政治哲学的价值不能抹煞。因是专制理论，遂处处与儒家对立，儒家主性善，韩非主性恶（主性本恶，与荀子性恶义不同）；儒家尚贤，韩非坚决反对；儒家重德，韩非重力；儒家主张德治，韩非主张法治（法乃帝王统治人民的工具）；儒家尊古，韩非薄古；儒家重理想，韩非重

---

①以上引号中的话，均见庄万寿《庄子书中的孔子》一文，载台北师范大学《国文学报》十九期。

②萧公权：《中国政治思想史》，台北中华文化出版事业委员会，1954年，第245页。

功利。

根据徐复观先生《韩非心目中的孔子》一文,《韩非子》直接提到孔子的约二十九次，提到孔子而正面加以批评的有两次。(1)《八说》:“博习辩智如孔、墨，孔、墨不耕耨，则国何得焉?”(2)《忠孝》:“臣曰：孔子本未知孝悌忠顺之道也。”《显学》篇在反对的同时又说“孝戾侈俭，俱在儒、墨，而上(人君)兼礼之”，反映韩非也承认孔子在战国时代，被人君所尊崇的地位。《内储说下》引了孔子治鲁、齐人献女乐的故事，而承认“仲尼为政于鲁，道不拾遗”。《五蠹》篇在推崇“仲尼，天下圣人也”之后，又说孔子的仁义，不如鲁哀公之“势”所生效力之大，所以政治应重“势”不重仁义。[①]韩非虽不像道家之徒借孔子来宣扬自己的思想，孔子在他心目中有一定的分量，是不成问题的。

孔子在秦、汉之际的地位，在此也不妨一提。号称“备天地万物古今之事”的《吕氏春秋》，杂采战国时期众家之说，但称引次数最多的人乃是孔子(引述孔子五十多次、管仲三十次、墨子二十次、老子五次、惠施十五次)[②]。秦始皇焚书坑儒，这事件本身就说明儒者们在秦廷有一股庞大的力量。儒者虽死，儒教却影响了秦帝国的社教政策。秦始皇一统天下后，游幸所

① 以上见《徐复观杂文》第一册，时报文化出版事业有限公司，1980年，第321—322页。

② 张岱年主编:《孔子大辞典》，张岱年序言，上海辞书出版社，1993年。

至，皆刻下碑文，宣扬国威，同时也重视社会风教，如泰山刻石、会稽刻石、峄山刻石[①]，无一不是儒家“明教化、正风俗”之礼教的实现，所以顾亭林说，“而其（指秦始皇）坊民正俗之意，固未始异于三王也”[②]。刘邦打天下时，极端轻视儒生，但高帝十二年，“过鲁，以太牢祠孔子”[③]。由此可见，汉武帝时的尊儒运动，不过是顺应数百年来历史之势，使尊孔纳入国家体制而已。

---

①刻石之文见韦政通《中国思想史》（上），第454—455页。

②顾炎武：《日知录》卷十三《秦纪会稽山刻石》。（见《日知录集释》，上海古籍出版社，2006年，第752页。——编者注）

③《汉书·高帝纪第一下》。

第二章　传统与孔子

一、引言

在人类文明史上，中国的孔子、印度的释迦牟尼、以色列的耶稣、希腊的苏格拉底，可以说是各自文明的象征，并具代表性的人物。在这些人物之中，没有人像孔子那样，由衷地欣赏甚至颂扬过去的传统，与过去的历代文化有着深密关系。基于这个原因，尝试进入孔子心目中的传统，去了解孔子思想的形成与开展，就有其必要。局部的工作，已有学者在不同的论题下做过[①]，在这里，我想就宗教、文化、政治、经典的几个线索与孔子的关系，分别做一些考察，借以了解在中国文化史、思想史上，孔子为何能成为一位承先启后或继往开来的人物，以及赋予承先启后或继往开来的具体内容是什么。

孔子心目中的传统，与现代知识人，特别是在长期反传统

① 例如徐复观《中国人性论史（先秦篇）》，杨慧杰《天人关系论——中国文化一个基本关系的探讨》。

潮流影响下的现代中国知识人心目中的传统，不仅大不相同，甚至完全相反：在现代中国知识人心目中的传统，是反科学、反民主、反自由的，是导致近代中国文化、社会百病丛生的病原体，必欲去之而后快；在孔子心目中的传统，是崇高的、庄严的、令人感奋的，传统不但充满生机，且有极丰富的资源。孔子深信，当人类面临人生的彷徨、社会的解体、文化的危机时，如能经由自觉和反省，对丰富而有生机的传统资源善加运用[①]，人便可以脱离困境，并引导社会、文化走上一个新的方向。

了解孔子心目中的传统，我们读《论语》，看到孔子不但自称好学，而且好古，就不足为奇了，如云“信而好古”，“好古敏求”。“古”主要是指传统的典籍，“好”是沉迷在其中。除此之外，也有通过其他的方式而知“古”的，例如《左传》昭公十七年（前525），记郯子来朝时，孔子曾向他请教官制的问题。孔门已有孔子学无常师之说，可见“好古敏求”的对象是多方面的，“入太庙，每事问”，也正说明这一点。

孔子说：“古者民有三疾，今也或是之亡也：古之狂也肆，今之狂也荡；古之矜也廉，今之矜也忿戾；古之愚也直，今之愚也诈而已矣。”在这里，表明他不但好古，且对“古”“今”

---

①“丰富而有生机的传统”这句话，采自林毓生《思想与人物》自序，联经出版事业公司，1983年，第6页。

做了“今不如古”的价值判断。有的学者大概是受到我们这时代反传统潮流的影响，担心孔子这类言论，会使人对孔子增加恶感，因此提出辩解，认为孔子涉及古今的言论，其中“有尊古的，亦有崇今的，且有古今并重的，更有无视古今的分别而一以善恶好坏为从违标准的”[①]。其实，这种辩解是没有必要的，孔子对传统、对古有特殊的好感，有崇古的价值取向，是不必讳言的，这种价值感，丝毫没有阻碍到他求新求变的努力，真实的情况恰好相反，正因为孔子具有如此特殊的价值感，反而激发并促进了他创新的意图和成就。孔子一生，对后世最珍贵的启示之一是：传统与创新，既非对立，更非相反，而是一辩证的过程。

依照孔恩的说法，连科学研究都不能缺少代表过去示范性成就的典范。西方17世纪科学革命的特点在于：从传统观念的资源中重新组合与转化出一套新的观念系统来。[②]科学都如此，何况人文？参照孔子与传统的复杂关系，现代中国知识人对传统的意义、价值及其影响的认识，未免过分流于浮表和简单。不过，即使在现代中国反传统的潮流中，仍然有一种反潮流的声音，唐君毅先生即其中一位重要代表，他说：“愈是现代的人生哲学之著作，我喜欢的愈少。……这种著作，只能与人

---

①陈大齐：《孔子言论贯通集》，台湾商务印书馆，1982年，第88页。

②孔恩：《科学革命的结构》，王道还编译，允晨文化实业股份有限公司，1985年，第9、260页。孔恩，今译作库恩。——编者注

以知识，不能与人以启示，透露不出著者心灵深处的消息。……这一种著作方式，在现在之时代，自有不得已而须采取之理由，然而我不喜欢。我对愈早之人生哲学之著作，愈喜欢。我喜欢中国之六经、希伯来之《新旧约》、印度之《吠陀》、希腊哲学家如 Pythagoras，Heraclitus 等之零碎的箴言。我喜欢那些著作，不是它们已全道尽人生的真理，我喜欢留下那些语言文字的人的心境与精神、气象与胸襟。”[①] 早年我读到这些文字，总觉得这不过是个人的偏好。经过几十年的阅读与思考，不得不承认这些话确有相当的道理。想想看，两千多年的儒学传统中，大思想家不少，在人文思想的贡献上，谁能与孔子相比？怀海德[②]不也说过西方哲学不过是柏拉图哲学的注脚吗？伟大的思想，都经得起时间的考验，而流传千古，这就形成传统，任何时代，要重建人文，不可能不取资于传统，孔子如此，我们也不能例外。今天我们研究孔子思想，不必再像新文化运动时的知识人，对孔子那样好古崇古而感到遗憾，我们应该重视的问题是：他如何转化传统？如何温故而知新？又如何从返本的思考中，开出一片人文的新天地？

---

① 唐君毅：《人生之体验》，香港人生出版社，1956 年，第 3—4 页。

② 怀海德，今译作怀特海。——编者注

二、宗教传统与孔子

首先来探讨宗教思想演进的传统与孔子人文思想的关系。

虽然说，人文精神在商代的早中期可能已经萌芽[①]，但与孔子人文思想相关的宗教思想，首度发生关键性的转变，当在殷、周之际。关于殷代的宗教，根据董作宾先生对甲骨文研究所得，可以使我们知道：（一）祖先崇拜，是殷人宗教生活的核心。（二）殷人对祖先的看法，是死犹生、亡犹存。这是说，殷人相信人体可以不存在，精灵还是存在的。（三）在殷代就有厚葬的风气。殷人厚葬，主要是因为祖先可以降祸授福。从这一点可以看出，殷人祖先崇拜所表现的是原始宗教意识。感惠报德的道德意识，是经过天神的道德化、宗教的人文化转变之后，由孔门附加上去的一种伦理解释，所谓“慎终追远，民德归厚矣”。（四）殷人崇拜祖先的另一个原因，是因祖先可以直接晋谒上帝，祖先是上帝与人间世的主要媒介。[②]因祖先成为上帝的代表，因此在卜辞中反而不见祭祀上帝的记录。“不见”的原因，可能诚如六十年前郭沫若先生的了解，“殷人的神同时又是

---

① 林载爵：《人的自觉——人文思想的兴起》，见《中国文化新论　永恒的巨流　根源篇》，联经出版事业公司，1981 年，第 379 页。

② 以上四点及董作宾文均见韦政通：《中国文化概论》，水牛出版社，1968 年，第 81—82 页。

殷民族的宗祖神”，“至上神是殷民族自己的祖先”。[①]

到了殷、周之际，上帝和祖宗神开始分离而独立存在。与祖宗神分离后的上帝在周人心目中是公正无私的，是“监观四方，求民之莫（瘼）”的万民之神。[②]周革殷命后，不仅没有表现出以新统治者自居的趾高气扬，反而显得十分谨敬，为如何永保王位而忧心忡忡。尤其是夏、殷二朝相继覆亡，更使他们难以释怀，所谓“我不可不监于有夏，亦不可不监于有殷”。夏、殷二朝也和周人一样曾嗣受天命，也曾有过“严恭寅畏，天命自度，治民祇惧，不敢荒宁”的王在位，最后还是灭亡了。由已往历史的反省，使周人深切地了解到，天命不会永远眷顾哪一个王或哪一个朝代，于是产生了“天命靡常”或“惟命不于常”的观念。[③]

杜正胜先生认为，殷、周之际的宗教观念发生如此大转变，“其因尚不易确定”。并对徐复观先生以为是周初贤豪忧患意识的推动，道德性人文精神的自觉，而其主要凭借是周人重视“德”这一点提出批评：“其实‘德’是一种遗传特质，不能全当作善行讲。上帝从祖宗神蜕化成为普天下之神，作为裁决是非的准绳，并不等于人文精神战胜宗教信仰。从《大雅》所述

---

①转引自杜正胜：《古代社会与国家》，允晨文化实业股份有限公司，1992年，第84页。

②参考杜正胜：《古代社会与国家》，第84—85页。

③杨慧杰：《天人关系论——中国文化一个基本关系的探讨》，第31—32页。

周人建国史中上帝的威力，是和《旧约》相去无几的。”[①] 历史是很复杂的，周人为了永保王位而产生的自我警惕和深切的反省，是十分动人的，如因此而过分凸显其道德性，或像后世儒者将周克商看作是因仁义而蒙受天命，将伐纣的武王视为圣王，并不符合历史真相，事实上，周克商这场战争，打得十分惨烈，武王其人在获胜后表现的残酷，令人发指！[②]

周人是新受命的王者，在提出“天命靡常”观念的同时，特别强调的是“皇自敬德”，是“王其疾敬德”。这一时期周人的道德观念，要升进到孔子道德主体性的自觉的地步，还有很长的距离。这里所说的“敬德”，是外向性的，也就是说王者是否敬德，是要监之于民的，《尚书·无逸》篇言文王“怀保小民，惠鲜鳏寡”，即言文王之敬德。《召诰》篇亦明言天所以命有德者（“其眷命用懋”），是因“天亦哀于四方民”。所以嗣命的王者，要想“祈天永命”，就必须仁爱天下百姓，这样他的“德”才能与“天命”相符应。有人说，周人这种观念可称为人道主义的黎明。有人说，这一套新哲学，安定了当时的政治秩序，引导了有周一代的政治行为，也开启了中国人道精神及道德主义的政治传统。[③] 在此还可以做一点补充，“德”“命”相符

① 参考杜正胜：《古代社会与国家》，第 85 页。亦可参考林载爵《人的自觉——人文思想的兴起》，见《中国文化新论　永恒的巨流　根源篇》，第 379、388 页。

② 参考杜正胜：《古代社会与国家》，第 323—324 页。

③ 许倬云：《西周史》，联经出版事业公司，1984 年，第 106 页。

应的观念，就思想史看，无疑的，它是“天人合一”这一思想模式的雏形。

由于《论语》的言论，多半为道德意识所笼罩，使孔子的思想与宗教传统的关系，容易被忽略。如仔细体会其中一些言论，就不难发现，他不但熟悉这个传统，且常常运用它来抒发自己的思想。不仅如此，宗教传统还是他精神上一大支柱，特别是在遭遇危难的时候，表现得格外显著。下面举几个例子来看。

“子曰：‘大哉！尧之为君也。巍巍乎！唯天为大，唯尧则之。’”自朱熹以来，一般的注解，都将重点放在“则之”上，“之”指上文的“天”，“则之”言尧之德能与天准，对“天”本身无所解，须经由尧之德使我们推想“天”应该也是道德意义的天。尧是孔子心目中最伟大的圣王，相传中尧最伟大的事迹是禅让，即此而言，尧所则之天，应该不是泛说的德天，而是周人将天命观念转变以后的公正无私的天。这样的解释如能成立，那么“则之”的“则”，就不是准则义，而是法则义，也就是说，尧取法于天的公正无私而行禅让。这样的解释，对《尧曰》篇第一节的话，也可以有另一种了解：“尧曰：‘咨！尔舜！天之历数在尔躬，允执其中，四海困穷，天禄永终。’舜亦以命禹。”这节文字，好像由古史摘录而来，但“中”这个观念，到孔子才有重要意义。《中庸》里记孔子颂扬舜之言中有“用其中于民”，假如真是孔子所言，则“尧曰”云云，亦似有可能出于孔子。我这里要指出的是，“尧曰”这一节，恰好是周初“天命靡常，唯德是亲”之义，可以与上文“唯天为大，唯尧则之”相呼应，因尧所言乃其命舜而禅以帝位之告诫语。

“子畏于匡。曰：‘文王既没，文不在兹乎！天之将丧斯文也，后死者不得与于斯文也。天之未丧斯文也，匡人其如予何？’”另一处所说“天生德于予，桓魋其如予何”与此章虽同一语境，同一旨意，如不连起来看，就无法了解孔子何以无端发此狂语。人在危难中的反应，可以有多种，孔子在此刻念兹在兹的仍然是尚未完成的继往开来的文化使命。“文不在兹”与“斯文”之“文”，抽象地说，即周邦维新以后所行的周道，具体一点说，即治国大道所寄的礼乐诗书的传统，而以文王为其象征。有人说，孔子“以继文王而绍承天命自居”[①]，诚然，但绍承的意义不同，因文王之德而承受天命，关注的是“祈天永命”，是希望周人的天下，永远不要走上夏、殷覆亡的命运。孔子关怀的是周文的兴衰，而以复兴周道为己任，天成为他精神上的一大支柱。在周人天命靡常的观念中，天虽已公正无私，他仍然高高在上，权威依旧。在孔子“文不在兹乎”和“天生德于予”的自信中，已“认为己之道，即天所欲行于世之道”[②]。前者的主宰仍是天，后者已是天从人愿，人自身已成为主宰。

宗教思想于殷周之际首次发生关键性的转变之后，再次发

① 徐复观：《中国人性论史（先秦篇）》，台中东海大学出版社，1963年，第87页。

② 钱穆：《论语新解》，香港新亚研究所，1963年，第297页。

生重大转变，是在春秋前期。在此之前，因厉、幽失德，周室大坏，灾祸连年，使人民受难，于是怨天之诗流行[①]，使原先高高在上的天神，其地位也逐渐下降为与鬼相伴。到春秋前期，人与神（天）之间，不但轻重易位，人甚至成为神的主宰。如果说，宗教思想在周初的转变是为早期的人文思想定向，那么，春秋前期的转变是为早期的人文思想定位。没有周人开其先河，没有春秋早中期使人文思想大放异彩的贤士大夫们为其先驱，就不可能有孔子成熟的人文思想的发展。

《左传》桓公六年（前706），楚武王为了扩张领土，有志于汉东，第一个目标便是汉东最大的随国。随侯因受宠臣少师的蛊惑，又自以为对神的供奉一向丰厚，神必定会保佑他，准备迎战。这时候贤臣季梁力持异议，向随侯说："夫民，神之主也，是以圣王先成民而后致力于神。"又陈述了"民和而神降之福"的大道理，并希望"君姑修政而亲兄弟之国"，当可免除这场灾难。随侯听从了他的建议，楚国果然没有发动战争。所谓"圣王先成民而后致力于神"，岂不是孟子"民为贵，社稷次之"的先声，比孟子早说了将近四百年。[②]

在仍弥漫着鬼神信仰的世界里，"夫民，神之主也"的观念，在中国人文思想史上，真像一道"撞破乾坤"的灵光，使

---

① 有关怨天之诗在天人关系演变过程中的意义，参见杨慧杰《天人关系论——中国文化一个基本关系的探讨》，第34—36页。

② 参考杜正胜：《古代社会与国家》，第88页。

人的地位显得如此尊贵而又庄严。这个观念在春秋时代可能已流行，因曾一再出现。僖公十九年（前641），与前次相距约半世纪，宋襄公为了管制东方的夷人，就想配合当地的风俗，用活人去祭神，司马子鱼告诫宋襄公："古者六畜不相为用，小事不用大牲，而况敢用人乎？祭祀以为人也。民，神之主也，用人，其谁飨之！""祭祀以为人也"，是孔子及后世儒家对祭祀的一贯态度，如"祭如在，祭神如神在。子曰：吾不与祭，如不祭"。《中庸》也说："事死如事生，事亡如事存。"

在孔子出生前九年[①]，晋悼公问掌乐的太师师旷："卫人出其君，不亦甚乎？"师旷对曰："夫君，神之主也，民之望也。若困民之主，匮神乏祀，百姓绝望，社稷无主，将安用之？弗去何为？""君"与"民"身份虽不同，"君"也是"人"。师旷认为，一个好的国君，必须体天之德，"赏善而刑淫，养民如子"。若反其道而行，成为"困民之主"，使"百姓绝望"，则放逐其君，是合于天意的，所以说，"天之爱民甚矣，岂其使一人肆于民上，以从其淫而弃天地之性？必不然矣"。师旷"弗去何为"的言论，成为后世孟、荀"诛桀、纣若诛独夫"的革命思想的先导。

以上的言论比较突出。春秋时代更多的例子，是前进思想家们虽未放弃鬼神信仰，但在宗教礼仪内注入人文精神。[②]

①《左传》襄公十三年（前560）。

②参考杜正胜：《古代社会与国家》，第88页。

庄公三十二年（前662），有神驾临虢国莘（今河南省三门峡市陕州区）这个地方，周惠王问内史过神降的意义，内史过答道："国之将兴，明神降之，监其德也。将亡，神又降之，观其恶也。故有得神以兴，亦有以亡。虞、夏、商、周皆有之。"周惠王便派他去虢国祭祀。内史过知道虢公曾向神祈赐土地，复命时就禀告周惠王："虢必亡矣，虐而听于神。"这位神好像与内史过的预言颇有感应，继续停留在莘地六个月，监看着对百姓暴虐的虢公派太史嚚等人，去祈"神赐之土田"。太史嚚无奈而又感慨地说："虢其亡乎！吾闻之，国将兴，听于民；将亡，听于神。神，聪明正直而一者也，依人而行。虢多凉德，其何土之能得！"

《左传》中这段记载里的神，活灵活现，不但使周初"德、命相符应"的思考模式生动化，而且具象化。从其中可以使我们知道：（一）神像一位不动声色的监察人，依在位者的善恶决定国之兴亡。（二）在内史过的言论中，神的权威仍在。在史嚚的想法，不只是民心比神意重要，民意且可决定神意，神"依人而行"，与"民，神之主也"，已没有什么差别。周初公正无私的天（神），到此时恐不过是人德的投射而已。

内史过与史嚚"虢必亡"的预言，到僖公五年（前655）果然应验。这一年，晋献公再度派使臣到虞国借路以便攻打虢国，虞国的大夫宫之奇，以"唇亡齿寒"的道理阻止。虞公盖是"肉食者鄙"之流，他既以为"晋，吾宗也，岂害我哉"，又相信"吾享祀丰洁，神必据我"。宫之奇在率领他的族人逃离虞国之前，向虞公进最后的忠告："臣闻之，鬼神非人实亲，惟德是依。……非德，民不和，神不享矣。神所冯（凭）依，将在德矣。"虞公没有听从他的劝诫，答应晋国借道。是年十二月，晋国灭了虢国，军队在回程中，也灭了虞国。

宫之奇的话，其含义与史嚚所言几乎相同。古老的宗教经由这些进步思想家的理智光辉不断冲击下，鬼神已无权威，虽然也不能完全摆脱他的干预，因此，对鬼神的态度，若即若离，若存若亡。到昭公十八年（前 524），郑子产说"天道远，人道迩"时（此处所言"天道"，乃影响人吉凶祸福的鬼神之道），在思想史上可谓宣告春秋时代人文思想的总结，接下去便是孔子时代的来临。孔子将先驱们星星点点的光辉，内化于道德意识，促进了道德主体的自觉，然后当子路问事鬼神时，才能斩钉截铁地说出"未能事人，焉能事鬼？……未知生，焉知死"。陈荣捷先生认为，这是"人文主义最明亮的宣言"。[①]

三、周礼传统与孔子

宗教传统之外，接下来要探讨周礼传统与孔子的关系。

周礼的原始意义，与宗教的祭祀不可分，许慎《说文》："礼，履也，所以祀神致福也。"《尚书》中的《洛诰》《君奭》二篇乃周文献，《洛诰》的三个"礼"字，与《君奭》的一个

① 陈荣捷：《中国哲学文献选编》，巨流图书公司，1993 年，第 89 页。

“礼”字，皆指祭祀，祭祀有一套仪节，祭祀的仪节，即称之为礼。[①]

前文说过，宗教人文化首度关键性的转变，是在殷、周之际，据《礼记·表记》篇所说“殷人尊神，率民以事神，先鬼而后礼……周人尊礼尚施，事鬼敬神而远之，近人而忠焉”，则宗教意义的礼中，注入人文因素，大抵也在同一时期。王国维说“周之制度典礼，实皆为道德而设”[②]。若然，则二者的转变，不只同步，且皆因“德”这个观念的介入并受到重视。德这个观念，在宗教人文化的过程中，使人的地位提升，使人的责任加重，到春秋时代终于演变成神的主宰；德这个观念，也使礼由宗教仪节中解放出来，到春秋时代，使礼具有“经国家，定社稷，序民人，利后嗣”[③]的巨大功能——这也就是孔子心目中的周礼。

下面就孔子有关礼的言论，来透视他与这个传统的关系。

> 子张问：“十世可知也？”子曰：“殷因于夏礼，所损

①《洛诰》：“王肇称殷礼，祀于新邑，咸秩无文。”“敦宗将礼，称秩元祀，咸秩无文。”“四方迪乱，未定于宗礼。”《君奭》：“率惟兹有陈，保乂有殷，故殷礼陟配天，多历年所。”以上均见徐复观：《中国人性论史（先秦篇）》，第42页。

②王国维：《殷周制度论》，见《观堂集林》，台北河洛图书公司，1975年，第477页。

③《左传》隐公十一年。

益可知也；周因于殷礼，所损益可知也。其或继周者，虽百世可知也。”（2·23）

这是孔子有关礼的传统最重要、最有意义的一段问答。关于子张之问，日人息轩氏说：“春秋之末，天下大乱，子张才大，有意于制作一代之礼法。谓制礼法以维持后世者，非预知十世之后不能，故欲知其所沿革。而周室犹存，难于发言，故问十世可知也。”[①] 果真如此，真可以说是“大哉问”了，与“堂堂乎张”的性格，倒也相合。但息轩的解释，明显是根据孔子的答语而做的臆测，是否为子张原意，不能无疑。十世之“世”，不论是三十年为一世，或指改朝换代为一世，都是历史性问题，“十世可知也”，应该就是“历史向何处去”的问题。孔子身处一个礼坏乐崩的时代，用现代的术语说，就是面临文化危机，他心目中的文化传统，就是以礼为主要内容的周文，在文化方面他一生最大的志业，是要振兴周文，重建政治社会的新秩序，也就是“有意于制作一代之礼法”，此乃孔子之志，非年少的子张（小孔子四十八岁）所能问。孔子因子张之问，于是顺着他问题的性质，运用通古今之变的思维方式，提出文化重建的理论。“其或继周者，虽百世可知也”，就是“历史向何处去”的答案。

殷因夏，周因殷，由于孔子这个提法，使夏、商（殷）、周

---

① 转引自竹添光鸿：《论语会笺》，广文书局，1961 年。

三代，在后世儒学史上，成为文化和道德的乌托邦，儒臣们向朝廷或皇帝上书，每多以三代之政或三代圣王相期许，南宋时，朱熹与陈同甫曾为三代与汉唐展开一场著名的争论。[①] 撇开理想化的三代不谈，孔子心目中的三代，可能另有其意涵，因为在中国早期历代上，三代确是极具关键性的一段：中国文字记载的信史是在这一段时间里开始的，中国这个国家是在这一段时期里形成的，整个中国历史时代的许多文物制度的基础是在这个时期里奠定的。[②] 孔子心目中的三代，是否真有此意涵，自难断言，至少这几点可以有助于使我们了解，孔子谈论中国文化为何断自三代。

“殷因于夏礼……周因于殷礼”，说明孔子心目中的文化传统，是以礼来概括的。现在要探讨的是，如此概括性的礼，其内容究竟是什么？钱穆先生认为，“礼，兼指一切政治制度，社会风俗，人心之内在，与夫日常生活之现于外表，而又为当时大群体所共尊共守者，故只提一礼字，而历史演变之种种重要事项，都可综括无遗”[③]。徐复观先生的了解是：“由春秋时代言礼的内容来看，孔子此处之所谓礼，是指政治社会的制度及规范而言。”[④] 钱氏的解释嫌空泛。徐氏的了解，虽有历史的依据，

---

① 陈同甫与朱熹争论的内容，可看韦政通：《中国思想史》，大林出版社，1980 年，第 1217—1220 页。

② 张光直：《中国青铜时代》，联经出版事业公司，1983 年，第 31 页。

③ 钱穆：《论语新解》，联经出版事业公司，1998 年，第 65 页。

④ 徐复观：《两汉思想史》卷三，台湾学生书局，1979 年，第 302 页。

但也不可不知，三代之礼与春秋时代的礼，虽有密切的传承关系，毕竟已有所不同。二说共同的缺点，是不够具体。研究古史，在史料不足的情况下，由后以推前，不可避免，根据考古学较新的研究，对三代（考古学家称为“青铜时代”）的礼的了解，已不必再停留在用高抽象层次的词句去描述，礼的内容已可确实指出，它们是昭穆制、宗法制和封建制，这是使国家稳定的上级控制系统，也是三代社会的三个关键制度。张光直先生对它们下的定义是：昭穆制可称为两元性的首领制度，宗法制可称为分枝的宗族制度，封建可称为分枝宗族在新城邑中的建立。[①] 这样了解以后，不但使我们知道，《礼记·礼器》篇所说“三代之礼一也，民共由之”，是有历史根据的，而且对所谓殷因夏、周因殷之“因”字，究竟因袭或传承的是什么，也有了具体的认识。[②]

三代相因之外，接下去要了解“所损益，可知也”。任何文化传统要延续、要发展，必有所因，这是“常”，也必有所损益，这是“变”。损益字面上的意思，很好懂，如问究竟要损什么、益什么，历来注家很少追问，这里不妨举一些例子，了解孔子所言也不完全是空理论。例如（一）昭穆制虽殷、周相

---

①张光直：《中国青铜时代》，第 22 页。

②董作宾于《中国古代文化的认识》一文中，曾就文字的承继、成语的沿用、礼制的因袭三方面，说明殷、周礼制的关系同的多，异的少，可以参考。文见《大陆杂志》第三卷，第十二期。又见《先秦史研究论集（上）》，《大陆杂志史学丛书》第一辑第二册，大陆杂志社，1952 年，第 248—249 页。

同，但西周的昭穆制，到了东周经历了政治社会制度上的大变化而很快便消失了，这是损。[①] 宗法与封建的情况，恰好相反，由于西周不断征服，不断扩张领土，使宗法与封建复杂化，这是益。（二）董作宾先生在《中国古代文化的认识》讲词中，探讨甲骨金文中所见的殷、周礼制的关系，他说："至于损益，试以历法为例，如用'既死霸''既生霸''初吉''既望'，以指示干支在太阴月内一个定点的办法，似是周人所'益'；而舍去'大采''小采''大食''小食'等纪时方法不用，又像是周人所'损'"。（三）"颜渊问为邦。子曰：'行夏之时，乘殷之辂，服周之冕，乐则韶舞。'"既然有所抉择，自然也必有所损益，此不言而喻。（四）"麻冕，礼也；今也纯，俭，吾从众。拜下，礼也；今拜乎上，泰也。虽违众，吾从下。"其中二"礼"字，皆指古礼，前者舍古而从今，是损，后者舍今而从古，是因。由此可知孔子主张礼的因革损益，不论古今，而是以道德价值［"俭"是好，"泰"（骄）是不好］作为取舍的标准。

最后一句"其或继周者，虽百世可知也"。孔子将周礼或周文如此突出，并作预言式的宣示，在思想上与上文三代相因并有所损益的理论，已不属同一层次。前者乃历史层次的问题，后者乃哲学层次的问题。如果说，前者是通古今之变，则后者乃孔子一家之言——提出文化重建的理论。前后合观，正是"返本开新"这一思考模式的运用。

---

① 张光直：《中国青铜时代》，第 39 页。

为何继周便可预知百世？一般的理解，大抵皆不外于如陈大齐先生所说：孔子一方面固容许礼之可以有所损益，另一方面似亦主张，损益之中有不可损益者在。假使没有不可损益的部分，则经过百世的损益，将不知变成怎样的景象，如何还能说“可知也”？孔子敢于说“虽百世可知也”，可见孔子的心目中存有一个见解：礼中有其不可变动的部分，循此不可变动的部分以推测未来，百世以后的情景亦可预知。这不可变动的部分，陈氏根据孔子说礼的其他言论，指出两点，一是俭：“林放问礼之本。子曰：‘大哉问！礼，与其奢也，宁俭。’”俭乃礼的一条基本准则，这与因麻冕的古礼不及用纯的俭，宁舍古礼而从今礼的标准正相同。二是仁：“子曰：‘人而不仁，如礼何？’”仁既是礼所不可或缺的内容，自亦应为礼中不可变动的部分。[①] 孔子就是从这作为礼之主体的仁上，开出一片人文的新天地来，并以仁作为重建周文的依据。

孔子与“继周”一个相关的观念是“从周”：“子曰：‘周监于二代，郁郁乎文哉！吾从周。’”继周讲的是文化的传承与开展，从周表达的，除了发自衷心的赞赏，还将周的成就视为文化重建的典范。孔子为何对周如此充满信心，且情有独钟呢？依照杜正胜先生的了解，是因周人领导西土邦国打败东方部族参与东方政局后，他们并没有留恋偏狭的地方意识，反而积极

① 陈大齐：《孔子学说论集》，正中书局，1979 年，第 69—70 页。

经营更宽宏的“华夏意识”，领导中原文明的发展，使“西土意识”转为“天下意识”，将神权气氛浓厚的天命观转为深具人道精神的天命观，善用既存的社会结构，创造新的政治规模。① 此外，指称诸夏之列邦，代表民族文化一统观念的“中国”一词，也是在周代才正式出现的。②

前文提过，夏、商、周三代，在中国早期历史上，确是关键性的一段，但由于孔子殷因夏、周因殷，对三代的直接继承关系的强调，已成为过去对三代古史牢不可破的看法，这种看法，当代考古史家认为是对古史真相了解的重大障碍。20 世纪 60 年代以来所获得的考古资料，已使考古学家对三代史产生一个新的看法，即夏、商、周等政治力量是在平行与竞争性的发展情形下抬起头来的。张光直先生说：“夏、商、周在文化上是一系的，亦即都是中国文化，但彼此之间有地域性的差异。另一方面，在政治上夏、商、周代表相对立的政治集团；它们彼此之间的横的关系，才是了解三代关系与三代发展的关键，同时亦是了解中国古代国家形成程序的关键。”③ 如果三代在文化上是一系的，那么孔子的主张并没有错。不过，杜正胜先生已

① 杜正胜：《古代社会与国家》，允晨文化实业股份有限公司，1992 年，第 330 页。

② 蔡学海：《万民归宗——民族的构成与融合》，见《中国文化新论　永恒的巨流　根源篇》，第 139 页。

③ 张光直：《中国青铜时代》，第 32—33 页。

提出“七十年代以来的考古成果更加证明我国早期文化是多元的”[1]看法。依照这个看法，孔子对三代直的继承关系的强调，造成对古史真相了解的障碍之说才能成立。

四、周公与孔子

从表面看，孔子在《论语》里提到周公只有两次：（一）“子曰：‘甚矣吾衰也！久矣吾不复梦见周公！’”（二）“子曰：‘如有周公之才之美，使骄且吝，其余不足观也已。’”其他如“季氏富于周公”，有人认为“周公”并非指周公旦[2]；《微子》篇“周公谓鲁公曰”一段，乃周公对其子伯禽的家训，非出于孔子。假如我们对周公的事功与言论有些了解，就会发现《论语》里还有一些言论，虽未提周公之名，却与周公有关：（一）“子入太庙，每事问。”“太庙”乃鲁国周公之庙，庙中必保留许多周公的遗迹与礼器，甚至庙中祭祀的仪式，即可能为周公所创制。“每事问”者，表示他对周公的一切无不关心。（二）“子曰：‘能以礼让为国乎，何有？不能以礼让为国，如礼何？’”“礼让”一般皆就君臣之间而言，可通。但为何把“礼让”说得如

① 杜正胜：《古代社会与国家》，第 65 页。

② 钱穆《论语新解》：“周公：此乃周公旦次子世袭为周公而留于周之王朝者。”第 380 页。

此严重，好像只要能做到这一点，其他治国之事就没有什么困难了。我觉得孔子这话是指周公让位给成王，或至少他心中想到这件事。一个对建国有大功，享有至高权力的人，却把权位让出来，此乃人间至难之事，似乎只有这种事，才称得上“礼让为国”，才能说“何有”。（三）“子曰：‘齐一变，至于鲁；鲁一变，至于道。’”《左传》昭公二年（前540）：韩宣子适鲁，“观书于大史氏，见《易象》与《鲁春秋》，曰：‘周礼尽在鲁矣！吾乃今知周公之德，与周之所以王也’”。鲁之所以异于齐，主要在其所保存的周礼与周公的流风余韵，孔子之所以寄望于鲁，并认为鲁国可能实现其礼治理想者在此，“鲁一变，至于道”的“道”，应指礼治理想，且必为孔子早年之言。（四）“子曰：‘如有用我者，吾其为东周乎？’”“为东周”，言实行周公之道于东方，从上文寄望于鲁来看，东方应即指鲁国。

关于梦见周公，钱穆先生说：“孔子为中国儒学传统之大宗，而孔子平生为学，其最所尊仰者，实为周公，故曰：甚矣我衰也，久矣我不复梦见周公。则孔子之所志所学，梦魂萦绕，心香一瓣之所归依，独在周公，显可知矣。”[1] 要彻底了解周公何以会使孔子尊仰到“梦魂萦绕”的地步，就不能不知道周

---

① 钱穆：《周公与中国文化》，见《中国学术思想史论集丛》（一），联经出版事业公司，1998年，第143页。

公其人。[①]

在中国可信的历史上，孔子以前最伟大的人物，就是周公，孔子不仅是站在巨人肩膀上前进，周公其人实已内化到他的灵魂深处，从文化精神来看，孔子简直就是周公的化身，如果没有周公创制的这一独特形态的周文传统，恐怕就不可能产生孔子这一独特形态的儒学。可是这位对中国文化与西周建国都有大贡献的伟人，在中国史上的命运却不及孔子，孔子生平事迹，早有巨细靡遗的考订，一部 11705 个字的《论语》，产生有关的专著，当以千计，且至今不衰。而周公的生平事迹，诚如杜正胜先生所说，向来没有明白精确的记述，历来说史者，以帝王权威树立后之伦理观念逆推帝王权威树立前的君臣关系，以为周公不能称王。结果使一位不世出的英杰变成奉命惟谨的拘士，碌碌庸庸的成王变成承基奠业的明君。于史失实，莫此为甚，真乃周公之不幸。[②]

周公一生为了打下新邦周的基业，不但忍辱负重，且治国有方。当他的权势与威望如日中天之际，却视天下如敝屣。让

---

① 周公，姬姓，名旦，为何称周公？《史记索隐》："周，地名，在岐山之阳，本太王所居，后以为周公之采邑，故曰周公，即今之扶风雍东北故周城是也。""雍"指今陕西省宝鸡市，"周城"即《括地志》所说周公城，今名周公村，在岐山县北九里，今县北十余里凤凰山麓尚有周公庙。以上均见吕文郁：《周代采邑制度研究》，文津出版社，1992 年，第 62 页。

② 杜正胜：《古代社会与国家》中《〈尚书〉中的周公》一文，第 902 页。

位后依旧不辞艰辛，率军东征，为周室鞠躬尽瘁，事功与人格皆垂不朽。

孔子心仪周公，事功之外，还有与事功不可分的周礼。《中庸》记载孔子说："吾学周礼，今用之，吾从周。"根据传统的说法，周礼为周公所制[①]，而周礼如前文所说，包括封建与宗法。周代封建是很复杂的制度，周初列代共封了七十余国，其中兄弟之国五十多，这是血亲诸侯，其余十来国不是姻亲就是古国君主的后代。[②]此外，血亲诸侯，多在王畿之外，在王畿之内的还有封邑——采邑。采邑制度乃周代分封制度的重要组成部分，分封的对象是在朝公卿。[③]从周公平定管蔡、武庚之乱后所做的种种措施看，所谓封建，不仅是顺应时势，且是因地制宜的。由此看来，周初封建制的建立，必是集当权派的众智而成，非周公一人之功。至于宗法，周公既把政权交给成王，这就为宗法制中的传嫡长子制，奠定基础，立下范例，此不止影响有周一代而已。大概是因为周公对周代的建国，功劳太大了，人格言行又极受后人推崇，因此说史者就将一代建制的功勋，都写在周公的账上，于是有"周公制礼"之说。

---

①《左传》文公十八年，鲁太史克谓："先君周公制周礼。"

② 杜正胜：《周代城邦》自序，联经出版事业公司，1985 年，第 15 页。许倬云：《西周史》，联经出版事业公司，1984 年，第 176 页。

③ 吕文郁：《周代采邑制度研究》，第 22 页。

孔子不仅学周礼，且是当时的礼学专家。如要问他学周礼的什么，倒不容易回答，如说他学封建，应是分封中所表现的智慧，“兴灭国，继绝世”记在《论语》里，说不定就是孔子说过的。孔子以下儒家的伦理，特重“亲亲”，这是由宗法制传下来的。前文曾列举《论语》中四条可能与周公有关的言论，其中孔子向周公学到的是礼让为国，以及以礼治国的道理。

孔子赞赏周公的“才”与“美”，所谓“周公之才之美”，才表现于事功，美盖指其德行，与“子曰：君子成人之美，不成人之恶”的“美”，意义相同。周公的德行，于《尚书·周书》中各篇的言论，尚可知其梗概，如《康诰》是在周公平定管蔡、武庚之乱后，把弟弟康叔封于殷墟，教他如何自处，如何对待殷人，他说：“呜呼！小子封！恫瘝乃身，敬哉！天畏棐忱，民情大可见”；“呜呼！封！敬明乃罚”；“呜呼！肆汝小子封！惟命不于常；汝念哉，无我殄享。明乃服命，高乃听，用康乂民”。其意不外教他凡事都要警惕、谨慎，天命不一定可靠，民情却是可见的，你一定要奋勉为公，使人民过安康的生活，必要时动用刑罚，也要做到光明无私。如《梓材》也是周公教导康叔的：“无胥戕，无胥虐，至于敬寡，至于属妇，合由以容。”这是要他不可以戕害、虐待百姓，对鳏寡甚至贱妾，都要加以保护。如《无逸》是周公告诫成王：“呜呼！君子所其无逸，先知稼穑之艰难，乃逸，则知小人之依”；“呜呼！厥亦惟我周太王、王季，克自抑畏。文王卑服，即康功田功。徽柔懿恭，怀保小民，惠鲜鳏寡。自朝至于日中昃，不遑暇食，用咸和万民”。这是教成王不可贪图逸乐，要多了解百姓的疾苦，并以先人文王为典范。

周公之言，对教诲统治者的子弟，十分深刻而又感人。或许有人会问：周公可谓谆谆善教，他自己又能做到多少？能回答这个问题的直接史料很少，但从他享有至高无上君王的地位，既不骄也不吝地把政权交还给成王，交出政权以后，依旧负起重责大任而东征；从他对被征服殷民的种种措施，从他能提出“天命靡常，惟德是依”这种富有人文精神的创见等来看，他向康叔、成王告诫之语，应皆是他身体力行的经验。道德性的语言和抽象性的语言不同，若无相当的体验，是很难深刻，很难感人的。

值得注意的是，在周公告诫的言论中，凸显出两个重点，一是民本思想，一是德治主义。以孔子“好古敏求”的精神，我们有理由相信，孔子对这些言论，绝不致陌生。《论语》中孔子引《诗》较多，引《书》很少，要知道《论语》不过是孔子千言万语中留下的一部分。就思想史言，如果说周公乃孔子以下儒家政治哲学的奠基者或前导者，应不为过。

五、经典传统与孔子

宗教及其转化的传统，奠定孔子人文主义的基础；周文的传统，提供孔子历史的动力与文化秩序重建的资源；周公其人成为孔子心目中立德、立功、立言的伟大典范[①]，激发了孔子人道主义的救世热情。下文要继续探讨孔子与经典传统的关系。

这里说孔子与经典传统的关系，不说孔子与“六经”的关系，是因在孔子时，不仅经之名未成立，且《易》与《春秋》尚未与《诗》《书》《礼》《乐》组合在一起。[②]所以称经典传统，是因这些文献自西周以来，已成为贵族教养之所本，在贵族阶级已居于经典的地位。这些文献在孔子手中，自古及今，一般都承认曾有一番改造或整理，至于如何改造，又如何整理，则众说纷纭，且语多暧昧，如对《诗》说“删”，对《书》说“纂”，对《易》说“赞”，对《春秋》有的说“作”，有的说“修”，对《诗》《书》则说“论次”，对《礼》《乐》则说“修起”，后人对这些用语，又像猜谜游戏一样，引申出许多解释。孔子与经典传统的确实关系，除非有新的文物出土，否则永远也找不到谜底，经学史上的了解或解释，乃出于推想，有的推想较合理，有的推想并不合理，不合理的如孔子明明已说“诗三百”，又何来删《诗》？合理的如说孔子“修”《春秋》，而“修”与“作”可以相通。[③]既然找不到谜底，我们当然也没有

---

① 中国史上最早提到三不朽论的是叔孙豹：“大上有立德，其次有立功，其次有立言，虽久不废，此之谓不朽。”（《左传》襄公二十四年）在此之前的历史人物中，唯一称得上三不朽者，非周公莫属。

② 徐复观：《中国经学史的基础》，台湾学生书局，1982 年，第 26 页。

③ 关于这个问题的讨论，可看张以仁：《春秋史论集》，联经出版事业公司，1990 年，第 31—32 页。

证据否定经学史上的了解或解释。我也注意到现时一些学者，从“整理”方面说明孔子与六经关系的，差不多都是铺陈一些相关的经学知识，有些地方并不能自圆其说。孔子与经典传统有关，这是从《论语》里孔子的言论中完全可以证实的，既有关系，总不能没有解释。我觉得一个可行的办法，就是在以往的一些合理推想的基础上，再向前推进。孟子所说的“作”《春秋》的“作”，司马迁所说的“论”《诗》《书》的“论”，如果用“诠释”来代替，或许更合理、更近真。说孔子对经典传统的某些文献，在授教的过程中，曾加以编次，这是可能的，但这种工作，对因孔子而树立了这些经典的新权威，并不重要。经典传统经由孔子所以能建立其新的权威，主要是因他对经典传统做了创造性的诠释，可惜这些诠释在《论语》里保留下来的并不多。

先从《诗》来看。《论语》里引用或论及《诗》共有十四次，大约可分为两类：

一是属于诗教的：(1)“子贡曰：‘贫而无谄，富而无骄，何如？’子曰：‘可也，未若贫而乐，富而好礼者也。’子贡曰：‘《诗》云：“如切如磋，如琢如磨。”其斯之谓与？’子曰：‘赐也，始可与言《诗》已矣，告诸往而知来者。’”引诗见《诗·卫风·淇奥》。师生之间，两问两答，含有好几层意思，子贡首言做人的态度应无谄无骄，孔子进一步告诉他，无谄无骄不如乐道好礼，子贡当下遂悟及在领教过程中所发挥的切磋琢磨的功效，并引《诗》表达其所悟，孔子则称赞他引喻得当。引喻即诠释的方法之一。（2）“子夏问曰：‘“巧笑倩兮，美目盼兮，素以为绚兮”，何谓也？’子曰：‘绘事后素。’曰：‘礼后乎？’子曰：‘起予者商也。’”巧笑美目两句见于《诗·卫风·硕人》，惟三句相连，不见今“三百篇”中，或是逸诗。[①]孔子“绘事后素”语，颇似暗藏玄机的禅语，子夏竟能从其中参悟出“礼后”的道理，而得到孔子的激赏，如此跳跃性的思考方式，正是对古诗做创造性的对话，是另一种诠释的方法。（3）“子曰：‘衣敝缊袍，与衣狐貉者立而不耻者，其由也与？“不忮不求，何用不臧？”’子路终身诵之。子曰：‘是道也，何足以臧？’”“不忮不求”两句诗见《诗·邶风·雄雉》，在此属引喻一类，孔子引诗形容子路其人能做到不嫉妒、不贪求，刚强自信。师生之间，引诗皆朗朗上口，可见诗于孔门在传达意义上，发挥很大的功效。（4）“南容三复白圭，孔子以其兄之子妻之。”《诗·大雅·抑》：“白圭之玷，尚可磨也；斯言之玷，不可为也。”南容所三复者即此诗。孔子在另一处曾称许他“邦有道，不废；邦无道，免于刑戮”。足见孔子所以器重他，不只是因为他经常诵白圭之诗而已，而是因为他在深会诗意之余，犹能凭诗意导正其行。由孔子的作为，则诵诗的目的，已不言而喻。（5）有一次孔子教他的儿子伯鱼：“不学诗，无以言。”又一次子谓伯鱼曰：“女为《周南》《召南》矣乎？人而不为《周南》《召南》，其犹正墙面而立也与。”为何说不学诗，便

① 钱穆：《论语新解》，香港新亚研究所，1963年，第77页。

无从言语？孔子教学生（儿子也一样）是希望他们能行道，要行道就得出仕，就得学习贵族们在酬酢对答间传达心声的语言——赋诗。其实《周南》多男女相悦的爱情诗，可是在孔子心目中，却转化为立身行事的道德宝典。[①]

二是对《诗》的评论：（1）"子曰：'《诗》三百，一言以蔽之，曰：思无邪。'""思无邪"三字借用自《鲁颂·駉》，原诗乃咏马，"思"为语辞，在这里，孔子已完全赋予新义。由上文诗教之义，以及"《关雎》乐而不淫"之说，已足以证明，所谓"思无邪"，如解作三百诗篇，"都出于诗人性情之正，没有邪恶的思想或念头"[②]，应合乎孔子的原意。（2）"子曰：'小子何莫学乎《诗》？《诗》可以兴，可以观，可以群，可以怨；迩之事父，远之事君；多识于鸟兽草木之名。'"这是《诗》的功能多元观，可分为三组：一是如徐复观先生所说，"兴、观、群、怨的功能的陈述，即是《诗》的本质的陈述；这是一针到底的对《诗》的把握，用现代语来表达，这是对《诗》的深纯彻底的批评"[③]。其次，"迩之事父，远之事君"，是说《诗》具有伦理

---

① 马持盈《诗经今注今译》：《周南》"是感情自然流露的诗歌，而汉儒讲诗，都把它们牵扯到文王之化与后妃之德上，明明是男女相悦的爱情诗，偏要曲解到道德的教条上，讲得支离破碎，死气沉沉，把诗的本意，完全毁灭了"（台湾商务印书馆，1975 年，第 2 页）。从《论语》的诗教来看，孔子实是这"曲解"的始作俑者。

② 王熙元：《论语通释》，台湾学生书局，1988 年，第 40 页。

③ 徐复观：《中国经学史的基础》，第 8 页。

的功能。三是从《诗》中还可以学到动植物的名称。以诠释学的用语，一、三两组属意义的客观面，因其传达了《诗》本身及其所含的意义；第二组属意义的主观面，因其为诠释者所赋予。“子曰：‘兴于诗，立于礼，成于乐。’”中之“兴于诗”，与“《诗》可以兴”意义相同，言诗能感发或鼓舞人的心志。

总结以上的分疏，可以使我们了解：第一，《论语》中引《诗》，有的出于孔子，有的出于弟子，可以想见，作为贵族教养的诗，在孔门传达意义时，也被广泛运用。第二，孔门对诗的诠释，或引喻，或从事创造性的对话，或对诗做评论，其基本倾向是赋予诗以伦理道德的意涵。尽管孔子对诗的诠释，已触及诗的本质，但诗教的目的，是要使诗为伦理道德服务的。第三，在广泛的意义上，孔子对诗的评论，也属于诗教的范围，但在性质上，评论的部分，实是为诗教提供了理论基础。

其次是《书》。《论语》载：“子所雅言，《诗》《书》、执礼。”“雅”不论当“正”字或“常”字解，孔子平日常常谈到《诗》，由《论语》可以证实。但谈到《书》的，却仅有两次：

（一）“或谓孔子曰：‘子奚不为政？’子曰：‘《书》云：“孝乎惟孝，友于兄弟。”施于有政，是亦为政，奚其为为政？’”引《书》见《伪古文尚书·君陈》，一般皆以为此乃《书》之逸文，为《伪古文尚书》所采入。由此可见《伪古文尚书》中仍保留了一些《书》的原文，今传之《书》亦非原貌。在封建时代，家与国在性质上很难区分，孟子所说的“千乘之国，百乘之家”，“国”与“家”都是政治单位。如从这个背景来了解孔子的回答，就不觉得奇怪，但未必是孔子不从政的真正原因。在这里，孔子不只是引《书》而已，而是对《书》的文字做了“意义主观面”的诠释。

（二）“子张曰：‘《书》云：“高宗谅阴，三年不言。”何谓也？’子曰：‘何必高宗，古之人皆然。君薨，百官总己以听于冢宰，三年。’”《尚书·无逸》：“其在高宗，时旧劳于外，爰暨小人。作其即位，乃或亮阴，三年不言；其惟不言，言乃雍。”子张所引乃《无逸》文之简化。“谅阴”古人有不同的说法，郑玄以为是居丧，《吕氏春秋》则谓谅暗（谅阴别称）不言为天子应慎言，而非居丧。[①] 三年之丧是孔子的主张，弟子宰我曾提异议，认为一年就够了，孔子因此斥其“不仁”。《孟子·滕文公上》记孟子劝滕国世子行三年之丧，父兄百官道：“吾宗国鲁先君莫之行，吾先君亦莫之行也。”鲁为周公之封国，也不曾行过三年之丧。《墨子·非儒》篇也明说“其礼曰，丧父母三年”乃儒者之言。[②] 从这些证据来看，将“谅阴”解为居丧，应不可信，郑玄是受了孔、孟的影响，孔子“古之人皆然”云云，亦非史实，乃是典型的创造性的对话。

其次是《易》。《论语》有关《易》的记载，共有三次：

（一）“子曰：‘加我数年，五十以学《易》，可以无大过

---

① 屈万里：《尚书今注今译》，台湾商务印书馆，1973 年，第 137 页。

② 胡适：《中国哲学史大纲》卷上，商务印书馆，1947 年，第 132 页。

矣。’”《史记》里两次提到“孔子晚而喜《易》”[①]，可能即本于《论语》,《论语》的文字，并无不妥之处。《系辞传》:“子曰：颜氏之子其殆庶几乎！有不善未尝不知，知之未尝复行也。《易》曰：不远复，无祇悔，元吉。”这段话即使非出于孔子，也可以印证孔子确有学《易》可以无大过的思想的流传。既然如此，《论语》“可以无大过”的话，确实是指学《易》而言，不是泛指一般的学习。[②]至于学《易》为何便能无大过，朱熹认为“学《易》则明乎吉凶消长之理，进退存亡之道，故可以无大过”。在这里，孔子、朱子所传达的意义，都属于创造性的诠释。

（二）“子曰：‘南人有言曰：“人而无恒，不可以作巫医。”善夫！’‘不恒其德，或承之羞。’子曰：‘不占而已矣。’”其中“不恒其德，或承之羞”乃恒卦九三爻辞，意谓：“一个人的德行没有常度，很可能招致羞辱。”[③]孔子对人有无恒心很重视，他说：“善人，吾不得而见之矣，得见有恒者，斯可矣。”“善人”指修养有成者，“有恒者”指对德性有所坚持，对德行则困勉而为。在这里，孔子引《易经》的话，是教人要多在德行上下工夫，不要将自己的吉凶祸福寄望于卜筮，这与他不语怪、力、

---

①《史记·孔子世家》《史记·田敬仲完世家》。

② 金景芳、吕绍纲、吕文郁:《孔子新传》，湖南出版社，1991 年，第 220 页。

③ 王熙元:《论语通释》，第 777 页。

乱、神，以及所坚持的人文主张是一致的，这也是孔子对占卜传统的严厉批判。1973年，湖南长沙马王堆汉墓出土的汉文帝初年的手抄帛书《周易》，其中附有佚书《要》等两篇，《要》篇中所记孔子与弟子有关《易》的问答，很明确地表达了孔子重视《易》之哲理，而非《易》之占卜的态度："夫子老而好《易》，居则在席，行则在橐。'有古之遗言焉，予非安其用而乐其辞，后世之士，疑丘者或以《易》乎！'〔子贡问：〕'夫子亦信其筮乎？'〔子曰：〕'我观其义耳，吾与史巫同途而殊归。'"[①] 所谓"乐其辞"，所谓"我观其义"，依我的理解，就是以创造性对话的方式，对《易》的卦、爻辞做创造性的诠释。这段记载的真实性如何，不得而知，但其基本态度与《论语》相符。无论如何，《周易》由占卜传统发展出《十翼》，与这种态度的转变，有绝对的关系；《周易》能从卜筮之流，提升到经的地位，这种转变是其关键。

（三）"子曰：不在其位，不谋其政。""曾子曰：君子思不出其位。""君子思不出其位"乃艮卦象辞。清人毛奇龄《论语稽求篇》："夫子既言位分之严，故曾子引夫子赞《易》之词以为证。"[②] 这个推想很合理。如果这句话真是出于孔子，那么又为创造性诠释多一佳例，同时对古人所说"夫子赞《易》"的"赞"字，也可有新的理解。假如这句话真是孔子所说，则

---

① 金景芳、吕绍纲、吕文郁：《孔子新传》，第220页。

② 王熙元：《论语通释》，第859页。

《乾·文言》中六个“子曰”,《系辞传》中二十三个“子曰”也可能真是孔子之言，或后学转述孔子之言。这“二十九个‘子曰’的共同特点是将《易》的神秘性落实于人文之上，由行为决定人的吉凶悔吝”[1]，也与《论语》对《易》的态度完全相同。

其次是礼。礼在孔子以前的传统中与《诗》《书》《易》大不相同，因后三者已具有经典的形式，而礼的广义是可以涵盖一切典章制度与生活规范的，传统的讲法是“礼仪三百，威仪三千”，用现代的术语，它类似“文化丛”。礼在孔子心目中，不仅是周文化的特征，也是三代文明的象征。他一生“好古敏求”，主要的工夫大概都是用在这方面，他的独创性的道德伦理思想，主要也是从这个源远流长的传统中不断奋斗脱胎而来。其中的过程，已不是创造的诠释可以充分解释，因其整个生命都孕育其中。没有这个传统，就建构不出孔子的人文世界，也开展不出孔子的人格世界。

“子曰：夏礼，吾能言之，杞不足征也；殷礼，吾能言之，宋不足征也。文献不足故也；足，则吾能征之矣。”如不对夏、殷之礼下过工夫，是说不出这种话的。能言表示熟悉，寻求验证表示不断在探索，“文献不足故也”之慨叹，是探索的结果。对夏、殷之礼都如此，对周礼更不在话下，从“郁郁乎文哉，吾从周”的话来看，他必定长期浸润在其中，才能对其如此赞美，如此心仪！

---

① 徐复观：《中国经学史的基础》，第25页。

礼对孔子既如此重要，可是那些企图从整理、删定的观点来解释孔子与经书关系的学者，却感到万分遗憾，因为至今仍找不到任何直接证据，孔子曾整理或删定过“三礼”。三礼指《周礼》（又名《周官》）《仪礼》《礼记》。《周礼》成书的时代，至今仍在争论，它是一种政治社会的全盘设计，所以现代人常常把它看作中国古代乌托邦的一种具体表现。[①]乌托邦思想也不能凭空而造，它不但吸取了周礼传统的观念，且是以儒家思想为主导的[②]，只是孔子与《周礼》的直接关系，我们并不清楚。《礼记》一书，在儒学发展史上，有重大的意义，单单《中庸》《大学》两篇，对宋明儒学的影响，已不亚于《论》《孟》，孔子所说“夏礼吾能言之，杞不足征”，既出现于《中庸》，又出现于《礼运》，不难想象，还有不少不见于《论语》的孔子之言，保留在《礼记》各篇之中。孔子与“三礼”之间，唯一有点蛛丝马迹可寻的只有一部《仪礼》。《礼记·杂记》：“恤由之丧，哀公使孺悲之孔子，学《士丧礼》，《士丧礼》于是乎书。”《士丧礼》乃《仪礼》中的一篇，匡亚明先生认为：第一，孔子只教孺悲一篇《士丧礼》，不等于孔子只知道《士丧礼》，他应该知道全部《仪礼》。第二，孔子既然能教孺悲《士丧礼》，当

① 金春峰：《周官之成书及其反映的文化与时代新考》，余英时序文，台北东大图书公司，1993 年，第 1 页。

② 金春峰：《周官之成书及其反映的文化与时代新考》，余英时序文，第 16 页。

然也就可能教别人另外各篇的《礼》。第三，既然孺悲能够记录孔子传授的《士丧礼》，当然别人也可以记录他传授的其余各篇。[①] 这种推想也不无道理。问题是孔子对礼所推重的在礼之“义”，不在礼之“仪”，如谓“礼云礼云，玉帛云乎哉”！《礼记·郊特牲》：“礼之所尊，尊其义也。失其义，陈其数，祝史之事也。”此正是传承自孔子的礼说。孔子之所以重视礼之义，是因礼到春秋时代，早已丧失了实质的意义，徒具僵化的形式。司马迁说：“缘人情而制礼，依人性而作仪。”[②] 孔子时贵族间所行的礼，既不合人情，也违背人性，因此，《春秋》里斥之为非礼之处特多。孔子使礼植根于仁，所谓“人而不仁，如礼何”，就是要重新苏醒人情，恢复人性。

必须指出，在春秋时代，感觉到礼仪的僵化，而要将礼与仪加以区分，不是出于某一人之孤明，乃是各国的贤士大夫们共同的觉悟。例如《左传》昭公十六年（前 526），晋国女叔齐答晋侯“鲁侯不亦善于礼乎”之问时，他说：“是仪也，不可谓礼。礼所以守其国，行其政令，无失其民者也。今政令在家，不能取也。有子家羁，弗能用也。”所谓“政令在家”，就是发号施令之权，已旁落于家臣之手中，孔子所谓“陪臣执国命”，是一种“非礼”的现象。又如《左传》昭公二十五年（前 517），郑子大叔答晋赵简子“问揖让周旋之礼”谓：“是仪也，

---

①匡亚明：《孔子评传》，南京大学出版社，1990 年，第 353—354 页。

②《史记·礼书》。

非礼也。……夫礼，天之经也，地之义也，民之行也。”这样可使礼不再受仪的拘限而下逮于庶人，礼也由原来适应人君的要求而转过来适应于人民的要求，孔子正是继承此一目标更向前发展的。[①]

更值得注意的是，孔子以前的贤士大夫们，已将礼与敬、仁、忠信、卑让等道德观念联系在一起思考，并以道德规范了礼的意义，这不仅使礼从封建等级的繁文缛节中解放出来，也决定了孔子对礼诠释的方向。如《左传》桓公二年（前710），晋国师服：“夫名以制义，义以出礼。”孔子将“义以出礼”发挥为君子的条件，所谓“君子义以为质，礼以行之”。又如《左传》僖公十一年（前649）周内史过：“礼，国之干也；敬，礼之舆也。不敬则礼不行。”这与孔子“上好礼，则民莫敢不敬”之义相通。又如《左传》僖公三十三年（前627），晋国臼季：“出门如宾，承事如祭，仁之则也。”孔子答仲弓问仁时，就此义做了进一步的阐说：“出门如见大宾，使民如承大祭；己所不欲，勿施于人；在邦无怨，在家无怨。”又如《左传》成公二年（前589），晋国叔向：“忠信，礼之器也；卑让，礼之宗也。”《论语》虽未将忠信与礼相连而言，但忠信乃孔子的重要德目，“子张问行。子曰：言忠信，行笃敬，虽蛮貊之邦行矣”。其中“忠信”“笃敬”都可以说是礼的表现。“子曰：泰伯，其可谓至德也已矣，三以天下让，民无得而称焉。”叔向以让为“礼之宗”，

①徐复观：《中国经学史的基础》，第16页。

孔子以让为“至德”——德之宗，其义一也。[①]经由春秋时代贤士大夫们与孔子相继从道德方面加以诠释，“不下庶人”的礼，终于成为普遍性行为规范的礼。

其次是乐。自古及今谈孔子“整理”六经，唯一有据的是乐：“子曰：吾自卫反鲁，然后乐正，《雅》《颂》各得其所。”孔子于哀公十一年（前484），应鲁季康子之召自卫返鲁，开始他一生最后一段教学生涯，此时却从事整理乐的工作，可见此乃他一生未了的心愿之一。问题是“乐正”究竟指的是什么性质的工作？有人认为是正乐的篇章[②]，有人认为是指乐曲[③]，《史记·孔子世家》则说：“三百五篇，孔子皆弦歌之，以求合《韶》《武》《雅》《颂》之音，礼乐自此可得而述。”这些推想都有可能，不过由司马迁之言，这里孔子所说的《雅》《颂》，可以确定是指乐，而非指诗。诗、乐所以同有《雅》《颂》之名，是因二者本为一体，形诸文字的叫诗，配以曲调或演奏或歌唱出来的，就叫乐。孔子的时代，礼坏乐崩，“郑声之乱雅乐”的现象相当普遍，为孔子所深恶，于是激起他要在这方面做一番拨乱反正的工作，这就是他所谓的“乐正”。乐正者，即摒弃郑声，振兴《雅》《颂》之音，使其能发挥“感动人之善心”[④]的乐

---

①以上参考徐复观：《中国经学史的基础》，第13—15页。

②杨伯峻：《论语译注》，中华书局，1980年，第99页。

③王熙元：《论语通释》，第498页。

④《荀子·乐论》。

教的功能。

孔子在“乐正”的过程中，一如对其他经典传统，既有所传承，也有创新。在传承方面，例如：“子之武城，闻弦歌之声，夫子莞尔而笑曰：‘割鸡焉用牛刀？’子游对曰：‘昔者偃也闻诸夫子曰，君子学道则爱人，小人学道则易使也。’子曰：‘二三子，偃之言是也，前言戏之耳。’”此时子游任武城宰，“弦歌之声”是将乐用于教化百姓。徐复观先生指出其中暗示了三种含义：一是弦歌之声即是“学道”。二是弦歌之声下逮于“小人”，即是下及于一般的百姓。三是弦歌之声，可以达到合理的政治要求。这是孔门把所传承的古代政治理想，在武城这个小地方加以实验，所以孔子显得特别高兴。[①] 这一古老的政治理想，就是《礼记·乐记》篇所说的“乐以知政”，“声音之道与政通”。《左传》襄公二十九年（前 544），吴公子季札，到鲁国聘问，他听了乐工为他演唱的《周南》《召南》以及各国的国风，在他的赞美和评述中，将“乐以知政”的道理，发挥得淋漓尽致。从这段记载也可以使我们知道，诗与乐是一体的，孔子兴、观、群、怨的诗教，也是乐教。[②]

创新方面，孔子提出评判乐的价值标准：“子谓《韶》：尽美矣，又尽善也。谓《武》：尽美矣，未尽善也。”《韶》，舜帝

---

① 徐复观：《中国艺术精神》，台湾学生书局，1973 年，第 8 页。

② 关于孔子诗教与乐教的关系，可看钟肇鹏：《孔子研究》，中国社会科学出版社，1990 年，第 136—143 页。

的乐名,《武》,武王乐名,据朱注,“美者,声容之盛;善者,美之实也”。舜“以揖逊而有天下”,武王“以征诛而得天下”,因此表现于声容背后的精神,及其所蕴含的意义,就有所不同。在这里,孔子认为乐除表现艺术之美,还要讲求道德之善,乐的最高标准是美、善的统一。由此也可以了解,孔子所谓“乐正”、所谓“《雅》《颂》各得其所”,不只是如司马迁所说“求合《韶》《武》《雅》《颂》之音”而已。

此外,孔子一方面把乐与其核心观念——仁联系起来,另一方面又将乐视为人格的完成。“子曰:人而不仁,如乐何?”此不仅以仁规范了乐的本质,且使乐植根于道德主体,建立了乐与伦理道德不可分的关系。“子曰:兴于诗,立于礼,成于乐。”诗、礼、乐在此代表道德人格发展的三个阶段,而乐代表道德修养的最高阶层,成于乐即成于仁。在教化的意义上,诗、乐本一体,在人格发展的意义上,乐又比诗更升进一层,对道德的辅助作用也更大。

最后是《春秋》。孔子作(修)《春秋》虽无直接证据,但在历史上很少有人怀疑。自民初以来,孔子是否作《春秋》的问题,却引起不少争论。据我所知,为传统旧说辩护,对“确认今传《春秋》实系孔子修作”这一工作,做得最认真的,是张以仁先生的《孔子与〈春秋〉的关系》这一长文[①],读了他的文章,的确有不得不信之感。讲中国古史,如处处都要求直接

---

① 见张以仁:《春秋史论集》,联经出版事业公司,1990 年。

证据，恐怕很多问题都讲不下去。

不过，如去读《春秋》本文，又觉得钱玄同先生所说“孔丘底著作究竟是怎么样的，我们虽不能知道，但以他老人家那样的学问才具，似乎不至于做出这样一部不成东西的历史来”的话[①]，不能说没有一点道理。钱氏对今传《春秋》的怀疑，以及熊十力先生晚年说“孔子《春秋》经、传全亡”[②]，我觉得是一种合理的存疑，因为由今传《春秋》似乎很难诠释出孟子和司马迁所说那样大的道理。《孟子·滕文公下》：“世衰道微，邪说暴行有作，臣弑其君者有之，子弑其父者有之，孔子惧，作《春秋》。《春秋》，天子之事也，是故孔子曰：‘知我者其惟《春秋》乎，罪我者其惟《春秋》乎！’……昔者禹抑洪水而天下平，周公兼夷狄、驱猛兽而百姓宁，孔子成《春秋》而乱臣贼子惧。”又《离娄下》：“孟子曰：王者之迹熄而《诗》亡，《诗》亡然后《春秋》作。……其事则齐桓、晋文，其文则史。孔子曰：‘其义则丘窃取之矣。’”《史记·太史公自序》：“孔子知言之不用，道之不行也，是非二百四十二年之中，以为天下仪表，贬天子，退诸侯，讨大夫，以达王事而已矣。”又：“夫《春秋》上明三王之道，下辨人事之纪，别嫌疑，明是非，定犹豫，善善恶恶，贤贤贱不肖，存亡国，继绝世，补敝起废，王道之大者也。”

---

①顾颉刚编：《古史辨》第一册，明伦出版社，1970年，第276页。

②熊十力：《原儒》，明伦出版社，1971年，第44页。

以上孟子与司马迁对《春秋》大义的诠释，绝不可能凭空捏造，而是他们所读的《春秋》与今传本不尽相同，这有两种可能：（一）《史记·太史公自序》已言"《春秋》文成数万"。前引张以仁先生之文也说："《春秋》经文自张晏以来迄于乾隆甲寅刻本，约莫少了一千五百字，几近《春秋》全部的十分之一。"（二）《春秋》或如匡亚明先生所说，只是一部教学大纲，其中大义，则口授给弟子。[①]《史记·十二诸侯年表序》："孔子明王道，干七十余君莫能用，故西观周室，论史记旧闻。……七十子之徒，口受其传指，为有所刺讥褒讳挹损之文辞，不可以书见也。"从《公羊》《春秋繁露》有关材料看，传习《春秋》可以考见姓名的，在十人以上，则孔子口传的《春秋》大义，必有一部分保留在其中。[②]孟子与司马迁所见的《春秋》，是否即佚失的与口传的部分，不得而知，但他们所见的本子，必有今传本之外者，即今本《春秋》与孟子、司马迁的《春秋》诠释之间，必缺少一个环节，这一点似乎可以确定。照孟子与司马迁的诠释来看，孔子就鲁史的确曾做了一些创造性的诠释，否则，《春秋》在中国史上不可能享有如此崇高的地位。

---

①匡亚明：《孔子评传》，第363页。

②关于口传《春秋》的讨论，可看徐复观：《中国经学史的基础》，台湾学生书局，1982年，第26页，以及《两汉思想史》卷三，台湾学生书局，1979年，第257、299、301页。

六、孔子创造性的贡献

在本文开头的部分，曾提出两点要求：一是尝试进入孔子心目中的传统，去了解孔子思想的形成与开展；二是要了解孔子如何转化传统，如何温故而知新，又如何从返本的思考中，开出一片人文的新天地。这两个问题相当复杂，以上四节的探讨，仅仅就传统这一面凸显出一些线索，希望在前贤讨论的基础上，再稍微向前推进。要想完整地了解孔子思想的形成，传统的线索之外，他生存的时代与成长的环境，也很重要；要想完整地了解孔子思想的开展，更必须对其全部思想的结构和意义做系统性的探讨。

许多人谈论或研究孔子，差不多都局限于《论语》，过去我也如此。近年重读《论语》，觉得其中许多话，如对孔子以前的传统，以及孔子的时代与环境，没有一些认识，未必真能了解它的意义。三十多年来，我的治学生涯，是从古代向现代发展，这次重新回过头去，想对孔子做比较深入的了解，并从他以前的传统下手，与近十多年国内外学者的相关讨论，多少有点关系。1978 年余英时先生发表《中国古代知识阶层的兴起与发展》，简介了美国当代社会学家帕森思“哲学的突破”的观念，杜维明先生、林载爵先生、张德胜先生也相继提到当代德国哲学家雅斯贝尔斯“枢纽时代”的观念，这是比较希腊、以色列、印度和中国四大古文明的新观点。[1] 据说，在西方“哲学的突破”的观念可上溯至马克斯·韦伯有关宗教社会学的论著。值得注意的是，在中国，梁启超在《世界伟人传》第一编《孔子》的残稿中，也曾有相近的提法。他说，“距今约二千年四五百年之间，天地间气乃发泄而若无所余”，下文列举希腊、波斯袄教、印度、中国四大古文明各大哲之名，他对这种人类文明史上的特异现象赞叹不已：“异哉！异哉！地之相去盖亿万里，而同在此二三百年间笃生圣哲，若揖让而聚于一堂，噫嘻！是何祥欤！”[2] 大概梁氏已感到文明史上为何会出现如此现象已无从索解，因而才归之于天地间的气运。在这段文字里，所谓“哲学的突破”，所谓“枢纽时代”，这两个观念几已呼之欲出。新观点的提出，已促进了各大文明之间高层次的对话，这种方式的沟通与交流，相信会持续下去，因为它不仅可增进各大文明之间的相互了解，对当前世界性的现代文明面临的意义危机，也具有重大的启迪作用。中国学人应努力参与这场文明间的对话，

---

① 余英时的文章，见《中国知识阶层史论（古代篇）》（联经出版事业公司，1980 年），《哲学的突破》为该文第四节。杜维明《探讨“轴心时代”》《从“轴心时代”看儒学兴起》两篇短文见所著《儒家自我意识的反思》（联经出版事业公司，1991 年）。林载爵《人的自觉——人文思想的兴起》（见《永恒的巨流》，联经出版事业公司，1981 年）一文引言曰，借“枢纽时代”的观念，来说明四大古文明中中国文化的特色。张德胜提到雅斯贝尔斯《历史的源头与终结》，见所著《儒家伦理与秩序情结》，巨流图书公司，1989 年，第 37 页。

② 此残稿附于梁著《孔子》一书之后，1936 年中华书局初版，1963 年台湾中华书局二版，引文见第 68 页。

因这也是中国文化重建的一条不可逾越的重要途径。进行的方式，当然不只是在各自专业的领域里，去印证或检讨这个新观点而已。本文虽不是为参与对话而作，但因孔子乃四大古文明之一的代表，对他思想的形成与转化的探讨，多少可提供一点参考的价值。

我不清楚“哲学的突破”（还有雅斯贝尔斯的“超越的突破”），其中“突破”的确切意义指什么，在中文里，古人常用“破”字，如“破格”“破例”就有创新的含义。现代学者则常用“突破”这个观念，凡是用到这个观念的地方，都有创新或创造的含义，没有创新或创造，哪来突破？朱熹在《中庸章句序》中说：“若吾夫子则虽不得其位，而所以继往圣、开来学，其功反有贤于尧、舜者。”[①] 毫无疑问，朱子这话是就孔子对中国文化具有创造性的贡献而言。相对于科技上“发明的创造”，孔子在文化上属于“革新的创造”。创造心理学所说的革新的创造，往往经过肯定、否定、革新的辩证过程[②]，孔子也经历类似的过程，不过他对传统的态度，不是否定，而是转化。在孔子以前，德治与民本的思想，在西周初期周公的言论中已开始萌芽，到春秋时代，在贤士大夫间已流传着极为丰富的道德观念，同时，人为神之主的人文信念，以及从吉凶祸福的天道观中解

---

① 见《朱子全书》第6册，徐德明校点，上海古籍出版社、安徽教育出版社，2007年，第30页。——编者注

② 郭有遹：《创造心理学》，正中书局，1983年，第3—4页。

放出来的人道观都已出现。试问孔子在这样一个传统的基础上，要使它进入另一更高层的转变时代，势必需要一高度统摄性或统合的观念，作创造性转化的关键，这关键性的观念是什么？我认为就是“道”。当孔子发现道足以统摄或统合所有传统的精神，并赋予传统以新生命与新意义时，在他的道德意识（这也是由西周以来特殊的文化传统培育而成）中，必然产生灵光爆破式的喜悦和兴奋，像王阳明悟良知一样。因为道是从深厚、复杂又是充满光辉的传统中悟出来的，所以道不是形上学意义的存有；因为道是从有强烈的道德倾向，又是具有规范性、制度性的传统中产生，因此道必然要落实在个体和社会、政治之上。道涵盖内圣与外王，它是人生、社会、政治、文化的最高指导原则，如果孔子的时代也可称之为现代，那么，道就是传统与现代的分水岭。在这里，我们或许对孔子所说“吾道一以贯之”有一番新的体认，曾子说的“夫子之道，忠恕而已矣”，以及朱子了解为“尽己之谓忠，推己之谓恕”，基本上都不错，因尽己属内圣的范畴，推己属外王的范畴，推己的范围，从个体出发可以延伸到家国天下，所以忠恕之道即内圣外王之道。

孔子的理想是要以道易天下，因此道必须落实。道落实在个体上，是要求道德人格的创造，从“吾十有五而志于学”到“七十而从心所欲，不逾矩”，是孔子自道人格创造的历程。在这过程中，传统的资源皆一一转化为己所有，成为他丰富而又多层次思想的精神动源；在这过程中，他不断地创造一个自由而有意义的生命，成为人格上受人敬仰，道德上极具魅力的人物。道落实在社会上，是要求重建社会秩序，针对这一目标而建立的一套伦理规范，至今仍具影响，这是他对中国文化的主要贡献之一。道落实在政治上，是要求重建政治秩序和以德化民的治国理念，为了实现这一理想，他栖栖遑遑，奔走于列国之间，结果曲高和寡，如司马迁所说，“孔子明王道，干七十余君莫能用”，因始终“不得其位”，因此这方面成效很少。在政治实践方面虽成效不彰，但在人格方面自我实现式的创造，却为中国立下不朽的典范，再加上社会规范的确立，毕竟使中国文化推向一个新的转变时代。

总结全文，从孔子与传统的关系，使我们得到一个重要的启示是：愈深入传统，愈能超越传统。

第三章　孔子的时代

一、引言

《传统与孔子》，是从时间的流变中，来了解孔子思想的传承与开展。《孔子的时代》是侧重在以时空的观点，来描述他所生存的时代的一些特色，以及时代的种种表现，对他思想的冲击。

《论语》虽然仅是孔子一生言行录的一小部分，也已足够证明他对时代的感受不但真切，且相当复杂。根据我自制的观念索引，可以很清楚地看出来，他对当时礼坏乐崩的文化危机，社会风纪的败坏，阶级的变动，以及战乱都有强烈的反应之外，在日常言论中，对道不能行的感叹特多，其中实透露出他人格形态的重要讯息，即孔子并非现代学者心目中的所谓思想家或哲学家，甚至也不是单纯的教育家，他一生自始至终的愿望是在行道，也就是要改造世界，所谓欲以道易天下，这才是原始儒家的终极关怀。所以他的一生十分明显的表现着救世主精神的倾向，他自觉地感受到上天托付他一种伟大的使命感，在这个意义上，无疑的，他是一位教主型的人物，他没有宗教组织，没有上帝信仰，他的感召力，来自他的博通古今、救世的理念与热情，和具体的人格光辉。

“子曰：苟有用我者，期月（一年）而已可也，三年有成。”如此自信满满，把行道之事，看得简单，必是早年的想法。“子贡曰：‘有美玉于斯，韫椟而藏诸？求善贾而沽诸？’子曰：‘沽之哉！沽之哉！我待贾者也。’”这段对话或在未仕之前，也可能在出仕受挫之后，心情低潮之时，否则子贡何必有此一问。孔子为行道而周游列国，结果是“干七十余君莫能用”[1]。在十几年的困顿岁月中，历经磨难与艰辛，有时狼狈得“惶惶如丧家之犬”。在周游期间，他终于认清，在“以众暴寡，以强凌弱”的现时代，与他的理想之间有极大的差距，遂不免兴起“谁能出不由户，何莫由斯道也”的慨叹！到了晚年，时不我予，知道此生行道的理想，已不可能实现，于是愤懑之情，不时溢于言表：“道不行，乘桴浮于海。”“道之将行也与，命也！道之将废也与，命也！”“莫我知也夫！”最后，不语怪、力、乱、神的孔子，到了“甚矣吾衰也”的此刻，目击无道之世的种种乱象，竟迷信地发出绝望的呐喊：“凤鸟不至，河不出图，吾已矣夫！”

“子谓颜渊曰：用之则行，舍之则藏，唯我与尔有是夫！”孟子也说孔子“可以速而（则）速，可以久而久，可以处而处，

①《史记·十二诸侯年表序》。

可以仕而仕”[①]。从上面充满情绪的言论来看，孔子告颜回的话，大概只能了解为自我期许，和互相勉励，孟子则是将孔子的行止理想化了，当孔子真的被现实政治“舍之”之时，他是不能免于愤慨，特别是对当道者之不满的。我们并不怀疑孔子人格的伟大，但他的一生也多的是无奈与困惑，《论语》这方面的记录，相当传神，使我们能接近比较真实的孔子。

“子曰：贤者辟（避）世，其次辟地，其次辟色，其次辟言。”避世，因天下无道而隐；避地谓去乱国；避色者，礼貌衰而去；避言者，有违言而后去也。[②]被时人称之谓“知其不可而为之”，富有积极进取精神的孔子，为何会想到避世？且肯定避世之徒为贤者，这应与他“乘桴浮于海”“欲居九夷”的心理背景息息相关。当他救世的热情，一而再，再而三长期受挫，难免会有避世的念头。虽终未避世，却促使他对视富贵尊荣若敝屣的隐逸之士的人格价值，有了深一层的体认。

在“贤者避世”这段话后面，紧接着孔子又说：“作者七人矣！”据包咸注：“作，为也；为之者凡七人，谓长沮、桀溺、丈人、石门（晨门）、荷蓧、仪封人、楚狂接舆。”[③]这七人皆孔子于周游期间所曾遭遇，对他们的行径并不以为然，但在这里所表露的又是一种心情，难免有些思念。包咸列举的七人，乃

①《孟子·万章下》。

② 钱穆：《论语新解》，香港新亚研究所，1963 年，第 508 页。

③ 转引自王熙元：《论语通释》，台湾学生书局，1988 年，第 881 页。

综合《论语》的记载，其实，《论语》里对“贤者避世”还有更直接的例证：“大师挚适齐，亚饭干适楚，三饭缭适蔡，四饭缺适秦，鼓方叔入于河，播鼗武入于汉，少师阳、击磬襄入于海。”这里共八人，当时避世者绝不止此七人和八人，孔子所指的七人，可能在其中，也可能另有其人，但有一点或可确定，即这些鲁国的乐师们纷纷逃离隐世而去的事迹，所以会被记录保留下来，是受到孔子对隐者态度的影响。当然，《论语》里这类的记录，也可能有更重要的含义，它反映了一个无道的时代，也反映了贤者们对变乱时代的无声的抗议。

孔子的时代，依照传统的说法，是“礼坏乐崩”或“礼废乐崩”，近世史家多称之为“封建崩溃”，也有社会学者称之为“失范社会”[①]。礼坏乐崩、封建崩溃的说法都很抽象，下文从王纲解纽、道德败坏、阶级变动、战争频繁四方面，赋予具体的内容，这四方面对礼坏乐崩，是因也是果，因果的关系相当复杂，这里所关心的，不在分析其因果，而是在了解这些时代的现象，对孔子思想的冲击。

二、王纲解纽

王纲解纽是指周王室统治权的衰微，经由封建诸侯的互相争夺，使得政治权力逐渐下移的过程。当初封建的目的是“封

① 见张德胜：《儒家伦理与秩序情结》，第二章。

建亲戚，以蕃屏周”[①]，就此目的而言，这一漫长的过程，自是衰世之象，但由前瞻性的观点来看，这又是中国文明迈向新时代的开始。孔子一方面对旧时代有很深的怀恋之情，另一方面又默默但很自觉地为新时代的文化思想做奠基的工作。在这新旧交替的时代里，他对王纲解纽的历史现象，不但有深刻的了解，而且对复杂的现象做出简明的论断：

> 孔子曰：天下有道，则礼乐征伐自天子出。天下无道，则礼乐征伐自诸侯出。自诸侯出，盖十世希不失矣。自大夫出，五世希不失矣。陪臣执国命，三世希不失矣。天下有道，则政不在大夫。天下有道，则庶人不议。（16·2）[②]

孔子这里所说的“道”，虽可包有道德的含义，但主要是指封建等级性的秩序，“有道”就是周天子能够顺畅地运作统治权，维系封建天下的秩序，“无道”就是王权旁落，诸侯称霸，封建秩序已遭破坏。至于“十世希不失”“五世希不失”的论断，不仅有史实为依据，有的还是孔子所亲见。例如齐国从

---

①《左传》僖公二十四年。

② 类似的论断，还有《季氏》：“孔子曰：禄之去公室五世矣，政逮于大夫四世矣，故夫三桓之子孙微矣。”五世指宣、成、襄、昭、定五代。四世指把持鲁国政治的大夫（皆季氏）文子、武子、平子、桓子。三桓指鲁之三卿：仲孙、叔孙、季孙，因皆出于桓公，故称“三桓”。

桓公称霸，历经孝公、昭公、懿公、惠公、顷公、灵公、庄公、景公、悼公、简公，恰好十世，最后简公被陈恒所杀，此乃孔子所亲见。鲁国方面，孔安国注：“诸侯自作礼乐，专行征伐，始于隐公，至昭公，十世失政，死于乾侯矣！”这更是孔子所亲见的结果。关于“五世希不失”，孔安国仍以鲁国为例：“季文子初得政，至桓子五世，为家臣阳虎所囚。”政权的争夺，上行下效，如季氏家臣南蒯、公山弗扰、阳虎之流，皆当身而败，尚不及三世。[①]孔子的历史论断，最重要的不在是否处处皆扣紧史实，而是指出在封建体制下，一旦天子的统治权衰微，在权力争逐下移的过程中，整个体制的瓦解情势，必愈演愈烈。在这个意义上，孔子当然有维护王室之意。在这个意义上，我们可以说他是一文化保守主义者。

要深一层了解孔子这一论断的历史背景，有必要就其所提供的线索，做一番诠释，其内容本来就为孔子所熟知，只是没有说出来而已，也可能对弟子们说了，却没有记录下来。

王纲解纽的现象，到孔子时，其规模正日渐扩大，其频率也日渐加快，如要追溯这现象的肇始，大抵在西周中期以后已见端倪：

（一）西周的封建政治，诚如徐复观先生所说，是以宗法

---

①转引自王熙元《论语通释》之书，第1003—1004页。其中简公被陈恒所杀事，于鲁哀公十四年，孔子曾请鲁君臣讨伐，未果，是时孔子在鲁不在齐，所以只能“亲闻”，不能说“亲见”。孔安国：“季文子初得政，至桓子五世。”文子至桓子为四世，如说“五世”，在文子前要加上鲁桓公少子季友。

制度为中心所建立起来的。而宗法中的"亲亲"，是维系封建政治的精神纽带。封建政治的崩坏，首先是由王室与诸侯之间的这种精神纽带的解纽而开始的。[①] 当年周公还政成王，为宗周立下以大宗为中心的长子继承制，使政治上最难处理的政权继承问题，暂时得以解决，这也是亲亲精神的制度化。这一制度首遭破坏，并不如徐氏所说是开始于周宣王[②]，而是始于西周中期的共、懿、孝、夷四王之间。共王死后，由其子懿王即位，懿王死了，却由共王弟即位，是为孝王，孝王死了，诸侯复立懿王的太子为夷王。[③] 于是体制紊乱，使政权继承"在制度化的渠道之外进行"[④]，所以如此，即由于诸侯干涉王位的继承。王既由诸侯拥戴而有其位，恩出自下，对诸侯也就摆不起天子的威风了。[⑤] 司马迁对这一点看得很清楚，所以在《史记·周本纪》说："懿王之时，王室遂衰，诗人作刺。"

（二）周宣王号称中兴之主，曾以天子之尊强为鲁国立懿公，懿公为伯禽之玄孙武公之次子，有违立嫡立长的传统，结果为鲁人所杀，另立武公长子伯御，宣王竟因此起兵伐鲁，复立懿公之弟孝公为鲁君，天子自乱体制，自不免导致"诸侯效

---

① 徐复观：《周秦汉政治社会结构之研究》，台湾学生书局，1974 年，第 65 页。

② 徐复观：《周秦汉政治社会结构之研究》，第 67 页。

③ 许倬云：《西周史》，联经出版事业公司，1984 年，第 186 页。

④ 见张德胜：《儒家伦理与秩序情结》，巨流图书公司，1989 年，第 38 页。

⑤ 许倬云：《西周史》，第 186 页。

之，王命将有所壅”[1]的结果。到了春秋时代，众诸侯不仅不听王命，悍然掠取王畿土地者有之，公然与周王交质者有之，借策命之机向王室“请隧”（隧，天子之葬礼）者有之，公然问鼎之轻重者有之，与王争锋、“射王中肩”者有之，射王“中心折脊而死”者亦有之，周王的威风简直扫地以尽。当时的霸主们虽仍高喊“尊王攘夷”“共奖王室”，不过是利用宗周的符号，捞取称霸的政治资本而已。[2]

（三）王纲解纽的过程，孔子的论断，不仅最具概括性，也确实能掌握封建没落的历史脉动。所谓“礼乐征伐自天子出”，主要是指采邑封授的权力，它需要具备三个要件：其一是天子在政治上有权威；其二是天子能掌握强大的经济与军事实力；其三是天子手中握有广大的、足够封授的土地。其中又以第三个条件最基本、最重要，因为“有土此有财”[3]。这些条件只有在西周立国的初期比较完备，所以周天子在王畿之外，可以大封诸侯，在王畿之内，可以为公卿大夫封授采邑。到西周中期，诸侯既有力干涉朝政，左右天子的继承权，当然也就有并吞其他实力较小诸侯的力量，并蚕食王室直接管辖的土地，加上中期以后的内乱与外患，到幽王时诗人已发出“今也日蹙国

①《国语·周语下》。

② 吕文郁：《周代采邑制度研究》，第 136 页。

③ 吕文郁：《周代采邑制度研究》，第 135 页。

百里”[①]的感慨。东迁之后，王畿已不及原来的十分之四，稍后又割虎牢之地与郑，割酒泉之地与虢，襄王时又割南阳数邑与晋[②]，到春秋前期和中期，遂演变为孔子所说的“礼乐征伐自诸侯出”的时代，也就是分封的权力，已由周天子转移到大国诸侯手中。分封的权力不断下移，封建崩解之势，自愈演愈烈，到孔子的春秋晚期，不仅是“礼乐征伐自大夫出”，且终于演变到“陪臣执国命”的封建末路，这是封建式的权力游戏本质上无可逃脱的命运。

三、道德败坏

任何时代都有不同程度的道德败坏问题，春秋时代由于王纲解纽，政治秩序与社会秩序相继崩解，使得这方面的问题显得格外严重。孔子的思想本来就是孕育于道德意识很强的传统，因此不难想象道德败坏的严重现象，对他思想的巨大冲击。他的思想所以特别重视伦理秩序的重建，和道德人格的塑造，除了传统的因素之外，这方面的影响不可忽视。下面先看几则言论，然后再探讨这些言论背后所反映的时代。

子曰：德之不修，学之不讲，闻义不能徙，不善不能

①《诗·大雅·召旻》。

② 吕文郁：《周代采邑制度研究》，第136—137页。

改，是吾忧也。（7·3）

子曰：善人，吾不得而见之矣！得见有恒者，斯可矣。（7·26）

子曰：吾未见好德如好色者也。（9·18）

子曰：已矣乎！吾未见好德如好色者也。（15·13）

子曰：由，知德者鲜矣！（15·4）

其中“吾未见好德如好色”之言，司马迁以为孔子说这话是在定公十四年，且是针对卫灵公而言。当时孔子居卫，灵公与夫人南子同车，孔子随后，招摇过市，故有此言，并以为这是灵公的丑行，于是离开卫国。[①] 王熙元先生已指出，《卫灵公》篇也有同样的话，且多了“已矣乎”的叹词，可见是当时一般诸侯及卿大夫只知好色，不知好德，所以发出这样的感叹，不一定是为卫灵公一人而言。[②] 以上五则言论，发于不同时间、不同地点，这已说明当时道德败坏的现象，相当普遍。如就当时败坏的实情和败坏的程度来看，孔子的反应，是够温和的。那年代还没有现代各色各样的传播媒体，贵族阶层的丑闻，不过靠口耳相传，孔子未必一一知道，更未必知道人欲横流得那样严重。

据蒋荫楼先生的研究，春秋时代贵族阶级风气的败坏有

---

①《史记·孔子世家》。

② 王熙元：《论语通释》，第 505 页。

两大特色。一是弑君叛上。《左传》记载“弑君二十五”，《史记·太史公自序》则称“弑君三十六”，蒋氏统计，弑君事件多达四十一次以上。又据顾栋高的《春秋大事表》，共有乱臣八十四人。[①]如此君不君、臣不臣犯上作乱的现象，是宗法的精神纽带解纽，以及封建式的权力游戏必然导致的结局。在这里，可以使我们知道，孔子为何要主张“正名”，为何要主张“君君、臣臣、父父、子子”，这不是抽象的理论，而是有所对治的。

风气败坏的另一特色，是淫乱无度，蒋氏把它分为两类。（一）君臣或上下宣淫者：（1）有君臣共淫大夫之妻的；（2）有人私通大臣之妻的；（3）有君后通于夫弟的；（4）有君后通于大夫的；（5）有大臣夫人通于竖仆的；（6）互易内子以行乐的。（二）于家庭间不顾人伦而宣淫者：（1）兄妹通奸；（2）父娶子妇；（3）父通其子妇；（4）上淫其庶母或母的。《春秋大事表》统计女子，有节行者十二人，明哲者十一人，纵欲无度的三十四人。[②]犯罪学家告诉我们，报道或揭发出来的案例，通常只是冰山一角，春秋时代的情欲横流，无疑已经冲击着社会最

①蒋荫楼：《春秋时代的风气》，见《国立中山大学语言历史学研究所周刊》第2卷第21期。（此文约三十年前，我于“中央研究院”傅斯年图书馆所见，当时未抄录出版日期，只记得是1949年前之中山大学。）

②蒋荫楼：《春秋时代的风气》，见《国立中山大学语言历史学研究所周刊》第2卷第21期。

根本的基础。[1]一个时代，淫乱到如此骇人听闻，已不是“吾未见好德如好色”“知德者鲜矣”这类言辞所能反映，老夫子纵然知道，恐也难以启齿，至多只叹息一声“已矣乎”（完了！完了！）罢了！

四、阶级变动

封建的特色之一，是因人身份角色的不同，而分成许多等级。楚国大夫芋尹无宇将整个封建阶级分为十等，它们是王、公、大夫、士、皂、舆、隶、僚、仆、台，士以上为贵族统治阶级，皂以下为平民被统治阶级，同属被统治阶级仍有等差，皂是穿黑衣的卫士，隶以下为不同等级的刑徒和奴婢，舆是众庶，众庶中又包括居在城内的“国人”，和居在城外的“野人”，他们的身份也有差别。[2]统治阶级又泛称为“君子”，被统治阶级统称之为“小人”，这种区分在《论语》里仍可以看到。要维持这样一个等级社会，除了周室有强大而又稳定的统治权之外，还要尽可能使社会保持封闭与静止的状态。自从王纲解纽，政治权力开始下移，这种社会状态已难以持续，阶级变动已成必然之势，孔子在这变动的过程中扮演的角色是，使阶级意义的

① 张德胜：《儒家伦理与秩序情结》，第 45 页。

② 杜正胜：《编户齐民：传统政治社会结构之形成》，联经出版事业公司，1990 年，第 38 页。

君子、小人，重新由道德学问上加以区分，不但促成新士人阶层的崛起，且使士居于社会中坚的地位。下文从三方面来了解阶级变动的条件，这三方面既互相关联，又互为因果。

（一）政治权力的下移，始于诸侯干政与天子争权，接踵而至的是诸侯之间的兼并，与诸侯内部的政争。诸侯内部政争方面，据顾栋高《春秋大事表》的统计，《春秋》书诸侯杀大夫者四十七，书大夫之为他国所执者十四，书放其大夫者二，书卿士大夫公子出奔者共五十七。卿大夫自相残杀者，春秋中期以下，更不可胜数。[①]

孟子说："霸必有大国。"[②]因此，诸侯称霸，必须兼并其他弱小的诸侯。齐国于太公受封时，不过百余里地，到齐桓公，是因"并国三十，启地三千里"[③]，才成就了他的霸业。晋国早在献公时，即已"兼国十九"[④]，同是姬姓的虞、虢、焦、滑、霍、扬、韩、魏，皆为晋所灭[⑤]。楚国于楚文王之前，疆域尚不足百里，楚文王时"兼国三十九"，楚庄王又"并国二十六，开地三千里"[⑥]。各国在兼并的过程中，必然要不断扩充兵源，起先是

①徐复观：《周秦汉政治社会结构之研究》，第71页。

②《孟子·公孙丑上》。

③《韩非子·有度》。

④《吕氏春秋·贵直》。

⑤《左传》襄公二十九年。

⑥《韩非子·有度》。以上各国兼并资料出处，皆转引自吕文郁：《周代采邑制度研究》，第138页。

征用未当兵的国人，仍有所不足时，则征用野人，最后举国皆兵。在封建时代，本来只有贵族才有当兵资格，在霸主们发展军国主义的情形下，众庶既然都可当兵，其身份地位自亦随之改变。[1] 在诸侯内部的残酷斗争中，得胜者成为有权势的新贵，失败者则“降为皂隶”。《左传》隐公十一年郑庄公说：“王室而既卑矣，周之子孙，日失其序。”“日失其序”是指列国之间因兼并导致封建秩序大乱。《国语·周语下》：“天所崇之子孙，或在畎亩。”封建既失其序，旧日王孙一部分沦落到民间，这是必然的命运。

（二）政治因素之外，经济的变化也是导致阶级变动的重要因素。据李宗侗先生的研究，春秋初期的商业，尚未发达，但后来贵族渐渐奢侈，需要更精美更奢华的工艺作品，这些作品必须专门技工制作，所以到春秋末期，工艺技巧较以前进步，而专门技工也能因此致富。工艺发达以后，作品必须流通，遂发生商业的进步，于是商人也得以致富。在此之前，“有土此有财”，现在土地之外另有财源，且不是贵族所能垄断。有专技能经商的小人有了财富，便有获得知识的机会，甚至进而参政，所以经济形态的变化也有助于小人阶级中若干优秀分子的上升。[2]

因经商致富而改变其身份地位者，孔子的弟子子贡，就是一显著的例子：“子曰：回也其庶乎，屡空。赐不受命而货殖

① 杜正胜：《周代城邦》，联经出版事业公司，1985 年，第 139 页。

② 李宗侗：《中国古代社会史》，华冈出版有限公司，第 248 页。

焉，亿则屡中。”“古者商贾由公家主之，子贡未受命于公家而自以其私财市贱鬻贵，逐什一之利。”[1] 所以“赐不受命”正说明他不属于贵族阶级，他是以小人的身份，私自经商。在孔子的价值标准下，因货殖而富的子贡，自不及因守道而穷的颜回，但在对比的言谈中，似亦并无轻贱之意。《史记·货殖列传》说子贡“结驷连骑，束帛之币，以聘享诸侯，所至，国君无不分庭与之抗礼。夫使孔子名布扬于天下者，子贡先后之也”。由此可知，其时一个人只要拥有财富，便可以显赫于诸侯，摆脱封建制度中的身份地位。

工、商因拥有财富，而改变了身份地位，已如上述，那农人呢？据杜正胜先生的研究，鲁国在宣公十五年（前594）实施“税亩”的土地税法改革，结果是有好也有坏。所谓“税亩”法，即按照每人耕种的面积抽税。所以要施行此法，是因原有农庄人口不断增加，须多辟田土才能维生。原来贵族对垦地就准予免税，相因为例，农庄成员耕种传统分配地以外的田土，其生产品可能不缴入庄园的仓库，也许仿国人之例，缴些给贵族，也有逃税的，贵族的收入自然减少，他们为应付这种变局乃采“税亩”法。此法只认土地不认人，于是有土地买卖，有平民地主，农人也因此可以脱离农村到城市谋生。但农村却出现一种新身份的耕作者——雇农，生活更悲惨。[2]

---

① 钱穆：《论语新解》，香港新亚研究所，1963年，第382页。

② 杜正胜：《周代城邦》，第149—150页。

（三）前文说过，孔子在阶级变动的过程中扮演的角色，是以道德学问重新区分君子与小人，而以君子的成就作为士当追求的理想，于是为士人阶级提供了新的人生方向和目标，这不仅有助于封建阶级的瓦解，对中国历史上的人格世界，实起了划时代的转变。

孔子凭什么扮演如此重要的角色？主要是本诸“有教无类”的教育理想设帐讲学，并将传统由贵族独占的经典知识普及民间。孔子的弟子们的出身虽大都不详，但多半生活贫寒。相传他也有几位贵族弟子，如鲁大夫子服景伯，如鲁大夫孟僖子的两个儿子孟懿子与南宫敬叔，但《史记·仲尼弟子列传》和《家语·弟子解》，均未列入。[①]孔子的弟子主要有两个来源：一是没落的贵族沦落于民间者，如颜回；一是出于庶人阶级，如曾参。[②]孔子在当时虽已声名卓著，与汉以后尊孔时代的偶像地位仍相差甚远。他自己也是生于没落贵族的寒苦之家，尽管他的道德才学出众，能周旋于诸侯之间，甚至分庭抗礼，然而所能受到的尊重毕竟有限。真正能对他心悦诚服的，是以上两个来源的弟子，因为这些人物要改变自己的身份地位，要出人头地，必须寻找人生新的途径，孔子的一套教养，不仅能唤起他们追求理想的热情，也确实能养成出仕的本领。如无意仕进，

---

① 以上参考姚式川：《论语体认》，第 876 页。

② 详见余英时：《中国知识阶层史论（古代篇）》，联经出版事业公司，1980 年，第 16—17 页。

或没有机会出仕，也可获得自我实现的满足，所谓安身立命之道。

五、战争频繁

读春秋时代的史书《左传》，给人深刻的印象之一，就是战争频繁。在这两百多年中，没有一个国家没有内乱，内乱到弑君、灭族，自不免动武用兵，但规模尚小。除此之外，较大规模的战争，有两个类型：一是兼并（包括强凌弱与诸侯争霸），一是外患。

外患主要是戎狄的入侵。据《汉书·匈奴传》：懿王时“王室遂衰，戎狄交侵，暴虐中国，中国被其苦”。懿王值西周中期，外患已严重。西周最后一代的幽王，即因犬戎入侵而被杀，周室也因此被迫东迁。进入春秋时代，戎狄乘城郭诸邦之内外多事而来肆其侵扰，举其著者，如鲁隐公九年北戎侵郑。桓公六年北戎攻齐，郑太子忽率师救齐，大败戎师。庄公十八年，公追戎于济西。庄公三十年，山戎犯燕，次年，齐桓公攻山戎以救燕。闵公二年，虢公败犬戎于渭汭。[①] 有关狄的活动，据蒙文通先生的研究，“入春秋以来，不见狄事，自庄（鲁庄公）之三十二年而狄祸发，如飘风，如骤雨，而邢、卫被其殃。自

① 以上春秋时北戎侵扰，参考钱穆：《国史大纲》，台湾商务印书馆，1956年，第38页。

此狄患中国，终春秋下至七国，正以狄于此时蹙于西而突于东，自晋北走晋东，遂据太行以建国，祸且及于齐、鲁也”[1]。戎狄强悍，斗志高昂，与疲弱相残的周室子孙，正是一强烈的对照。公羊家对这段史事的论断有谓：“南夷与北狄交，中国不绝若线。”[2]可见戎狄在春秋的历史舞台上扮演极重要的角色：一方面，从“德华兽戎”观念的产生[3]，可知其对中原华夏诸民族带来的威胁有多严重；另一方面，在严重的文化危机感下，遂产生“夷夏之辨”的《春秋》大义，不仅促成民族的大融合，也为中国文化开创了新的生机。在现实危亡的威胁下，孔子虽也说“夷狄之有君，不如诸夏之亡也”，但他也为中国的华夷政策注入人道主义的原则，即所谓“言忠信，行笃敬，虽蛮貊之邦，行矣”[4]。兼并方面，秦、晋互相攻伐之战凡十八，晋、楚大战者三，吴、楚相攻者二十三，吴、越相攻者八，齐、鲁相攻者三十四，宋、郑交兵者凡三十九。晋悼之世，宋、郑两国

---

①蒙文通：《赤狄白狄东侵考》，见杜正胜编：《中国上古史论文选集》，华世出版社，1979年，第593页。

②《公羊传》僖公四年。

③蔡学海：《万民归宗——民族的构成与融合》，见《永恒的巨流》，第144页。

④蔡学海说：“一般而言，采民族主义的立场，通常都有强烈的排他性格，唯独传统的中国民族主义特见‘宽仁’，即倡民族主义最激烈的公羊学派，见齐人迫杀山戎，都要加以贬斥。故上古多数华族士大夫及统治者，都能秉持孔子‘言忠信，行笃敬，虽蛮貊之邦行矣’之教与戎狄相交往，为此，华戎之间的交融常见活络进行，愈益增进。”（同前注，第144—145页。）

十年而十三战。若把二百四十二年所有的战争加以统计，或就鲁、卫、宋、郑中每一国所经过的战争加以统计，将更易发现战争的频度，尤为惊人。[①]战争的目的之一，是为了扩张国土，顾栋高《春秋大事表》四《列国疆域表》谓："鲁在春秋，实兼有九国之地。""齐在春秋，兼并十国之地。""晋所灭十八国，又卫灭之邢，秦灭之滑，皆归于晋。景公时剪灭众狄……又东得卫之殷墟，郑之虎牢。""楚在春秋，吞并诸国，凡四十有二。""宋在春秋，兼有六国之地。"[②]如此频繁的内战加上外患，带给中原大地上人民的灾难，《左传》宣公十五年已有"易子而食，析骸以爨"的记载。对如此已非言语所能形容的悲惨时代，孔子的反应如何呢？

当鲁国的权臣季康子，将攻打鲁之附庸国颛臾时，孔子与弟子冉有、季路，也是季氏的家臣，有这一场精彩的对话，从对话中可以看出孔子是很反对打内战的。"卫灵公问陈（同阵）于孔子，孔子对曰：'俎豆之事，则尝闻之矣，军旅之事，未之学也。'明日遂行。"《左传》哀公十一年也有意思相同的记载："孔文子之将攻大叔也，访于仲尼，仲尼曰：'胡簋之事，则尝学之矣，甲兵之事，未之闻也。'退，命驾而行。"不屑于谈军旅之事，也似乎有反战的意味。不过，孔子反战是有条件的："子曰：善人教民七年，亦可以即戎矣。""子曰：以不教民战，

① 徐复观：《周秦汉政治社会结构之研究》，第70页。

② 徐复观：《周秦汉政治社会结构之研究》，第69页。

是谓弃之。”所谓“教民”，依朱子注说：“教民者，教之以孝弟忠信之行，务农讲武之法。”战争如果是为了抵抗外患，执干戈以卫社稷，孔子是不反对的，但必须给予参战者以教化和训练，否则盲目参战，草菅人命，无异弃绝人民，言下之意，这样要求人民去尽保家卫国的责任，是达不到的。

六、从大崩溃到创世纪

孔子的时代，或扩大点说春秋战国时代（因从春秋中期到战国都在大变局大转型的过程中），如仅从封建崩溃，或古典文化的没落一面去看，如上文各节所描述，会使人感到充满破败、堕落与混乱，什么丑恶、悲惨、荒谬的事，都曾发生。如果换成前瞻性的眼光去看，则又是另一番景象。秦、汉大一统以后，两千多年中国独特的政治形态，独特的社会结构，独特的价值系统，都是在这漫长的大变局大转型的时代里，开始定型，甚至连中国独特的华夏型民族意识，也因区域性氏族逐渐大融合而形成。所以说，这是一个充满危机的时代，但在危机中也就呈现出转机。光明与黑暗仅一线之隔，从黑夜到黎明不过转瞬之间，人类历史的演变往往（但非必然）如此。

以孔子为先导的战国诸子，被后人称为中国思想的黄金时代，几乎没有例外的，他们的思想，都是在面对危机，迎向大变局的挑战，为华夏人、为中国文化寻找新的出路。这时代相继奠定儒学的三位大人物孔、孟、荀，对现实的种种，无不感到悲凉和失望，可是对自己、对未来却满怀信心和希望。孔子说“天生德于予”，孟子说“夫天未欲平治天下也，如欲平治天下，当今之世，舍我其谁也”[①]，这都是大家熟知的。荀子之世，已届大一统的前夕，他似乎也预知预感到一个新时代即将来临，既曰“欲观千岁，则数今日”[②]，又说“天地始者，今日是也”[③]。如果不从这样的时代背景，这些话还真不容易了解。

值得注意的是，在这时代，从文化危机迈向文化新生的过程中，传统所扮演的角色。例如政治形态的封建，虽然解体，但如杜正胜先生所指出，封建社会的人伦等差（费孝通先生所谓的“差序格局”）、家无二尊（主）、内外（男女）有别，却成为尔后两千年中国传统社会的基本特质。[④] 前文已提到，宗法的亲亲，在封建政治中的重要，徐复观先生认为，儒家以孝弟礼让仁爱为基底的道德要求，都是由宗法的亲亲发展出来。此外，封建制度崩溃以后，随着封建贵族的没落，“平民家族”的逐渐扩大，宗法制度却逐渐下逮于社会，扩大于社会，后世普遍通行的族谱、宗祠、祖产等结构，皆由此发展而来，这是中国社会结构的原则与骨干。[⑤]

---

①《孟子·公孙丑下》。

②《荀子·非相》。

③《荀子·不苟》。

④ 杜正胜：《古代社会与国家》，允晨文化实业股份有限公司，1992 年，第 765 页。

⑤ 徐复观：《周秦汉政治社会结构之研究》，第 33、100 页。

在这大崩溃的时代里，政治秩序与社会秩序几已荡然无存，当时民间社会的情况如何，因史书少有记载，我们并不清楚，我们知道的是那些没落的贵族、王孙们，在失序的环境中，破坏了固有的禁忌——包括乱伦的禁忌，于是使生活流于人欲横流、道德败坏，就成为不可避免的现象。就是这严重的社会危机，激起原始儒家对重建道德人格和重建社会秩序的强烈要求，儒家能成中国传统的主流，这两方面的贡献，是其主因。

此外，阶级变动促使新士人阶级兴起，套用现时“新人类”“新新人类”的流行语，乘大变局而崛起的士人阶级，可以说是一种“新人类”，没有他们，就不可能有所谓诸子百家，当然也就没有思想的黄金时代。即使战争，在这时代也不完全是负面的，柳诒徵先生说：“弱肉强食，其祸酷矣。而诸小国并为大国，其国家之组织，社会之状况，人群之思想，胥因之而变易。其胚胎于一国之文化，亦有渐推渐广之势。杂居之异族，为之同化，僻远之新国，由是崛兴。此皆互为因果者也。”[1] 这无异于说，战争也为大一统的趋势，提供了新的条件。这样看来，西哲赫拉克利特（Heraclcitus）说“战争或者竞争，乃是万事之父，乃是观念、发明与制度的源泉”，“万事之父”虽嫌夸大，也不是没有一点道理。

因此，总结起来看，这大变局的时代，实是从大崩溃走向创世纪。

---

① 柳诒徵：《中国文化史》，正中书局，1964 年，第 271 页。

第四章　孔子与鲁国

一、引言

在第一章一开始，我就说过，相对于神之子的耶稣，孔子乃大地之子，这不只是因为他关怀的是人今生今世的人格、文化、社会、政治等问题，而是由于他的生命、他的精神，彻彻底底是植根于大地之上。他这种人格类型，与耶稣，甚至释迦，真有天壤之别。为了凸显孔子这方面的特质，在传统、时代之外，就不能不更落实地探索他与生于斯、长于斯、成于斯、败于斯，老来仍落叶归根于斯的鲁国之间的关系，也就是他与环境或社会现实之间的关系。

环境可大分为自然环境与人文环境，下文虽也涉及鲁国的自然环境，但主要是要探讨人文环境中的两个重点：一是鲁文化的特色，一是鲁国的政情。探讨前者，是要了解孔子这种人格类型的形成与陶养的文化氛围；探讨后者，不仅可以了解孔子与鲁国政治的复杂关系，也可以使我们体认他前大半生的存在处境，以及思想与人生实践的密切相关。当然，孔子的思想，除了对应或对治的现实层次之外，还有更重要的理想层次，理想层次的思想较具自主性与独创性，影响后世最大的是在这一层。这两个层次之间的关系，简单地说，是在现实层次中，培育了他的问题意识，他提出了一系列的问题，然后提升到理想层次，寻求答案。思想的实际运作过程，必然复杂得多，先有问题，然后找寻答案，只能说是一个合理的推想，也可能有了某种程度的答案，更照亮了或深化了原先的问题。思想运作的奥秘，即使思想家自己现身说法，也未必能完全交代清楚，但有一点似乎可以确定，即问题与答案，是互依并进，且是交互影响的。孔子的理想随时就在对治或批判现实的言论中呈现，孔子的理想完全是为了拯救现实、改造现实，所以这种交互影响格外明显。

张德胜先生在《儒家伦理与秩序情结》一书的第一章，讨论“思想的存在基础”，提出的一个结论是：“由于知识社会学既不能指出存在基础中哪部分可以决定思想，亦无法确实地说明存在基础究竟如何决定思想。”他认为，“基于社会现象的本质，以上提出的两个问题不仅目前无法解决，将来也不见得会出现突破”[①]。不过，他在书中针对上述问题，提出了自己的看法。上述问题之所以无法解决，重要的原因之一，是知识社会学所谓的“存在基础”，或如卡尔·曼海姆（Karl Mannheim）所说的“存在因素”，所涉及的范围过分广泛，它涉及历史知识

① 张德胜：《儒家伦理与秩序情结》，巨流图书公司，1989 年，第 31—32 页。

之现实存在、现存之社会文化现象，以及思想家所处之社会阶级、社会地位①，这三部分本身已够复杂，而且都与思想家的思想有关，但要指出哪部分可以决定思想，则相当困难。

当我们已经对孔子与传统、孔子的时代做了探讨之后，似乎可以以孔子为例，对知识社会学所碰到的难题，做一检讨。张德胜先生指出，界定思想与社会现实关系的名词很多，除了决定外，还包括限制、对应、引起、互赖、交互作用等，知识社会学对于这些关系词，几乎到无差别地使用的地步。②若以孔子为例，我在《孔子与传统》一章曾说过，如没有周人创建的中国古典文化传统，就不能有孔子这一类型的儒学，在这个意义上，我们可以说周代文化传统对孔子的思想，曾有过决定性的影响。同时，这种影响，不可避免地，也造成孔子思想的一些限制。但这仅是孔子思想的一面，孔子如仅是继承传统，就不可能成为对中国影响如此深远的人物，他在继往的同时，还做了更重要的开来的工作，在返本的同时，还要开新，也可以说他改造了传统。当他的思想朝这方面跃进时，他的思想富有自主性与创造性，不再受传统决定。在继往开来的思想过程中，他的自主意识与传统，可能是对应的，也可能是互赖的，更可能的情况，是在交互作用中进行。在自主意识中蕴藏的传统越丰富，就越可能激发出创新的智慧；反之，创造的潜能越丰富，

---

①王晓波：《先秦儒家社会哲学之研究》，幼狮月刊社，1972年，第14页。

②王晓波：《先秦儒家社会哲学之研究》，第31页。

创造的意志越强烈，不但更能照明传统有意义有生命的部分，也更能超越传统。

其次，如没有周代的封建传统，就不可能出现王纲解纽、阶级变动，以及春秋时那种类型的战争等时代特色，甚至连道德败坏到冲破乱伦禁忌的程度，恐怕也与封建中特别重视“亲亲”的原始精神有关，它代表亲亲精神的病态或变态。因为时代乃封建的下游现象，所以对孔子的思想，只有刺激或引起的作用，不产生决定性的影响。至于第二个问题，“存在基础究竟如何决定思想”，要解决的确相当困难，下文讨论孔子与鲁国政治的关系时，也许可以看出一些眉目。

二、春秋时鲁国的国力与处境

鲁地本为殷商所统治，旧称为商奄，周公于平定管蔡、武庚之乱，并征服了商奄之后，迁武庚的殷遗民六族于商奄，命长子伯禽驻守，成为第一代的鲁君。从此鲁国为周人继续东征的重要据点。

据《史记·汉兴以来诸侯王年表》，“封伯禽、康叔于鲁、卫，各地四百里”，“太公于齐，兼五侯地”，其余封国数百，最大不过百里，最小仅三十里。可见西周初封时，鲁乃大国。又据近人童书业先生所说，鲁国疆域“略有今山东省南部小半省，兼涉苏北一隅之地，大致东到今沂水之东，南到今鲁、苏两省交界处，西到今郓城、巨野、城武、单诸县境，北到泰山及汶水之北，以泰山脉及汶水北岸地与齐为界，广运约二三百里之间”[1]。这些数字与轮廓的描述，仅能提供大略的印象，无法使我们知道从周初到春秋时鲁国的变化。春秋时的鲁国，虽然在文化上仍居优势，国力上显然已非初封时可比，有人说仅次于晋、齐，与郑、宋、卫不相上下[2]，有人说鲁国在山东半岛南半部也算是一个侵略者，春秋时已沦为二等国家[3]。

鲁都曲阜，殷中叶时，已为商奄部族的重要根据地。[4]曲阜位于山东半岛的丘陵地与黄河三角洲的界线上，在济南之南一百二十公里，兖州东南十五公里。北东南三面，群山盘郁，为泰山之支脉，西有大野广土，浅垄平畴。《孟子·尽心上》："孔子登东山而小鲁，登泰山而小天下。"东山即峄山，在今邹城东南十公里。邹城在曲阜南二十二公里，为孟子的故乡。自曲阜望泰山，在云烟缥缈间。泰山主峰在泰安市北境，海拔一千五百米，古称东岳，又名岱宗。登泰山之巅，见汶水西流、黄河（古之济水）东下，萦绕如带，下视群峰，皆在眼底，故有"小天下"的观感。就水道系统言，曲阜介于洙泗之间，洙

---

①童书业：《春秋史》，开明书店，1946年，第119页。又据黎东方《孔子传略》：鲁国领土"南北有二百英里长，东西有三百英里宽。有十八个或更多的有城墙的城市"。（华欣文化事业中心，1983年，第25页）

②黎东方：《孔子传略》，第25页。

③杜正胜：《古代社会与国家》，第638页。

④杜正胜：《古代社会与国家》，第337页。

水入泗，泗水入淮，属淮河流域。[①]

根据近年的考古报告，曲阜故城，周长11771米，东墙2531米，南墙3250米，西墙2240米，北墙3560米，东西最宽3.7公里，南北最长2.7公里。[②]城南30公里有尼山，为泰山一支脉，众山环拱，孔子字仲尼，即因尼山而命名。昌平山在尼山之西，其下为昌平乡，即孔子诞生地，今名鲁原村。《论语》载曾点言其志云："莫（暮）春者，春服既成，冠者五六人，童子六七人，浴乎沂，风乎舞雩，咏而归。"孔子听了，"喟然叹曰：吾与点也"。"浴乎沂"之沂水（一名雩河），在曲阜南门外，发源于尼山之麓，西南流入于泗。[③]

《史记·孔子世家》："是时也，晋平公淫，六卿擅权，东伐诸侯；楚灵王兵强，陵轹中国；齐大而近于鲁。鲁小弱，附于楚则晋怒；附于晋则楚来伐；不备于齐，齐师侵鲁。"这是春秋时鲁国以小事大艰困处境的写照。例如《左传》成公二年（前589）六月，鲁随晋攻齐于鞍，楚乘机另辟战场以牵制晋军，齐败后，楚遂于八月攻鲁，鲁赂楚执斫、执针、织纴各百人以求和，此所谓"附于晋则楚来伐"也。《左传》昭公七年，楚灵王为章华之台，召鲁侯往贺，鲁侯不敢不从，鲁昭公朝楚，于是引起晋人不满，此所谓"附于楚则晋怒"也。再加上鲁国内部

---

① 张其昀：《孔子新传》，中国文化大学华冈出版部，1974年，第6—7页。

② 杜正胜：《古代社会与国家》，第555、660页。

③ 张其昀：《孔子新传》，第8页。

的权力斗争不断，先是大夫夺了鲁君的权，继之大夫的权又被家臣所夺（详见下文），外患加内忧，到了春秋末季战国初期，鲁国的命运，苟延残喘而已。到公元前249年，终为楚所灭。

孔子对鲁国的国情，有过一则评论，他说："鲁、卫之政，兄弟也！"朱子注："鲁，周公之后，卫，康叔之后，本兄弟之国。而是时衰乱，政亦相似，故孔子叹之。"这是一语双关的评语，重点不在"本兄弟之国"，这谁不知道？在春秋霸权征逐的过程中，卫国的处境一如鲁国，真所谓难兄难弟。孔子发此言，其内涵恐尚不止于此，还含有"王者之迹熄"的悲叹吧！

三、鲁文化的特色

鲁国国情既如此衰乱，孔子为何仍说"齐一变，至于鲁，鲁一变，至于道"？朱注是："孔子之时，齐俗急功利，喜夸诈，乃霸政之余习。鲁则重礼教，崇信义，犹有先王之遗风焉，但人亡政息，不能无废坠尔。道，则先王之道也。言二国之政俗有美恶，故其变而之道有难易。"言鲁"犹有先王之遗风"，尚可说，从道德观点，"言二国之政俗有美恶"，已可议，程子说"鲁犹存周公之法制"（朱注引），更是想当然耳之词，不合当时实情。我们虽无法知道孔子说这话的背景，但不可能是针对现实的鲁国而言，而是从文化理想上着眼。至于孔子为何仍将文化理想寄望于鲁，这就必须了解鲁文化的特色。

《左传》襄公二十九年（前544），吴国的公子季札，到鲁国来聘问，“请观于周乐”，周乐是周王赐给鲁国的天子之乐。除此之外，他还听了邶、鄘、卫、郑、齐、豳、秦、魏、唐、陈、郐等各国之乐。除此之外，还看到舜、禹、汤、文、武各王的乐舞。在周代文化里，礼与乐并行而不相离，所谓“乐者为同，礼者为异；同则相亲，异则相敬”[①]，都是维系社会的动力。从上面这段记载可以看出，周公之后的鲁国，不但曾是周文化的总汇，而且还保存了周以前一部分文化的精粹。不难想象，到孔子时，由于礼坏乐崩，这些曾是贵族阶级的精致文化，大概只保存在太庙之中了。

《左传》昭公二年（前540），韩宣子来聘，“观书于大史氏，见《易象》与《鲁春秋》，曰：周礼尽在鲁矣！吾乃今知周公之德，与周之所以王也”。韩起所见《易象》，盖是《易》经的部分，“春秋”乃古史记之通称，各国皆有，战国时有“百国春秋”之说，《鲁春秋》即孔子所修《春秋》之底本。礼在当时，几乎是周文化的总称或象征，这里“周礼尽在鲁”的礼，显然特指文物图籍，由太史氏（史官）掌管。“周公之德”云云，是他观赏了丰富的图籍之后的赞美词，与吴季札聆听了周乐之后所发的歌功颂德之词，如出一辙，这大概已是当时文史专家们的标准语言。好古敏求的孔子，也必定是从这类语文的体认中，逐渐形塑他心目中辉煌的传统。

以上《左传》的两段记载，凡是论及鲁文化的，大都注

---

①《礼记·乐记》。

意到了，但最能显示鲁文化在这时期中国文化的继往开来过程中，扮演关键性角色者，乃《庄子·天下》篇所说“古之人其备乎！配神明，醇天地，育万物，和天下，泽及百姓，明于本数，系于末度，六通四辟，小大精粗，其运无乎不在。其明而在数度者，旧法世传之史，尚多有之。其在于《诗》《书》《礼》《乐》者，邹鲁之士、搢绅先生多能明之。《诗》以道志，《书》以道事，《礼》以道行，《乐》以道和，《易》以道阴阳，《春秋》以道名分。其数散于天下而设于中国者，百家之学时或称而道之”。《诗》《书》《礼》《乐》代表周文化中的经典传统，为周文化的核心，“多能明之”的“邹鲁之士、搢绅先生”，乃经典传统的传承者和发扬者，也是百家之学的先驱，而其间的关键人物，则为孔子。

早在20世纪30年代，学界争论诸子之源时，冯友兰先生提出这样的问题：“我以为诸子皆出于士之阶级，而士之阶级之兴起，乃由贵族政治之崩坏，在官专家之失业。但若果如此，则在官专家之众，宜莫过周室。如此则诸子之兴，应在王室所在之地，何以远在邹、鲁？”冯氏提出两点解说：（一）周室王官虽最完备，专家虽最多，但宗周残破，文物丧失；东迁之后，王室规模，已不如前。鲁为周公之后，文物完备，未经残破。宗周灭后，鲁为东方文化中心。（二）一种历史上大运动之兴起，固为环境时势所造成，而领袖人物，亦关重要。诸子家学之兴，孔子开其先路。孔子为鲁人，故邹、鲁为儒家之根据地。以后诸家，均直接间接受儒家之影响，故对于诸子之学之兴，邹、鲁居重要地位。[①] 以上两点，可以使我们更清楚地认识鲁文化在古史中的地位。在此需要做一点补充的是，邹、鲁为何对诸子之学的兴起，占有如此重要地位？孔子又如何能成为诸子学的先锋？这固然由于他首开私家讲学之风，将古代官师政教合一的王官之学，普及到一般有志之士，更重要的，是他对周代的经典传统，做了创造性的诠释，赋予它新的生命与新的意义。从此，《诗》《书》《礼》《乐》《易》，不仅开启诸子之学，也是秦、汉以下两千多年思想的总泉源。

《管子·大匡》："卫国之教，危傅以利。……鲁邑之教，好迩而训于礼。……楚国之教，巧文以利，不好立大义，而好立小信。"可见在战国时人的心目中，在各国文化特色比较下，礼已是鲁文化的标志，从今而后，想到鲁便想到礼，想到礼便想到鲁，在儒家的文化理想中，几已融为一体。《史记·儒林传》："高皇帝诛项籍，举兵围鲁，鲁中诸儒尚讲诵习礼乐，弦歌之音不绝。"刘邦诛项羽在公元前 202 年，鲁国虽于四十七年前已为楚所灭，而文风犹盛，足证孔子生前所倡导的"守死善道"，及以道自任的精神，已收实效。

我们了解了鲁文化的特色，和它在古史中的地位以后，就可以知道，孔子将文化理想寄望于鲁，认为鲁变可至于道，不

---

①冯友兰：《原儒墨补》，见《中国哲学史补》，商务印书馆，1936 年，第 69 页。

仅有充分的理由，而且这种发轫于鲁的文化理想，终于逐渐实化于中国的历史之中，成为历代儒者共同追求的目标。

四、孔子与鲁国政治

根据我自制的《论语》观念分类索引，《论语》谈得最多的问题有三类，所占的比重不相上下，这三类是：修养问题，约七十次；人格问题，约六十七次；政治问题，约六十九次。《论语》论政的言论虽多，并不能完整反映孔子政治生活实践的一面。所谓政治生活实践，是指他出仕、参政，以及卷入“三桓”与家臣、与公室的权力斗争的旋涡之中。从现存资料来看，孔子在五十五岁离开鲁国之前，政治似乎一直是他生活的重心，最后政治实践带给他的失望与痛苦，可能超过在周游列国期间所遭受的种种苦难。孔子对王纲解纽的历史现象，有准确的理解，但在政治生活实践中，他仍企图以宗法封建的标准，去恢复已崩坏的社会秩序，这当然注定会失败。假如他从此消失在权力斗争的旋涡之中，就不会再有后来历史上的孔子。决心出走，脱离故国的政治风暴，应该是他重建自我的一个关键。在十四年的周游列国期间，他救世的热情虽未降低，改造世界的目标也未改变，但先前的生活教训，应该会使他由现实的改革，逐渐更偏重于理想的宣扬。因此，我们不妨假设：孔子言论中，凡是与现实政情密切相关，或具有明显时代背景者，多半在五十五岁以前；而那些具有超时代含义的言论，大都在此后的二十年才发展出来。“子曰：甚矣吾衰也！久矣吾不复梦见周公。”这一则晚年的言论所透露的，即表明当年以周公为典范，以周制为标准，从事现实改革的岁月，早已远去。或由于时势的不同，孔子终未能成为周公一样的伟大政治家，而以伟大的道德家，名垂千古。就当初的人生规划而言，他不能不有所遗憾！

下文依时间的先后顺序陈述孔子与鲁国政治的关系。

（一）要了解孔子与鲁国政治的关系，不能不对“三桓”的历史先有些概括的认识，因孔子在鲁国的政治活动，以及晚年对鲁国政情的反应，自始至终面对的都是“公室卑，三桓强”的政局。“三桓”的始祖是鲁桓公，继桓公位者为长子庄公，庄公有弟三人，叫庆父（字仲）、牙（又称叔牙或僖叔）、友（又称成季或季友）。庆父之孙为孟孙氏（又称仲孙氏），叔牙之孙为叔孙氏，季友之孙为季孙氏，孟孙氏、叔孙氏、季孙氏都是桓公的后代，故称“三桓”，《论语》所说“三家者以《雍》彻”，“告夫三子”，“三家”“三子”都是指“三桓”。这个家族宣公九年（前600）始轮流执政，襄公时（前572—前542）“三桓”之孟孙氏为司空，叔孙氏为司马，季孙氏为司徒，为鲁之三卿，“三分公室”，几乎使鲁成为三个国家的事件，就是发生在襄公十一年（前562）。据顾栋高云：“自僖公元年（前659），至哀公二十七年（前468）《左氏春秋》经传之末，阅年一百九十三，鲁之执政共十一人，季氏凡六人，叔孙氏二人，孟孙氏一人，东门氏（襄仲）一人，中间阳虎执政在定之六、

七、八，仅三年尔，旋出奔。政柄复归季氏。”[1]由这个数字，可看出季氏执政最久，势力最大，造成司马迁所说“鲁如小侯，卑于三桓之家”这种局面的，乃季氏所主导，因此，孔子对“三桓”批评最多的，也是季氏。

季氏执政的六人，始于桓公少子季友，然后是季友之孙季文子，文子之子季武子，武子之孙季平子（其父悼子先武子死），平子之子季桓子，桓子之庶子季康子。季友之兄庆父杀庄公之子般立闵公，旋又弑闵公，季友打倒庆父，因立僖公有功于公室，遂为鲁国执政。僖公十六年（前644）季友去世，鲁政大权落入东门氏达三十八年（历僖、文、宣三世）。东门氏死后，季文子为鲁相，从此鲁政大权集中于三桓。《论语》载：“季文子三思而后行。子闻之，曰：再，斯可矣。”不论孔子的再思作何解，尚非恶评，盖因文子和他的祖父季友，还比较维护公室。到文子之子季武子，开始“三分公室”，“三桓”各占一分。到昭公五年（前537），再“四分公室”，季氏则占二分。所谓“三分”“四分”即由“三桓”瓜分了公室的军队和税收。此时季氏家族的势力，已在孟孙氏、叔孙氏之上，放逐昭公出奔的是季平子。定公时季桓子执政，权力为阳虎所夺，这都已是孔子所亲见亲闻，孔子曰：“禄之去公室五世矣，政逮于大夫四世矣，故夫三桓之子孙微矣！”“五世”指鲁君宣、成、襄、昭、定，“四世”即指季文子、季武子、季平子、季桓子，阳虎

① 顾栋高：《春秋大事表》。

弄权失败后，权力又回到季氏手中。

（二）鲁国混沌不安的政情，首次影响到孔子的生活与行止的，是在昭公二十五年（前 517），是年孔子三十五岁。这一幕政治悲剧，主要剧情是昭公想从季平子手中夺回政权，《左传》有极生动的记载。直接的起因，是季平子与郈昭伯两家，因斗鸡而产生仇恨，此时季氏家族又正在闹内讧，而季平子稍后又得罪了臧孙氏一族，于是郈昭伯与臧孙氏密谋并怂动昭公，打着恢复公室的招牌，联合起来推翻季平子。当季平子危急时，本来犹豫的叔孙氏，观望的孟孙氏，为了季氏共同的利益，终于出兵救援，合力打败昭公阵营，结果导致昭公逃往齐国。接着孔子也去了齐国，为什么他在鲁国待不下去？史料中没有答案。以孔子一贯维护公室的立场，说不定对推翻季氏，他也有某种程度的参与。最可能的答案，是他实践了“危邦不入，乱邦不居”之言。孔子在齐国回答齐景公问政，有谓“君君，臣臣，父父，子子”，盖是针对鲁国君不君、臣不臣的政情，有感而发。

（三）鲁定公五年（前 505），孔子四十七岁，阳虎（《论语》称阳货）囚禁了季桓子，连续执政三年，孔子说的“陪臣执国命”，指的就是他。《论语》里记载了一则阳货欲见孔子的故事，孔子仅说了一句话。这种记载虽不能反映当时二人接触的全部情况，也已十足显示出孔子的尴尬处境。阳虎当时已是权倾一时的人物，稍有不慎，激怒了他，就可能使自己身陷险境。

阳虎能从季氏手中夺得权力，真是应了“螳螂捕蝉，黄雀在后”的古谚。当年襄公被“三桓”玩弄于股掌，是因襄公年幼。此时季桓子被执，也是因桓子年轻，使阳虎有机可乘。由《左传》定公五年至八年的记载来看，阳虎虽跋扈，却也很干练，定公六年率领鲁人攻打郑国，取得胜利。七年，曾迫使强邻齐国归还郓与阳关之地，并抵抗齐国两次入侵。八年，“欲去三桓”，先伐季氏，最后被孟孙氏的军队打败，先逃往他的根据地阳关，旋又出奔于齐。孟子曾引用阳虎的话“为富不仁矣，为仁不富矣”[①]，后来成为儒学史上一句名言，孟子真可谓“不以人废言”。

阳虎欲见孔子，应是在囚禁季桓子前后，大概想利用孔子的清望，增加自己的声势。《论语》记他们会见的经过，略带戏剧性：“阳货欲见孔子，孔子不见，归（赠送）孔子豚。孔子时（伺）其亡（外出）也，而往拜之，遇诸涂。谓孔子曰：‘来！予与尔言。曰：怀其宝而迷其邦，可谓仁乎？曰：不可。好从事而亟失时，可谓知乎？曰：不可。日月逝矣！岁不我与！’孔子曰：‘诺，吾将仕矣。’”孔子不愿见阳货，阳货使了一点小手段，依照当时的礼俗，大夫有赐于士，即使你不在家，仍应回拜答谢。[②]阳货乘孔子不在家时，以豚作为礼物送去，孔子也打听到他不在时去拜谢，二人却在途中相遇。阳虎的一番话，

①《孟子·滕文公上》。

②《孟子·滕文公下》：“大夫有赐于士，不得受于其家，则往拜其门。”

乃针对孔子的心理进攻，既褒且贬，弄得孔子只好恭敬如仪，无言以对，听对方自言自语，最后说了一句“是呀！我将出仕了”，勉强应付过去。

（四）孔子面对阳虎这样的人物，辩之无益，只说了一句“诺，吾将仕矣”应付他。但这话在孔子心中却很真实，是长期隐藏在内心深处的一种呐喊。这一心理背景，或有助于我们了解《论语》下面这段记载：“公山弗扰以费畔（叛），召，子欲往。子路不说（悦），曰：‘末之也已，何必公山氏之之也！’子曰：‘夫召我者，而岂徒哉？如有用我者，吾其为东周乎？’”公山弗扰即公山不狃，字子泄，季氏家臣。费乃季氏都邑，僖公时赠与季友。公山弗扰以费叛，事在鲁定公十二年（前498），孔子正在大司寇任上，主“堕三都”，弗扰不从，遂叛，因此召孔子之事，绝不可能发生在此时。那么，《论语》为何要这样说呢？钱穆先生的《论语新解》对历来不同的看法，归纳为三种，其中第二种比较近理可信！“或曰：弗扰之召当在定公八年（孔子年五十），阳货入讙、阳关以叛，其时不狃已为费宰，阴观成败，虽叛形未露，然据费而遥为阳货之声援，即叛也。故《论语》以叛书。时孔子尚未仕，不狃为人与阳货有不同，即见于《左传》者可证。其召孔子，当有一番说辞。或孔子认为事有可为，故有欲往之意。”[①] 孔子有急切救世之心，《论语》可证之语不少，弗扰绝不比季氏更坏，只要他打着“除三

① 钱穆：《论语新解》，香港新亚研究所，1963 年，第 593 页。

桓而兴公室”的旗号，必然会使孔子心动。子路反对，可能因他对弗扰其人另有一番了解。

（五）就在弗扰召孔子的次年，孔子五十一岁终于出仕。据《史记·孔子世家》：“为中都宰一年，四方皆则之。由中都宰为司空，由司空为大司寇。”中都宰相当于后世的京兆尹。司空依《周礼》乃六卿之一，掌管工程。大司寇与司空下设之小司寇有别，掌理司法。《韩非子·内储说下》《淮南子·泰族训》与《孔子世家》都说孔子在司寇任上，曾做到“涂（道）不拾遗”，假如孔子真有如此政绩，弟子们岂有不知？《论语》焉能不记？这与“四方皆则之”恐皆为后人想当然之词。《孔子世家》以“涂不拾遗”，仅在“与闻国政三月”之后，则更可疑。

孔子在司寇任上，参与了两件大事，其一为夹谷之会，时在定公十年，五十二岁。夹谷在齐、鲁交界处，孔子随定公赴会的身份，照《孔子世家》说是“摄相事”，顾亭林指出，此乃“傧相之相”，非“相国之相”[①]，只是协助处理会仪。夹谷之会，表面上是齐国要与鲁国结盟示好，实质上是要鲁国当齐国向外用兵时，须以甲车三百乘参战，无异视鲁为附庸。齐强鲁弱，齐的要求鲁根本没有拒绝的余地。于是孔子与一同随行的鲁大夫兹无还合计，提出归还阳虎奔齐时献给齐国的汶阳之田，作为相对条件，齐景公也接受了这个要求，一并记入盟书。当

① 顾炎武：《日知录》卷十三《相》。（见《日知录集释》，上海古籍出版社，2006年，第1365页。——编者注）

盟会一开始时，齐国方面曾以强势胁迫鲁君答应他们的要求，所谓“使莱人以兵劫鲁侯”，结果被孔子义正词严的一番话所斥退。《春秋》三传与《孔子世家》记夹谷之会，各有所重，《孔子世家》凸显了孔子的智勇，《左传》里的孔子则是以道德礼仪折服对方。本是两国国君的盟会，在史家心目中，孔子却成为主角。这是史家比政治人物更厉害之处。

（六）孔子在司寇任上的另一件大事是“堕三都”，时在定公十二年（前498），五十四岁。这是他从政岁月的高潮，也使他卷入鲁君、季氏、家臣三角权力斗争的旋涡之中，并促使他结束从政生涯。

“三都”指季孙氏的费邑、叔孙氏的郈邑和孟孙氏的成邑。在襄公时代，“三桓”为巩固权力，就各自修筑了坚固的城郭，并有完全独立的军队与经济。“三桓”修城的原始目的是对抗公室，并作为继续扩权扩土的根据地。世间之事，往往是祸福相依，利弊互见。当“三桓”忙于与公室和其他贵族及家族内部的斗争时，采邑内部的政经事务，几皆由家臣包办，日子久了，家臣们也就效法三桓夺起权来，阳虎是最著名的例子。此外，昭公十二年，季氏费邑的家臣南蒯，定公十年，叔孙氏郈邑的马正侯犯，都曾发动武装叛乱，他们所恃的也是坚固的城郭。基于这样的背景，定公十二年孔子遂提拆除三都城郭的主张，并与弟子，也是季氏家臣的子路，负起执行的任务。孔子提堕三都的理由，据《公羊传》说是“家不藏甲，邑无百雉之城，古之制也”。无权的鲁君，当然乐观其成。三桓之所以也赞成，是因三都的权力已落入家臣之手，想借此举除心腹之患。隳三都的主张（其实是孔子复兴公室的运动），是在这重重矛盾中进行的。

在隳三都的过程中，曾遭到都邑家臣们——费邑的公山不狃、郈邑的叔孙辄、成邑的公敛处父的兴兵抵抗。首先拆毁的是叔孙氏的郈都，因叔孙氏刚费了大力，好不容易才平定了侯犯的叛乱，所以进行顺利。当进一步要隳费邑，却遇上公山不狃这个劲敌，他不只就地反抗，他反被动为主动，进兵曲阜，吓得定公与“三桓”躲进季氏之宫，在这危急的时候，做过中都宰曾负责曲阜防务的孔子，命令申句须、乐颀（皆鲁大夫）帅兵将不狃打败，不狃逃往齐国，费邑也被拆毁。最后是隳成邑，因成邑宰公敛处父忠于孟孙氏，使孟孙氏对隳都本就不积极，这时候公敛处父向孟孙氏进言：“隳成，齐人必至于北门。且成，孟氏之保障也，无成，是无孟氏也。子伪不知，我将不隳。”[1] 遂使隳成之役，遭到顽强抵抗，最后由鲁定公亲自领兵包围成邑，也未能攻下，使隳三都功败垂成。这时候，孔子复兴公室的一线希望破灭了，不难想象这结果对他的打击有多重。大概就在此时，又发生“公伯寮诉（毁谤）子路于季孙”之事，公伯寮也是孔子的弟子，同为季氏家臣，乘这个时机告状打击子路，无异间接打击孔子。当鲁大夫子服景伯把这件事告诉孔子，孔子一定气愤极了，他说：“道之将行也与，命也！道之将

①《左传》定公十二年。

废也与，命也！公伯寮其如命何！”这一连串的挫折，应该才是孔子带着弟子离开鲁国的原因。

（七）孔子离开鲁国十四年后，于哀公十一年（前484），应季康子之召回到鲁国。这一年，据《左传》记载：“季孙欲以田赋，使冉有访诸仲尼。仲尼曰：‘丘不识也。’三发，卒曰：‘子为国老，待子而行，若之何子之不言也？’仲尼不对，而私于冉有曰：‘君子之行也，度于礼，施取其厚，事举其中，敛从其薄，如是则以丘亦足矣。若不度于礼，而贪冒无厌，则虽以田赋，将又不足。且子季孙若欲行而法，则周公之典在，若欲苟而行，又何访焉？’弗听。”冉有是季氏家臣，季康子派他征询孔子，恐怕只是希望孔子为“以田赋”这件事背书而已。孔子被称为“国老”，也可以想见季康子召他回来，只给他一个顾问备询的角色（名义上仍忝列大夫之位）。在季康子“以田赋”的同一年，鲁与齐还在郎这个地方打了一场仗，增加赋役是时势逼出来的。[①] 另一方面，“季氏富于周公”，也是事实，孔子站在老百姓的立场批评他“贪冒无厌”也没有错，但也可使我们看出，理想主义与现实需要之间，因缺乏交集所产生的盲点。“如是则以丘亦足矣”的“丘”，有时称“丘甲”，又称“丘赋”，丘不仅与赋有关，亦与兵役有关。“以田赋”，凡有田者皆赋，全国举农皆兵，“丘”乃重点（要略之地）征兵纳税，才是“事

① 杜正胜：《编户齐民：传统政治社会结构之形成》，联经出版事业公司，1990年，第374页。

举其中”，合乎“周公之典”。[1]孔子对“季孙欲以田赋”这件事，事后仍有强烈的反应：“季氏富于周公，而求也为之聚敛而附益之。子曰：非吾徒也。小子鸣鼓而攻之，可也。”由于理想与现实之间的差距，孔子的责难，必使冉求与季氏难以心服。

（八）《论语·季氏》第一章，记“季氏将伐颛臾”事，无法确知发生在何年。季氏既是季康子，而冉有、季路又是季氏家臣，则此事应在孔子返鲁后不久。这次在《论语》里少见的长篇对话，是从冉有、子路将此事告诉孔子开始的。孔子劈头就数落冉求的不是，理由是“夫颛臾，昔者先王以为东蒙主，且在邦域之中矣，是社稷之臣也”，怎么可以去攻打？冉有强辩说他们二人并不赞成。孔子很生气：站在你们的职位上，如果这种事都不能阻止，就应辞职不干的。情急之下，冉有终于说了真话：“今夫颛臾，固而近于费，今不取，后世必为子孙忧。”颛臾是一古老国家，周初成为鲁之附庸，但仍保有它原来的土地、人民与社会结构，一直到春秋末年，仍保持坚固完整的城郭，地理位置近于费，费邑乃季氏之都，以季氏家族历来的作为，去攻打一个可能威胁到自己的小国，在那年代又何足为怪。从冉有的真话，可见他也是不反对的。这必然引起老夫子更大的气愤：我最厌恶那种不说实话还要假造说辞来搪塞的人。然后借题发挥，讲了“丘也闻有国有家者，不患寡而患不均，不患贫而患不安。盖均无贫，和无寡，安无倾。夫如是，故远人

① 杜正胜：《编户齐民：传统政治社会结构之形成》，第 54 页。

不服，则修文德以来之”等一番大道理。从这些地方，不难看出，孔子越到晚年，理想主义的倾向似乎也越强，同时，与鲁国的政情、鲁国的现实，其距离也越远。他这番话如果是希望冉求去转告季氏，或试着去说服季氏，岂不是如对牛弹琴，毫不搭调？一个真正的理想主义者，与现实政治之间，似乎总有一道永远无法跨越的鸿沟。

（九）哀公十四年（前481），孔子七十一岁。这一年，齐国大夫陈恒弑了齐简公，孔子以致仕大夫的身份，在家斋戒沐浴以后，奔赴鲁国的朝廷，把这件事报告哀公，请他出兵讨伐乱臣贼子陈恒。孔子当然知道鲁君早已虚有其位，但依礼不能不尊重公室。哀公无奈地要孔子向“三子”（即“三桓”）去报告。孔子分别向“三桓”要求他们去讨伐，“三桓”当然不会出兵，因他们与陈恒乃一丘之貉。这一点孔子怎会不清楚？他是基于本身职责，必须这样去做，所谓“以吾从大夫之后，不敢不告也”。这件事可以说是孔子知其不可而为之的一个显例，但面对的是一个庸懦的鲁国，与沉溺于权力游戏的“三桓”，虽是依礼而行，这个礼不但与现实严重脱节，使守礼的孔子所扮演的角色，也显得有点滑稽！

五、理想主义的盲点

在讨论过孔子与鲁国政治的关系后，对前文提出的“存在基础究竟如何决定思想”那个问题，虽然仍不能提出确切答案，但已可使我们对这个问题的思考向前推进。以孔子为例，所谓“究竟如何决定”，应只是存在与思想之间互动而又曲折的过程。在这过程中，思想者接受存在（不因个人意志而转移）的信息与刺激，是被动的，不过整个过程的演变，思想者对存在的认识，以及思想者个人的意志力，仍具有相当程度的主导作用。这个过程可简要表述如下：第一步，孔子所接受的信息与刺激，主要来自鲁国的政局或政情，这是客观的存在。第二步，鲁国政情所提供的信息与刺激，遂引起他的思想活动，“天下无道，则礼乐征伐自诸侯出。自诸侯出，盖十世希不失矣；自大夫出，五世希不失矣；陪臣执国命，三世希不失矣”，以及“禄之去公室五世矣，政逮于大夫四世矣，故夫三桓之子孙微矣”，代表孔子对鲁国政局的认识。第三步，决定改革这种政局可努力的目标与方向，这便是“张公室，抑权臣”。第四步是寻求改革的着力点：出仕。第五步，时机成熟，采取行动：堕三都。最后，因改革受挫，目标未达而远离鲁国。嗣后十多年，带流亡性质的周游生涯，反而促使他思想有更大的发展。

从孔子与鲁国政治的关系，也可以使我们知道，所谓“四十而不惑”，必须局限于道德人格的进境上去了解，不可放大到外界的事变，以及经验知识的层次上去了解[①]，因为在

---

①将“不惑”放大到“对外界一切言论事变”的，见钱穆《论语新解》，香港新亚研究所，1963年，第32页。将“不惑”理解为“掌握了各种知识，不致迷惑”的，见杨伯峻：《论语译注》，中华书局，1980年，第12页。

这些层面上，人永远不能免于疑虑和困惑。当公山弗扰召孔子时，孔子要去而终于不去，即表示其间有所困惑。以往有人认为《论语》这段记载不可信，崔述于《洙泗考信录》卷二甚至说此章“尤害道诬圣人之大者”，就是误以为圣人无论在哪个层面、哪个方面都可以做到“不惑”。在“堕三都”之举中，孔子纵身于鲁国权力斗争的泥沼之中。受挫后，又发生“公伯寮愬子路于季孙”的同门不和之事，终于使孔子在连续不愉快事件后，发出内心的感慨：“道之将行也与，命也！道之将废也与，命也！”人有时候是斗不过命的，命就是人困惑的根源。

再就“堕三都”之举而言，孔子当然知道，建筑城郭绝非为了单一的功能，其中一个重要的功能，就是防备外患，将三都一一拆毁，难道没有想到此举可能造成“前门驱狼，后门进虎”的祸患？就当时鲁国的政治实情，打倒跋扈专权的家臣，直接获利的，必然是“三桓”，而非鲁君，这结果绝非孔子所乐见。在这种情况下，孔子仍采取行动，事前事后怎么可能没有一点困惑？这种困惑，可称之为理想主义的盲点。

第五章　孔子的性格

一、引言

这里所说的“性格”，相当于司马迁所说“余读孔氏书，想见其为人”[①] 的“为人”。在西方，“为学”与“为人”可以分离，有时候分离到甚至相反的地步；在孔子，此二者是分不开的，所谓学，指的就是成德之学，或君子之学，这也是两千多年来儒家传统一贯的见解。

在中国历史上，孔子是怎样的人物呢？梁启超说：“自汉以来，号称行孔教二千余年于兹矣，而皆持所谓表章某某罢黜某某者为一贯之精神。故正学异端有争，今学古学有争，言考据则争师法，言性理则争道统；各自以为孔教，而排斥他人以为非孔教……浸假而孔子变为董江都、何邵公矣，浸假而孔子变为马季长、郑康成矣，浸假而孔子变为韩退之、欧阳永叔矣，浸假而孔子变为程伊川、朱晦庵矣，浸假而孔子变为陆象山、

①《史记·孔子世家》。

王阳明矣，浸假而孔子变为顾亭林、戴东原矣，皆由思想束缚于一点，不能自开生面。”[①] 梁氏的原意，是要指出历史上这些思想家们，因思想依附于孔子，而缺乏开创性。此文作于20世纪初年，目的是要求思想的解放。他的看法是否正确，在此无法讨论，不过在他生动的陈述中，却也告诉我们一个事实，即孔子其人，在历代思想家心目中，会因其不同的立场和需要，而呈现出不同的精神形貌。例如在古文家看来，孔子是一位整理古史的史学家，在今文家又变成富有革新精神的改革家。在理学家的心目中，又不免把孔子宗教化，如程子说：“此圣人之神化，上下与天地同流者也。”[②] 扬雄说：“观乎天地，则见圣人。”[③] 理学家则说：“观乎圣人，则见天地。”孔子明明说：“我非生而知之者，好古，敏以求之者也。”程伊川却认为“孔子则生而知也”[④]。这种宗教化的倾向，易忽略其人性化的一面。古文家、今文家对孔子的了解，虽不算错，但仅是孔子角色之一端而已。

到今天，我们要怎样了解孔子其人呢？我在《中国思想史》一书中，曾提到民初新文化运动时期的西化主义者，以及稍后兴起的传统主义者，他们对孔子的了解，代表两种大不相

---

① 梁启超：《清代学术概论》，第二十六节，水牛出版社，1971年，第143—144页。

②《论语·子张》最后一节朱注引。

③《法言·修身》。

④《伊川文集》卷四《颜子所好何学论》。（见《二程集》，中华书局，2004年，第578页。——编者注）

同的形象，和相反的态度。在前者，孔子成为万恶的渊薮；在后者，穆罕默德、释迦、耶稣皆为“偏至的圣贤型”，只有孔子才是“圆满的圣贤型”。“二者的目的似乎相反，态度也有明显的对立，但有一点是相同的，即在有意和无意之间，都把孔子神圣化、绝对化了，因为不论是功还是过，不论是伟大还是罪恶，都走向极端。”因此，我认为这两种了解孔子的态度，皆不可取。当时我觉得存在主义哲学家雅斯贝斯，在《伟大哲学家》中讨论苏格拉底、佛陀、孔子、耶稣的态度是可取的。在他的讨论中，既认识到他们的“共同基础”，又了解他们都是“独特的个体”。他把四个伟人放在同一个平面层上透视，直接从生命契入，内心有敬意，但不妨碍理智的分析，能表现客观的认知，但不妨碍主观的体验。这种态度最大的优点，是不同圣者的信徒，以及站在不同民族立场的人，都同样可以接纳。①

徐复观先生曾说过，以卑俗和超越两种态度，都不能了解孔子。所谓卑俗，从徐氏的一些文章，大概包括一九四九年以后，大陆的一些反孔学者，和“四人帮”时的“批孔”，当然也包括“五四”时代的反传统主义者。所谓超越，他指的是“从形上学入手”，我想也应包括把孔子宗教化的企图。徐先生欣赏“从具体生命、生活上去接近孔子”②的态度，这正是我在下面要做的工作。

---

① 以上见韦政通：《中国思想史》，大林出版社，1985 年，第 63—66 页。

②《徐复观杂文》第一册，时报文化出版事业有限公司，1980 年，第 303 页。

要为孔子写篇完整的传记，因“史有阙文”，如没有新出土的资料，已很难办到。但我们仍应感到很庆幸，一位差不多二千五百年前的人物，不但对自己性格上的优缺点，有高度的自觉，而且在学生之前能无隐讳地做自我表白与自我剖析，再加上时人对他的印象和评语，已足够使我们描绘出他那丰富而又多面的性格内涵，也使我们可以接近一位人性化的孔子。

心理学使用“人格”（personality）与“性格”（character）这两个名词，在意义上有分歧，也可以相通。在中文里，如写“孔子的人格”，似不免会偏向他作为人格典范方面去发挥，“性格”则较为中性，内涵也更为宽广，所以本章的标题用“孔子的性格”，而孔子的一些人格特质，也自然包含在其中。

二、孔子的性格

以下列举的孔子的性格，绝大部分是根据《论语》的资料，以类相从而得，《论语》以外的资料也有采用，但很少。至于类别的标题是否确当，这自然是见仁见智，有兴趣的作者或读者，不妨就自己的了解与体会，重新设计、组合，无论如何，这种方式是值得尝试的。

（一）自我期许极高

如用心理学的术语，就是成就的动机很强。孔子是没落贵族的后裔，自幼家境贫寒，只有一位年轻的母亲与他相依为命。

他于儿时，玩耍的方式，就与其他的孩子不同，所谓“为儿嬉戏，常陈俎豆，设礼容”[①]。俎、豆连称，代表古代的礼器。我们虽无从揣测他幼小的心灵为何做此选择，他长大成人后，确是以知礼而闻名于世，这方面的成就，与儿时的爱好，可能有相当的关联。

孔子自我期许极高，最直接的证据，是他对自己学思进境历程的自述：“吾十有五而志于学，三十而立……七十而从心所欲，不逾矩。”十五岁能学什么，不可用现代少年的情况去衡量。在没有广播、电视、报章、杂志的时代，一个十五岁少年读过的书，远比现在大学的研究生要多。“我非生而知之者，好古，敏以求之者也”虽是后话，于儿时这种倾向便很显著。所以孔子十五岁时所学必很广泛，除了出纳（“委吏”）、畜牧（“乘田”）等谋生技能外，还有六艺、诗书和三代文物。子贡说得好：“夫子焉不学，而亦何常师之有？”凡是他能接触得到的，都有兴趣去学。他的博学多能，使他在面对从国君、权臣到隐者，以及性向不同的弟子时，都能应对自如，应答如流。

“三十而立”，就孔子的学思历程而言，“立”是指确立了人生奋斗的目标，这目标就是“士志于道，而耻恶衣恶食者，未足与议也”的“士志于道”。这一点孟子非常了解：“王子垫问曰：‘士何事？’孟子曰：‘尚志。’曰：‘何谓尚志？’曰：‘仁

①《史记·孔子世家》。

义而已矣。'"[①] 仁义即"道"的主要内涵。"士志于道"，就是要为新兴的士这种角色，确立新的价值取向，并努力给它贯注一种理想主义的精神。[②] 所以"三十而立"最能证明孔子高度的自我期许。

（二）兴趣广泛，多才多艺

"太宰问于子贡曰：'夫子圣者与，何其多能也？'……子闻之，曰：'太宰知我乎！吾少也贱，故多能鄙事。君子多乎哉？不多也。'"孔子不但重视人的多能，且认为作为君子，才能越多越好。他不但自认多能，时人的印象也是如此。孔子以"君子不器"教人，也是要求想成为君子，就应具备更多的才能。兴趣广泛，可能有天赋的成分，多才多艺，则必须经由学习，孔子为此曾下过很大的工夫。"子入太庙，每事问"，这是"好古敏求"的具体表现。六艺中"书""数"，乃"委吏"必备的条件，孔子年轻时曾靠它谋生。至于"御"，孔子体格魁梧，据《吕氏春秋·慎大览》："孔子之劲，举国门之关，而不肯以力闻。"可以想见，他必是此中高手。"子曰：君子无所争，必也射乎？揖让而升，下而饮，其争也君子。""子曰：射不主皮，为力不同科，古之道也。"他赋予"射"一种礼的精神，所

---

①《孟子·尽心上》。

②余英时：《中国知识阶层史论（古代篇）》，联经出版事业公司，1980年，第39页。

谓“射者进退周还必中礼”[1]。如果他不是擅长这种技能，并熟知射的杀伤力，就不可能想到要将“武射”转化为“礼射”。至于礼、乐和诗、书，乃孔子知识与智慧的主要来源，这些古典传统中的经典，是经由孔子创造性的诠释，才树立起权威的地位。特别是对“乐”，他三十五岁时，因鲁国闹政变，他逃往齐国，在那里听到韶乐，竟沉湎其中，到“三月不知肉味”的地步。

大家都知道，孔子是把官学转向平民、普及民间的第一位大教育家，但也应知他的教育与现代所重的专技和专家的教育绝不相类。他教育的主要目的在培养君子，是铸造人格的教育。这种教育的理想是《周易·贲卦·彖传》所说的“人文化成”，孔颖达疏：“言圣人观察人文，则诗、书、礼、乐之谓，当法此教而化成天下也。”孔子重视多能，并将自己培养得多才多艺，因为他的理想，是要做一个“人文化成”的教师。

（三）不厌不倦的精神

“子曰：默而识之，学而不厌，诲人不倦，何有于我哉？”“子曰：‘若圣与仁，则吾岂敢？抑为之不厌，诲人不倦，则可谓云尔已矣。’公西华曰：‘正唯弟子不能学也。’”这是孔子对自学与教人的生活状况，最生动最感人的自白。作为一个教师的角色，这种不厌不倦的精神，就是最鲜活最有力的身教，

①《礼记·射义》。

也是众多弟子，虽历经危难，始终对他心悦诚服的原因。

“子曰：学如不及，犹恐失之。”这两句话正如王熙元先生所说，描绘出一个兢兢业业、孜孜不息地追求学问的人，那种汲汲求进、奋勉努力的心理状态。因学无止境，又如逆水行舟，不进则退，所以应抱有“学如不及”的心情，而兢兢努力于子夏所谓“日知其所亡”，这是追求新知；还要抱着“犹恐失之”的心情，而孜孜致力于子夏所谓“月无忘其所能”，这是巩固旧学。二者都需要戒惧勤奋、全力以赴，以做到《周易·乾卦·象传》所谓“自强不息”。①

梁启超说：“学而不厌，诲人不倦，怎两句语看似寻常，其实不厌不倦，是极难的事。”②所以极难，是因要具备这种精神，至少要有毅力、耐心、体能，毅力来自坚强的意志，耐心要靠长时间的磨炼，有良好的体能才可持续。除了这些基本条件之外，还要养成一种不同于一般的生活方式，也就是要做到使工作与自己的生活甚至生命合而为一，这样才能达到“发愤忘食，乐以忘忧，不知老之将至”的境界。公西华说“正唯弟子不能学也”，想必他也体认到其中的艰难。这的确不是一般人可学而至的境界。

---

①王熙元：《论语通释》，台湾学生书局，1988年，第450页。

②梁启超：《孔子》，中华书局，1936年，第61页。

（四）幽默

林语堂于《论孔子的幽默》一书中，以“入情入理”“不如意事，十居八九，总是泰然处之”“安详自适”“最近人情”“活泼泼”“人情味”“脱口而出”“全无架子”“不装腔作势”等语形容孔子[①]，其实，孔子所表现的，正是所有真正幽默者共同具有的人生态度和生命特质，不具备这些条件，是幽默不起来的。

孔子在日常言行中，表现幽默之处很多，下面举几个例子：（1）“达巷党人曰：‘大哉孔子！博学而无所成名。’子闻之，谓门弟子曰：‘吾何执？执御乎？执射乎？吾执御矣。’”达巷党人虽知孔子伟大，但并不真正了解孔子。孔子的反应，自朱熹以降，大都以为是自谦之辞，这种了解，不免迂腐。林语堂认为，“这话真是幽默的口气。我们也只好用幽默假痴假呆的口气读他。这那里是正经话？或以为圣人这话未免杀风景。但是孔子幽默口气，你当真，杀风景是你，不是孔夫子”[②]。一句简单明了的话，因出之于自嘲的语气，在体认上竟有如此大的差异。由此可见，读《论语》要读出味道，不能一味“正经八百”地去读，有些地方，必须“换个脑袋”去读，才行。

（2）“子贡曰：‘有美玉于斯，韫椟而藏诸？求善贾而沽诸？’子曰：‘沽之哉！沽之哉！我待贾者也。’”子贡从商，提的问题，不脱商人本色，他把老师比之为待价而沽的商品，孔

---

① 林语堂：《论孔子的幽默》，金兰文化出版社，1986 年，第 47—52 页。

② 林语堂：《论孔子的幽默》，第 50 页。

子一点也不觉得有损颜面，反而顺着弟子的口气大声说："要卖！要卖！我就是在等待识货的买主啊。"这当然是一种幽默。从他直率的反应中，我们看到一位"脱口而出""活泼泼"的孔子。说罢，师生二人，必然是抚掌大笑。

（3）孔子六十三岁那年，因吴攻打陈，迫使他不得不逃离陈国，在往蔡国的途中断了粮，面临如此困境，他仍"讲诵弦歌不衰"，"泰然处之"。子路却很恼火，一则曰："君子亦有穷乎？"再则曰："意者吾未仁邪？人之不我信也。"子贡也有点按捺不住："夫子之道至大也，故天下莫能容夫子，夫子盖少贬焉？（何不降低自己的标准，削价以求？）"孔子不以为然。轮到颜回，只有他的话，最使孔子窝心，他说："夫子之道至大，故天下莫能容。虽然，夫子推而行之，不容何病？不容然后见君子。夫道之不修也，是吾丑也。夫道既已大修而不用，是有国者之丑也。不容何病？不容然后见君子。"[①]孔子听了欣然而笑："有是哉颜氏之子！使尔多财，吾为尔宰。"意谓：颜家有这样的好儿子，假使你能富贵起来，我愿意做你的家臣啊。这种语气是多大的幽默！

（4）《史记·孔子世家》："孔子适郑，与弟子相失，孔子独立郭东门。郑人或谓子贡曰：'东门有人，其颡似尧，其项类皋陶，其肩类子产，然其要（腰）以下不及禹三寸，累累若丧家之狗。'子贡以实告孔子，孔子欣然笑曰：'形状，末也，而谓

① 以上均见《史记·孔子世家》。

似丧家之狗，然哉！然哉！’”如是普通人，被陌生人视为狗，必然感到受辱而大怒。孔子并不以为诬，反而觉得人家的形容很逼真。如没有健康的心理，如缺乏充分的自信，是表现不出如此自嘲式的幽默的。

（五）率真自然

“子之燕居，申申如也，夭夭如也。”这是描述孔子在家闲居时生活状貌，“申申”言其和顺舒畅，“夭夭”言其轻松愉悦，既不拘谨，也不放肆。和顺舒畅表现其率真，轻松愉悦则合乎自然。“子于是日哭，则不歌。”“子与人歌而善，必使反之，而后和之。”所谓“是日哭”之“是日”不限于吊丧之日，应包括知道所有亲朋故旧死讯之时。除了这些日子，他是很喜欢唱歌的，不但一个人唱，有时也与人一齐唱，从这些地方可看出，孔子是相当感性的。庄子的妻子死了，他却鼓盆而歌[①]，这也是率真自然，但不是感性的，而是超感性的，就此而言，庄子已是矫情。孔子的率真自然，就在感性中表露，所以是人性化的。

“子疾病，子路请祷。子曰：‘有诸？’子路对曰：‘有之，《诔》曰祷尔于上下神祇。’子曰：‘丘之祷久矣。’”朱注：“圣人未尝有过，无善可迁，其素行固已合于神明，故曰丘之祷久矣。”杨伯峻认为“这完全不合于孔子的本意”，他的批评是对的。但杨氏以为孔子这样说，“是作委婉的拒绝”，也不对。孔

①《庄子·至乐》。

子患了重病，这时刻的心理状态，自然比较脆弱。在平时，他虽少言鬼神，甚至不信鬼神，到病重时，则祈神保佑，毫不矫作，正是率真自然的表现。假如在这种情况下，仍执意拒绝祈祷，便是矫情，便不是人性化的孔子。孔子有非常人的一面，也有常人的一面，所以说是“平凡中的伟大”[①]。“伟大”令人崇敬，“平凡”则使人更易亲近，偏向任何一面，就无法体认他的真性格，了解他的真面目。

“子曰：二三子以我为隐乎？吾无隐乎尔！吾无行而不与二三子者，是丘也。”有隐，便显得虚伪，虚伪就不免装腔作势。为人坦诚无隐，坦荡无私，才能做到率真自然。有人说，“孔子的人格，有如透明的水晶体”[②]，这从率真自然的性格可以看出。就因为他有这种性格，所以弟子偶尔遭到责骂，也不会感到是一种伤害。

（六）虚怀若谷，从善如流

“子曰：若圣与仁，则吾岂敢？”“子曰：文莫（黾勉、努力），吾犹人也。躬行君子，则吾未之有得。”“子曰：君子道者三（指仁者不忧，知者不惑，勇者不惧），我无能焉。”这是虚怀若谷。“子曰：三人行，必有我师焉。择其善者而从之，其不善者而改之。”“子曰：见贤思齐焉，见不贤而内自省也。”“孔

① 此乃徐复观语，见《徐复观杂文》第一册，第 278 页。

② 此乃徐复观语，见《徐复观杂文》第一册，第 362 页。

子曰：见善如不及，见不善如探汤。”这是从善如流。虚怀若谷与从善如流，乃一体二面，相伴而行，凡是虚怀若谷者，必能从善如流，反之，能从善如流者，必因其虚怀若谷。以“三人行，必有我师焉”为例，孔子“学无常师”，此正表白了他虚怀若谷、好学迁善的精神。同时，“必有我师”则表现了他从善如流的态度。这不仅表现在谦虚、诚恳，敢于承认别人的优点、长处，而且还要有“不耻下问”，放下架子甘当学生的气度，和不嫉妒别人优点、长处的胸怀。[①]

“子曰：吾有知乎哉？无知也。”“子绝四：毋意，毋必，毋固，毋我。”“吾生也有涯，而知也无涯。”学的越多，知识越博，就会感到不知道的更多。孔子自认无知，就是由于这种自觉。有了这种自觉，才能做到“四毋”。“四毋”是不臆测，不武断，不固执，不自以为是。这既是为学的不二法门，也是做人的极高境界。这也是孔子能做到虚怀若谷、从善如流的根本原因。

（七）好恶显明

读《论语》只要稍加留意，对孔子的好恶显明都会留下深刻印象。好恶中自有是非，但毕竟与是非不同。是非涉及知识的真假、对错，与历史的判断，像对尧、舜与桀、纣，就不是单纯的好恶问题，而是属于是非的判断。好恶的对象主要是眼

① 姚式川：《论语体认》，东大图书股份有限公司，1993 年，第 57 页。

前的人与事，因此常带有情绪性，孔子也不能免。孔子所好之人，为具有木讷、谦逊、知耻、好学、刚毅等特质者；所恶之人，为巧言令色、好勇疾贫、从而不改（阳奉阴违）、言过其行、骄且吝、佞人。

兹以孔子对弟子为例来看。毫无疑问，颜回乃孔子弟子中德性造诣最高的一位，孔子对他常无保留地加以称许："回也，其心三月不违仁。""惜乎！吾见其进也，未见其止也。""哀公问：'弟子孰为好学？'孔子对曰：'有颜回者好学，不迁怒，不贰过。'"孔子对颜回，似乎有好而无恶，至多只说过"回也，非助我者也"。盖颜回为人木讷，"不违如愚"，从他那里不易获得教学相长之乐。

子路的个性勇猛刚直，对孔子的言行，往往直言不讳，提出不同的看法，孔子对他的好恶也十分显明。"衣敝缊袍，与衣狐貉者立而不耻者，其由也与？""片言可以折狱者，其由也与？"这是说子路有自信、自尊、果断的优点，为孔子所好。"子路曰：'子行三军则谁与？'子曰：'暴虎冯河，死而无悔者，吾不与也。必也临事而惧，好谋而成者也。'""子路曰：'卫君待子而为政，子将奚先？'子曰：'必也正名乎！'子路曰：'有是哉，子之迂也！奚其正？'子曰：'野哉，由也！君子于其所不知，盖阙如也。'"这是说子路有勇而无谋、粗野无礼的缺点，为孔子所恶。尽管子路常出言不逊，但他跟随孔子四十多年，始终忠心耿耿，孔子也觉得他是可以共患难的人，所谓"道不行，乘桴浮于海，从我者，其由与"。

孔子对冉有、宰予，与颜回恰相反，似乎有恶而无好。[①]“季氏富于周公，而求也为之聚敛而附益之”，对这种事，孔子气得破口骂他“非吾徒也。小子鸣鼓而攻之，可也”。宰予因大白天去睡觉，孔子斥责他“朽木不可雕也，粪土之墙不可杇也，于予与何诛”。另一次，因宰予不赞同三年之丧，孔子又严责他“予之不仁也”。孔子对弟子很爱护、很关心，但有话直说，绝不敷衍，从这些地方可以使我们了解所谓“师严而后道尊”。

孔子对弟子如此，对老友与权臣也不例外。有一次，孔子去看老友原壤，原壤却两腿张开蹲在地上等他，孔子看他这副德性，立即破口而出：“幼而不孙弟，长而无述焉，老而不死是为贼。”并以手杖叩击他的小腿，对无礼者还以颜色。有一次孔子谈到权臣季氏，对季氏的僭越，非常生气，他说：“八佾舞于庭，是可忍也，孰不可忍也？”孔子也曾直言卫灵公的昏庸无道，他告诉子贡，如今那些当道者，都是些饭桶（“斗筲之人”）。这就是孔子，很人性化的孔子，如果你先入为主地心中存个圣人的形象，就无法体认出会生气、会骂人、活泼泼的孔子。

---

①孔子曾说“冉求之艺”，又说“求也艺，于从政乎何有”。不过，在答孟武伯问“求也何如”时，孔子答道：“求也，千室之邑，百乘之家，可使为之宰也，不知其仁也。”可知所谓“从政”，做家臣而已，为了谋生，孔子虽不反对弟子出任家臣，但此绝非孔子所好（称许）的对象。孔子对伦理的要求，远在家臣伦理之上。

（八）能坦然面对自己的过失

孔子曾多次谈到过失的问题，这是人人必不可免，且时常要碰到的问题。要人坦然面对自己的过失，说来容易，要切实做到，实在很难。孔子教人“过则勿惮改”。又说“过而不改，是谓过矣”。因人都会犯过，所以犯过是可以原谅的，但过而不改，就不可原谅。话虽如此说，真正要切实改过，并不容易，所以孔子说：“已矣乎！吾未见能见其过而内自讼者也。”这已不只是对过失，而是对人性的一种洞察。一般来说，“见其过”并不难，问题在绝大多数的人，在“见其过”以后，总有借口来掩饰或搪塞，很少在“见其过”以后，会内心感到羞耻，而痛切自责的。有了这一层的洞察，再看孔子的自我表白“加我数年，五十以学《易》，可以无大过矣”，就可以知道他真是一位“躬自厚”而又严于律己的人。他的话，无异告诉我们，在四十多岁以前，大小过都有。这里只说“无大过”，可见今后小过还是不能免的。只有自省到这一地步的人，才能坦然面对自己的过失。

“陈司败问：‘昭公知礼乎？’孔子曰：‘知礼。’孔子退，（陈司败）揖巫马期（孔子弟子）而进之，曰：‘吾闻君子不党（偏私），君子亦党乎？君（昭公）取（娶）于吴，为同姓，谓之吴孟子。君而知礼，孰不知礼？’巫马期以告。子曰：‘丘也幸，苟有过，人必知之。’”鲁昭公在当时以知礼著称，但在婚姻上却违背了“同姓不婚”的古礼。陈国的这位司寇贸然而问，似乎有意要为难孔子，孔子不察，也贸然而答，结果掉入对方的语言陷阱。孔子本可为自己辩白："我说昭公知礼，是就一般的评价而言。"孔子未为自己辩白，反而坦然面对自己的过失。"苟有过"之"过"，不在知礼与背礼的矛盾上，而是在"贸然而答"上。从这些地方可看出孔子随时都能实践"反求诸己""躬自厚而薄责于人"的德行。

（九）和蔼中带有严肃

"子温而厉，威而不猛，恭而安。"温和使人感到和蔼可亲，但一味温和易流于乡原，温和中带有严肃，则不但可亲，而且可敬。一般有威严的人，会显得凶猛，令人望而生畏。孔子的威严，盖得之于修养，是诚于中而形于外的自然流露，因此，不会使人感到凶猛，反而使人不敢轻慢。一般人的恭敬，往往流于谄媚或做作，孔子对人的恭敬，因出于内心的真诚，因此感到自然而安详。[①] 这是弟子对孔子日常待人接物的容色神态的印象，是中庸的人格，是为人师表者极具魅力的特质。子贡说"夫子温、良、恭、俭、让"。温是和蔼，良是平易，恭是庄重，俭是节制，让是谦逊，与上述的印象，是完全一致的。"子夏曰：君子有三变：望之俨然，即之也温，听其言也厉。""三变"指给人三种不同的感受。子夏所说的"君子"，显然是以孔子为标准。可见孔子的容色神态，在弟子间已逐渐形成一种共识。

---

① 以上参考姚式川：《论语体认》，第 96 页。

（十）安贫乐道

子贡问："贫而无谄，富而无骄，何如？"孔子答道："可也。未若贫而乐〔道〕[①]，富而好礼者也。"贫穷而不阿谀谄媚，富有而不傲慢凌人，在一般人已不容易做到，所以孔子说"可也"。但这也只是一点起码的做人道理，孔子不希望弟子就停留在这个层次上，他希望弟子生活不论是贫是富，都应当追求一种更高的人生价值和理想，这更高的人生价值和理想，就是贫而能乐道，富而能好礼。孔子一生贫苦坎坷，是否能做到"富而好礼"，无从验证。从他的自白"饭疏食，饮水，曲肱而枕之，乐亦在其中矣。不义而富且贵，于我如浮云"，相信他的生活已经达到"贫而乐道"的境界。

安贫乐道，指涉到一个非常严峻的问题，这问题是：一个理想主义者（"士志于道"），当他无法用世行道，甚至因外来的打击，使他的生活陷入贫穷的境遇，这时他要如何自处？如何仍能保持理想主义的精神？在孔子的想法里，显然认为安贫乐道不是一蹴可及的境界，在这之前，似乎至少要先经历一个安贫力学的阶段："子曰：君子食无求饱，居无求安，敏于事而慎于言，就有道而正焉，可谓好学也已。"在这阶段，道仍是悬着的目标或理想，尚未进入生活与生命之中，"就有道而正焉"，这时仍需师友的夹持或协助，所谓"以友辅仁"是也。"好之者

---

①据《史记·仲尼弟子列传》补。

不如乐之者"，由"好学"升进到"乐道"，这时道与生活、与生命打成一片，道赋予生活新的意义，道使生命有了新的光辉，因此使人乐在其中。乐道故能忘忧，乐道然后能真正安贫。

从好学到乐道，其间具体的下手工夫，孔子也有一些提示，如不"耻恶衣恶食"、"贫而无怨"、"人不知而不愠"、"君子固穷"、"不怨天，不尤人"。这些不是教条，不是空洞理论，而是孔子在长期的困顿岁月中，因"守死善道"而累积的经验之谈，对"士志于道"者，是可以努力做到的。

（十一）富使命感

从孔子的一些自白中，我们可以感受到，他富有强烈的使命感，下面举两个例子：（1）"子曰：天生德于予，桓魋其如予何？"当时孔子离开曹国，到了宋国，正与弟子们习礼于大树之下，不知何故，宋国的司马桓魋，竟企图杀害孔子，弟子们劝他赶快逃走，孔子的回答，颇有以"救世主"自命的意味。[①]（2）"子畏于匡。曰：文王既没，文不在兹乎？天之将丧斯文也，后死者不得与于斯文也；天之未丧斯文也，匡人其如予何？"这是孔子离开卫国，到陈国的途中，经过匡地，匡人因曾受阳虎的暴虐，而孔子的相貌似阳虎，遂遭拘留。[②]值此危难之际，孔子的话虽以周文化的传承与振兴为职志，他的口气与

① 见《史记·孔子世家》。

② 见《史记·孔子世家》。

桓魋之难时，如出一辙。这都是在生命遭到威胁，甚至在死亡的阴影之下时，爆发出来一种神秘感和高峰经验，并超然地感到有一股强大的力量涌现，因而透露出这位老道德家宗教心灵一面的信息。

不但孔子自觉到上天赋予他一种使命感，时人对他也有同样的了解，例如仪封人告诉他的弟子："二三子何患于丧乎！天下之无道也久矣，天将以夫子为木铎。"又如晨门就认为孔子是一位"知其不可而为之者"。弟子更不用说了，大弟子子贡就说过，他的老师"固天纵之将圣"。从这些方面看来，孔子似是一位"神宠领袖"（charismatic leader）[①]，后来历史上将其神化，在孔子的生命史里，也不能说全无根据，问题是不能因此而忽略他人性化的一面，孔子之可爱可敬、可长可久，在此而不在彼。

（十二）行为合乎伦理

孔子这方面的表现，读过《论语》的人，大概都会想到《乡党》篇。《乡党》篇对孔子的日常生活、服饰、饮食、谈吐、

---

① 何谓"神宠领袖"？张德胜说："神宠也者，指个人所具备的卓尔不群的特质，在别人心目中拥有神授天纵的超凡本领，志在替天行道，或者是完成某项特殊的历史任务。具备此种特质而被拥戴为领袖的人，就称为神宠领袖。"又说："孔子的神宠魅力，部分源于他本人的非凡智慧，但更重要的，则是他所赋予自己的历史使命感。"（见《儒家伦理与秩序情结》，巨流图书公司，1989 年，第 145 页。）

容貌、起居、举止，以及上朝的礼仪，都有细腻而详尽的记载。朱注引尹氏之言，以为《乡党》所记，“盖盛德之至，动容周旋自中乎礼耳”。此本于《孟子·尽心下》：“动容周旋中礼者，盛德之至也”。日人竹添光鸿的《论语会笺》，对《乡党》最后一节的解说是：“夫孔子之圣，时行则行，时止则止，动静语默，莫非时中，编者因又置之于篇末以拟之，盖明《乡党》一篇皆为时中也。”这都是心中先存有圣人的形象，因此认为这些有关圣人言行举止的记载，无不中礼，无不合乎伦理。

我们并不怀疑《乡党》所记的真实性，而且认为这是认识孔子另一面的珍贵史料。这些记载，使我们了解孔子为了准备出仕，为了周旋于公卿之间，早就学会了贵族阶级的全部礼仪，和他们的生活方式。《乡党》所记，多半应是出仕四年中的生活情形，就当时的标准而言，说它无不中礼，也没有错。近人梅光迪说：“《论语》中最为令人所诟病者，莫如《乡党》一篇，实则此篇所记，最为传神之笔。”[1]为何“令人诟病”？我想主要是这种生活并不具普遍性，有些也经不起时间的考验，时移境迁，礼仪是会变的，生活方式也是会变的。在孔子离开官场，流浪异国的十四年中，生活方式必有所改变。特别是他主张“士志于道”，要想成为士或君子，就得准备适应另一种生活方式，其中之一项，就是不“耻恶衣恶食”，这与《乡党》中考究服饰，讲究饮食，就大相径庭了。就士而言的一些要求，倒

---

①转引自张其昀：《孔子新传》，第140页。

是经得起时间考验的，因为只要有理想主义者存在，那些要求总是有效的。

因此在今天，行为合乎伦理的证据，就不能以《乡党》作为主要的依据。下面举两个特殊的例子，一在危难之中："在陈绝粮，从者病，莫能兴。子路愠见曰：'君子亦有穷乎？'子曰：'君子固穷，小人穷斯滥矣。'"君子为何要"固穷"？为了"守道"。不要把这一点看得容易，朱熹就曾说过："平生为学，只学固穷守道一事。"[①]孔子在几乎身陷绝境的情况，仍然要求自己与弟子们，固守做人的基本原则（道），因为没有它，生命还有何意义？另一例子是在重病之时："子疾病，子路使门人为臣。病间，曰：久矣哉，由之行诈也！无臣而为有臣，吾谁欺？欺天乎？且予与其死于臣之手也，无宁死于二三子之手乎？且予纵不得大葬，予死于道路乎？"当孔子病重得可能死去时，子路觉得老师这么伟大，如以士礼送终，未免太委屈，于是叫同门伪装家臣，这样可仿照大夫之礼为老师送终。孔子知道了，就责备子路。可见他在重病之时，仍坚守礼仪，绝不自欺、苟且。在危难中、在病重时都如此，则平日所作所为，处处合乎伦理，应不难想见。公明贾曾告诉卫国大夫公叔文子："夫子时然后言，人不厌其言；乐然后笑，人不厌其笑；义然后取，人不厌其取。"这是孔子日常行为合乎伦理的一个旁证。

---

① 朱熹：《晦庵集》。

三、平凡中的伟大

在描述了孔子的性格之后，有几点较为突出的印象，愿在此略加申论：

第一，在世界上与佛陀、耶稣等同等级的伟人中，毫无疑问，孔子是最少神话和神秘色彩的人物，虽然在危难中，在使命感的驱使下，他也会激发出神秘感，并显露其宗教心灵的一面，但从不以此自豪，更未以此教人。他经由教育，希望养成的理想人格是君子，而君子毫无神秘的色彩。当然，任何民族对待自己的伟人，在历史演变的过程中，都不免会把他塑造成毫无瑕疵的神人，孔子在中国史上也不例外。孔子并非宗教家，却产生了无远弗届的宗教性的影响，与神人的塑造必然有关，就孔子生命的本质而言，这毕竟不是尊孔的正道。孔子一旦被神化，反而使一位平实可亲、人人可学的典范，变得高不可攀，这与他特重“人间性”的精神是不合的。上文对孔子性格的探讨，就是要跳出历史上的种种夹杂，根据原典，恢复他的本来面目。

第二，在十二项性格的描述中，其内涵不但都与道德相关，且集中凸显出一个伟大道德家的人格，与宗教家佛陀、耶稣，哲学家苏格拉底的人格，明显不同。孔子其人，既无天国的期盼，也无地狱的恐惧。他一生的志业，主要是周文传统的振兴，与人间秩序的重建。他与“天下人同群”、共忧乐，所谓“鸟兽不可与同群，吾非斯人之徒与而谁与”。

第三，孔子出身贫贱，不靠神灵的付托，没有神话的渲染，完全靠自身“下学而上达”的努力，成就其伟大。后代的士人们，对他道德上的成就，或仅能与司马迁一样，“虽不能至，然心乡往之”[①]，但他那奋发向上、不厌不倦的精神，世世代代不知激励并鼓舞过多少寒门中有志之士。孔子因未能得君行道，一生坎坷，可是由于他的坚持，和不屈不挠的奋斗，却能在仕途之外，开辟出一条自立自主、无待于外的人生道路，使后代有志之士，知道在“程文之外，另有学问；科名之外，另有人生；朝廷之外，另有立脚地”。两千多年来，人道得以维系，人文传统得以延续，其基本的动力，有赖于此。

第四，读《论语》的人，大概对颜回居陋巷仍不改其乐的生活，会留下深刻的印象，对孔子的安贫乐道，也会兴起几分敬意，但不一定知道，这种人生态度、人生境界，在儒学发展史上，对儒学命脉的延续，有多重要。以朱熹为例，他是南宋以下数百年，影响仅次于孔子的一位大儒。从陈荣捷先生《朱子固穷》一文，可知他一生大半贫穷，尝自谓：“饥寒习安已久”，“生计逼迫非常，但义命如此，只得坚忍耳”，“吾人当此境界，只有固穷两字，是着力处”，“贫者士之常，惟无易其操则甚善”[②]。由朱子的自白，可见要做到安贫乐道，需要一番修养的工夫。孔子说“贫而无怨难”，为何难？因为在长期的贫困

---

①《史记·孔子世家》。

② 朱熹《晦庵集》。

中，还要做到“无易其操”，没有“以身殉道”的决心，是做不到的。朱子如果没有这种精神，就不可能成为儒学巨擘。

此外，王船山于反清复明的希望幻灭后，长期过着艰苦卓绝的隐遁生涯，读者应不至陌生。方以智因其生活太苦又多病，曾赠诗劝他“何不翻身行别路”，他的回答是“穷措生涯有火传”。在如此境遇中，他却创造了生命的奇迹。他著作宏富，思想有深度，在儒学史上恐是唯一能与朱子匹敌的大学问家。[①]

与船山同时代的李二曲，学术思想方面的成就并不大，但在安贫守道这方面，活圣贤应不过如此。他在“数十年历人世未有奇苦”的生活中，把孔子平日教人的“贫而无怨”“讷于言”“耻其言而过其行”“言忠信，行笃敬”“隐居以求其志，行义以达其道”，在一无凭借的情况下，全做到了。[②]

在中国思想史上，类似的例子，不胜枚举。贫穷本身并无价值可言，所以安贫乐道的重点，端在乐道或守道。将来历史条件改善后，或不至于使有志之士，再像传统士人过贫苦的生活，但如缺乏守道或为理想献身的精神，作为人类文明进步主要动力的理想主义，将无法存续下去。

---

① 以上参考韦政通：《中国思想史》，大林出版社，1985 年，第 1358 页。

② 以上参考韦政通：《中国思想史》，第 1385 页。

第六章　孔学的基本观念

一、引言

什么叫基本观念？基本观念有如一座华厦的地基或基石，有如一棵大树的根或苗。打好基础，才能向上架构，枝叶繁茂的大树，无不由根苗长成，孔子思想中的道、德、仁、礼，就具有这种意义和作用，因此称之为基本观念。这些观念，不但决定孔子学说的性质，也限定了它发展的方向。

1977 年，我写《中国思想史》中《孔子》一章时，只谈到礼、仁、孝以及三者的关系，曾提到义，没有注意到道、德这两个观念。没有注意到，是因为我根本未曾意识到这两个观念在孔子思想中的重要性。

我注意到道、德这两个观念在孔子思想中的重要，是因近年细读陈大齐先生关于孔子的几本著作。陈氏《孔子学说论集》[①] 中，有《孔子学说中的道与德》一文。此外，在《孔子学

① 1958 年初版于正中书局。

说》[1]这本专著里，又将道、德视为孔学的“中心概念”，中心概念应具有的四特征之一是：“中心概念是根本，其他概念都是其枝叶，中心概念衍生其他概念，而非由其他概念所衍生。”[2]由此，不难想见其重要性。

知道它重要之后，要进一步了解它在孔子整体思想中的意义，并非轻易。以道为例，根据陈氏的分析，他认为《论语》中孔子所说的道，其中作动词用的道（如“道之以政”“道之以德”），与作具体名词用的道（如“道听而涂说”），因与作为中心概念的道不相关涉，一一予以剔除之外，主要有两点含义：一为“事实上的道”，如“道不同，不相为谋”，“人能弘道，非道弘人”。一为“价值上的道”，如“天下有道则见，无道则隐”，“所谓大臣者，以道事君，不可则止”。二者相比，“虽同名为道，但孔子所讲求的，是价值的学问，是致善的学问，故其所推崇备至而赞为朝闻可夕死的，当然以价值上的道为限”[3]。

陈大齐先生是“五四”那一代具有逻辑训练的学者，治学态度认真、严谨，他研究孔子学说，就是本于他的逻辑训练，从事概念（词义）的分析，主要目的在了解孔子说了些什么，以及所说的意思是什么。超越这个层次，或是做深一层的探索，

---

①1964年初版于正中书局。

②《孔子学说》，第93页。

③《孔子学说》，第106—108页。

就觉得有违客观态度，而被视为不合孔子本意的主观成分。[①] 他前后两次探讨孔学中的道、德概念（用“概念”而不用“观念”，即与强调客观态度有关），文字上虽有不同，主要的看法并未改变。我们必须肯定这一层次的工作，有其必要。对我们初步了解孔子的语言，是有帮助，但也不可不知，如局限于此，未必真能了解孔子的本意，更未必真能了解道在孔子学说中最重要的意义。

陈氏以为“道不同，不相为谋”，“当是事实上的道”[②]，显然未妥，说“未妥”而不说“不对”，是因这句话是可以从事实观点来了解，但孔子说这话的含义不止于此，而别有所指。孔子在列国流浪期间，遇到过不少隐者，有的对他称许，有的对他嘲讽，有的则明白表示，他的人生道路和价值的选择与孔子不同，没有一人愿与孔子正面对话的，我认为孔子这句话就可能是针对这些隐者所发的感叹。这样的了解当然无法从概念分析上得知，而是近乎博兰霓[③] 所提作为研究与创造活动之关键的“默会致知”（tacit knowledge），也就是“未可明言的知”[④]。孔子许多话，无头、无尾、无过程，不运用人们的“默会”，根本无从了解他的意义。

---

①《孔子学说论集》自序，正中书局，1992年，第2—3页。

②《孔子学说论集》，第26页。

③ 即 Michael Polanyi，又译波兰尼，20世纪英国著名物理化学家、思想家。——编者注

④ 林毓生：《思想与人物》，联经出版事业公司，1983年，第42页。

其次，陈氏对“人能弘道，非道弘人”，也认为“当是事实上的道”[1]，这就非但不妥，而是不对了。这句话足以代表具有人本主义特色的孔学的一种宣示，意谓一切的人生价值、人生理想，只有靠人自己的努力不懈，才能发扬光大。《大学》所说“诚意、正心、修身、齐家、治国、平天下”，正是对“人能弘道”的极佳诠释。

由概念分析的方法，其局限尚不止此，更严重的是，它无法处理孔子论道的众多含义中最重要的意义，如“志于道”，如“守死善道”。要了解这里所说的道的意义，就不能不问孔子为何有此主张。简单回答，是他在无道的现实政治环境中，找不到出路时，他为士提供一新的安身立命之所，以及可以长远奋斗的人生目标。在这里，道赋予士这一角色全新的意义。这种意义，不是从概念分析所能把握的，必须会通当时历史发展的情势，以及孔子的历史性角色，才可能了解。

二、道

道这个观念，在孔子以前，就已经过长时间的演变，并发展出复杂的含义，要了解道在孔子思想中的独特意义，就不能不对他以前历史上的道，有一个大概的认识，这不只是为了可以做静态的对比，也是因为历史上的道，必曾是他发挥创造性

①《孔子学说论集》自序，第27页。

想象时的主要养料。

（一）《诗·邶风·雄雉》：“瞻彼日月，悠悠我思。道之云远，曷云能来？”又《谷风》：“行道迟迟。”又《陈风·宛丘》：“坎其击缶，宛丘之道。”这几个“道”字，都是“路”的意思，也是道最原始的意义。

（二）《书·禹贡》：“九河既道，雷夏既泽，灉沮会同。”“道”即“通”。又《洪范》：“无偏无陂，遵王之义；无有作好，遵王之道；无有作恶，遵王之路。无偏无党，王道荡荡；无党无偏，王道平平；无反无侧，王道正直。”这是“洪范九畴”中的第五畴（类）“建用皇极”的一段文字，“洪范九畴”相传乃上天赐给禹的九类经国大法，“皇极”是“作民父母，以为天下主”的“天子”，应遵循的规范，以作为万民的表率。前三个“王”指先王，后三个“王”指天子本人，“王之道”和“王道”的“道”，都是指以公心为主的治国之道。“道”与“路”虽已有区别，盖由“路”所引申。

（三）在春秋时代的《左传》里，道的含义不但日趋复杂，且出现了“天道”“人道”等新词，使道在思想史上开始有了重要的意义。文公六年（前621）：“告之训典……道之以礼则。”昭公五年（前537）：“道之以训辞，奉之以旧法。”这两个“道”字，乃“导”的意思。襄公三十一年（前542）：“不如小决使道。”“道”之义为“通”。桓公六年（前706）：“所谓道，忠于民而信于神也。上思利民，忠也；祝史正辞，信也。今民馁而君逞欲，祝史矫举以祭，臣不知其可也。”这个“道”已超越它的原始义（路）和实用义（通、导），而兼具造福人民、信奉鬼神的双重含义，从下文“夫民，神之主也，是以圣王先成民，而后致力于神”看来，道的意义又似乎较偏重“民本”。

因道的原义与宗教传统并无关涉，所以当道与天结合成天道的新观念的出现，在思想史上起了淡化宗教意义的天命的作用，而成为宗教信仰中的天，转变到哲学思辨中的天，一种过渡性的标记。昭公二十一年（前 521）：“日月之行也，分同道也。”以道代表日月的运用，道已是天道，只是这里所说天属于自然界，它的运用与人主观的情绪、愿望无关，所谓“天行有常，不为尧存，不为桀亡”[①] 是也。天道既是一种过渡性的标记，因此在使用这个观念时，仍不免有些夹杂，例如昭公二十六年（前 516），齐国出现了彗星，齐君以为是不祥之兆，要晏子禳除之（借祭祀除去恶兆），晏子说：“无益也，只取诬焉。天道不謟（不可怀疑），不贰其命，若之何禳之？且天之有彗也，以除秽也，君无秽德，又何禳焉？若德之秽，禳之何损？”其中的“天道”，便夹杂天命的成分。

天道虽有夹杂，它毕竟是一新的观念，新观念必然带动新思想的发展。这个发展分两方面：一是自然哲学的思考，如庄公四年（前 690）：“盈而荡，天之道也。”又昭公三十二年（前 510）：“物生有两，有三，有五，有陪贰，故天有三辰，地有五行……在《易》卦，雷乘《乾》曰《大壮》，天之道也。”

---

①《荀子・天论》。

一是人间祸福的思考，如昭公九年（前533）："夏四月，陈灾。郑裨灶曰：'五年，陈将复封，封五十二年而遂亡。'子产问其故，对曰：'陈，水属也，火，水妃也，而楚所相也；今火出而火陈，逐楚而建陈也，妃以五成，故曰五年。岁五及鹑火，而后陈卒亡，楚克有之，天之道也，故曰五十二年。"又昭公二十七年（前515）："叔孙氏惧祸之滥，而自同于季氏，天之道也。"[①] 自然现象的盈虚变动，与人间祸福的反复，自始便互相映照，这种思想后来在《易传》里获得充分的发展。

襄公二十二年（前551），正是孔子出生之年，晏婴向齐庄公进言以信为立国之道。庄公不从，晏子退告陈文子曰："君人执信，臣人执共（恭），忠信笃敬，上下同之，天之道也。"意谓：做国君的要做到信，做臣子的要做到恭，而忠信笃敬乃君臣上下共有的伦理规范，这明明讲的都是人道，晏子却说这是"天之道"，可见在他心目中，人道即天道也。治中国思想史者，已注意到昭公十八年（前524），子产所说"天道远，人道迩"，是从"天道"转向"人道"一个关键性的发展[②]，其实在他之前晏子所说的，比子产更进步，对孔子的启发性也更大。

在进一步探讨孔子对道的独特意义之前，不妨先看看他

---

① 以上参考唐君毅：《中国哲学原论·原道篇》卷一，台湾学生书局，第65页。

② 余英时：《中国知识阶层史论（古代篇）》，联经出版事业公司，1980年，第56页。

一般使用的情形。据统计，《论语》里孔子言论中出现的“道”字，共六十四次。[①] 因人的语言，必由传统学习而来，所以孔子使用的“道”字，有一部分是袭用旧义，如：“且予纵不得大葬，予死于道路乎！”又如：“道听而涂说，德之弃也。”又以“道”之义为“导”者：“道之以政，齐之以刑……道之以德，齐之以礼”，“道千乘之国”。此外，道既可以扩大到“天道”“人道”，则“吾人于任何存有或变化活动之事物，皆可说其有道”[②]。所以孔子有事君之道：“所谓大臣者，以道事君，不可则止。”有爱人之道：“君子学道则爱人。”有射箭之道：“射不主皮，为力不同科，古之道也。”有德治之道：“道不行，乘桴浮于海。”有“不忮不求”的为人之道。有“先王之道”。还有多次说到“邦有道”“邦无道”，以及“三年无改于父之道”等等的“道”，都没有什么特殊的意义。

孔子在传统基础上，使“道”这个观念发展出独特的意义，并使它在思想史上具有重要地位，可从下列几点来看。

（一）“子曰：谁能出不由户？何莫由斯道也？”意谓：哪个人要外出而不通过门户的？人生的大道就像门户一样，为什么就没有人肯遵循这人生大道而行呢？在当时，这可能是孔子针对无道之世而兴发的慨叹，不意这生动的比喻，一下子就把道的原始意义，提升到人生的大道上来，为人生、为道德提出

① 胡志奎：《论语辨证》，联经出版事业公司，1978 年，第 219 页。

② 以上参考唐君毅：《中国哲学原论・原道篇》卷一，第 33 页。

一人人必须面对，又永远难决的问题。

孔子这句话，首度受到重视，并引起回响，是在孟子那里。他说："仁，人之安宅也，义，人之正路也，旷安宅而弗居，舍正路而不由，哀哉！"[①] 大意与孔子一样，所不同的，是他赋予"道"以特定的意义。此外，孟子还有正面的思考："居恶在？仁是也；路恶在？义是也。居仁由义，大人之事备矣！"[②] 这不但为人生大道提出奋斗的理想——成为大人，且教人如何面对这令人困惑的问题，并走出人生的迷茫。当然，要走上这条人生的大道，首先必须有道德的自觉与自我期许，方能启动愤悱之心，那些"行之而不著焉，习矣而不察焉，终身由之而不知其道"[③] 的不知不觉、浑浑噩噩的大众，是与此无缘的。

（二）孔子当然不会止于慨叹，下文我们有充分的证据可以证明，他是非常严肃而认真地在思索上述的问题，才使"道"的观念有所突破。孔子既感到在无道之世，特别是那些有权有势的在位者中，无人肯遵循他心目中理想的人生大道而行，接下去的问题是，要如何才能改变这种现状。芸芸众生，不会去想这样大的问题。少数智者虽然想到，却不免知难而退。可是，对以"道济天下之溺"为抱负的孔子，这种具有强烈挑战性的问题，却反而成为他"知其不可而为之"的动力之源。

---

①《孟子·离娄上》。

②《孟子·尽心上》。

③《孟子·尽心上》。

改变无道的现状，孔子的努力有两条途径：一是直接的、短程的，即亲身投入现实政治，去从事体制内的改革，或游说列国诸侯，望能得君行道。这方面有过几次尝试，结果是完全失败，在大司寇任上，为“堕三都”事件，差点不能全身而退。一是间接的、长程的，即经由教育，培养一代新人。这新人虽然也称为“士”或“君子”，但他的价值观和人生目标，已与封建等级制中的士或君子根本不同。孔子这方面的努力，虽未见速效，却为后来影响中国历史甚巨的士人传统，奠定了不拔之基。

这新人要如何培养呢？孔子说：“士志于道，而耻恶衣恶食者，未足与议也。”又说：“君子谋道不谋食，耕也，馁在其中矣；学也，禄在其中矣。君子忧道不忧贫。”“志于道”是确立人生的目标，“谋道”是专心致力于道的学习，“忧道”是因“学如不及，犹恐失之”。这是成为一代新人的先决条件。“谋道不谋食”，“不耻恶衣恶食”，是一代新人应有的生活态度。“谋道”与“谋食”之间，并无矛盾之理，此所谓“不谋食”，盖是欲志道之士，不要以安富尊荣为念，这就涉及价值观问题。孔门弟子中，像“居陋巷不改其乐”的颜回，像“衣敝缊袍，与衣狐貉者立而不耻”的子路，他们在孔子心目中，才能说是“志于道”，也才是“论道”的对象。①

---

① 以上以颜回、子路为例，是参考王熙元：《论语通释》，台湾学生书局，1988 年，第 167 页。

志道、谋道、忧道既是成为一代新人的先决条件，进一步自然要问，道的内容是什么？“子曰：‘君子道者三，我无能焉：仁者不忧，知者不惑，勇者不惧。’子贡曰：‘夫子自道也。’”知、仁、勇，《中庸》称之为“三达德”。这就是士或君子必须具备的三种品德，也是孔子培养一代新人的标的，所志、所谋、所忧，不过如此，是努力的起点，也是努力的终点。要怎样才能养成这三种品德呢？邢昺疏：“仁者乐天知命，内省不疚，故不忧也；知者明于事，故不惑；勇者折冲御侮，故不惧。”这是说，要养成这三种品德，需要一番修身的工夫。孔子自述“我无能焉”，是谦词，也不是谦词。说“不是谦词”，是孔子在很大程度上，确已具备这三种品德，这是子贡所了解的；说“是谦词”，是孔子自觉也不能完全做到，因为道德实践，只要一息尚存，都在奋斗的过程之中，所谓“文王之德之纯……纯亦不已”。

就道而言，孔子教人的宗旨，是在明道与行道，上文志道、谋道、忧道，大抵局限于明道的范围。在这个阶段，孔子说“学也，禄在其中矣”，是要有志之士，专心致力于道的培养，暂时不要分心去想未来出仕的问题。一旦修道有成，如有适当机缘，自然可以顺理成章地出仕。当然，出仕不是为了谋求富贵，而是“借仕以行道”。由明道而行道，才能使道落实，去改变无道的现状。在这方面，孔子举出郑国大夫子产，作为行道的一个典范：“子谓子产有君子之道四焉：其行己也恭，其事上也敬，其养民也惠，其使民也义。”（5·16）“恭”“敬”

属于“修己”，“惠”“义”属于“治人”，二者服膺的标准不同。在修己方面，要不“耻恶衣恶食”，要“食无求饱，居无求安”。在治人方面，就必须以人民最基本的需求为优先。此即所谓“养”，尽可能使人民丰衣足食，因而得实惠。政府使用民力，在时间上要讲求合宜不合宜，此即所谓“义”，尽可能不要妨害到人民自己的生产。治人之道，是否即止于此呢？当然不是，在孔子的想法里，对人民“养”虽优先，但富有以后还要“教”，董仲舒所谓“先饮食而后教诲，谓治人也”[1]。但对人民的教诲，不采取对士、君子那样严格的高标准，而是如《礼记·表记》所说“君子议道自己，而置法以民”，也就是说一般民众在日常生活中，能遵循社会的规范便可。修己与治人是不能相混的。

明道是自己可以作得了主的，行道则要看客观的环境（所谓“命”），孔子有一段话似乎是针对行道者，教他们在不同的境遇中，该如何自处。孔子说：“笃信好学，守死善道。危邦不入，乱邦不居。天下有道则见，无道则隐。”“笃信”是说对道要有坚定不移的信仰，“好学”已超越了“知”的层次（“知之者不如好之者”），使所学的道完全内化，与个体的生命结为一体。能做到“笃信”“好学”，在必要时才能“守死善道”——人可以因守道而死，却不可以使道受到任何委屈。下文“危邦不入，乱邦不居”云云，假如真能这样去做，与“守

①《春秋繁露·仁义法》。

死善道”何干？怀道之士到了必须做下以身殉道决心的处境，或正是身陷危邦与乱邦之中，或生存于无道之世欲隐居而不得，这时候才可能面临“生”与“道”之间的抉择。从孔子的“志士仁人，无求生以害仁，有杀身以成仁”的话来看，孔子是主张士、君子于必要时，应以身殉道的，这不但显出道的尊严，也证明人此一个体，的确可以具有超越生死与利害得失的精神价值。

（三）“子曰：‘赐也，女以予为多学而识之者与？’对曰：‘然，非与？’曰：‘非也，予一以贯之。’”“子曰：‘参乎！吾道一以贯之。’曾子曰：‘唯。’子出，门人问曰：‘何谓也？’曾子曰：‘夫子之道，忠恕而已矣。’”这两段话中的“一以贯之”，历来的解释，真可谓众说纷纭，到当代仍然如此。钱穆先生于《论语新解》《孔子与论语》两书中，曾就一些代表性的解释，加以评述，特别不以为然者，有宋儒之说，有清儒之说：“宋儒因受禅宗秘密传心故事之影响，以之解释此章，认为曾子一‘唯’，正是他当时直得孔子心传。此决非此章之正解。但清儒力反宋儒，解‘贯’字为行事义，‘一以贯之’，曲说成一以行之，其用意只要力避一心字。不知忠恕固属行事，亦确指心地。必欲避去一心字，则全部《论语》多成不可解。门户之见，乃学问之大戒。”[①] 我认为钱氏的批评，非常正确。

---

① 钱穆：《论语新解》，香港新亚研究所，1963 年，第 130 页；《孔子与论语》，联经出版事业公司，1974 年，第 86 页。

在众多解说中，顾亭林之说最能获得钱氏的首肯，亭林说："'好古敏求，多见而识'，夫子之所自道也。然有进乎是者。六爻之义至赜也，而曰'知者观其《彖辞》，则思过半矣'。三百之《诗》至泛也，而曰'一言以蔽之，曰思无邪'。三千三百之仪至多也，而曰'礼与其奢也，宁俭'。十世之事至远也，而曰'殷因于夏礼，周因于殷礼，虽百世可知'。百王之治至殊也，而曰'道二，仁与不仁而已矣'。此所谓'予一以贯之'者也。……彼章句之士，既不足以观其会通，而高明之君子，又或语德性而遗问学，均失圣人之指矣。"[①] 钱先生认为"顾氏此条，实最得孔门一贯之学之真解。此皆具有明证实据，非苟为推测之辞、驰骛之论也"。

孔子说的"吾道一以贯之"，我认为正是前文提过需要"默会致知"的一个典型的例子。亭林将未可明言的道理，说得如此明白，钱氏乃史学家，史学的基础是建立在证据之上的，看到亭林的解释，"具有明证实据"，因此认为"得孔门一贯之学之真解"。亭林对章句之士的批评，是他们能"多见而识"，却"不足以观其会通"。对高明君子（指宋、明心学家）的不满，是因其"语德性而遗问学"，也就是无由会通，这说明亭林的解释，并未跳出孔子所说的"多学而识"的层次，只是觉得未进一步求其会通而已。孔子问子贡："你以为我是那种博闻强记的

①顾炎武：《日知录》卷七，《予一以贯之》。（见《日知录集释》，上海古籍出版社，2006年，第413—414页。——编者注）

人吗？”子贡说“是”，又反问一句：“难道不是吗？”孔子很肯定地回答“不是”。由这回答可知“一以贯之”或“吾道一以贯之”之说，是要跳出“多学而识”这个层次的。

孔子一再向弟子宣示这句话，可以想见其中要传达的意义是十分重要的。前文就“谁能出不由户，何莫由斯道也”，曾说过这可能是孔子针对无道之世的慨叹，现在看来，同时也是针对那些在“多学而识”中迷失了“志道”“谋道”目标者而言。一再向弟子宣示，就是要告诫他们，要成为士或君子，不能止于“多学而识”，必须在精神上再予提升，回到生命的自身上来，也就是“博文”了还要“约礼”，“下学”了还要“上达”。这一步提升，不是知解上的会通，而是精神上的觉悟，这有赖于身心的修养工夫。“吾道一以贯之”，是不可明言，也不必明言的，这要靠“志道”“谋道”之士之自参与自悟，所以在这一点上，曾子确比子贡高明。至于悟得的一贯之道究竟是曾子所说的“忠恕”，还是王阳明所说的“良知”，已不是重点所在。“道若大路焉”，只要目标正确，基于生命富创造性的特质，人人所悟必然不能尽同，假如一定要在一贯之道上求取一共识，就不成其为道了。道是对所有的人开放的，不同的个体，经由工夫的历练，在这条精神的大道上，可以表现不同的风格与内涵，此所以荀子不同于孟子，陆象山也不同于朱熹，但他们都是伟大的士、杰出的君子。所以孔子的一贯之道，就是要为当时新兴的士这个阶层，提供一精神的理想的大道，要求他们以明道行道为己任，这样才有希望挽救世运，改变无道的现状。

即使一时见不到客观的功效，只要能坚持这大道走下去，至少也可以使个体生命获得不朽的价值。两千年来，伟大儒生的历史，就是实践孔子一贯之道的历史呀！

三、德

不论是对孔子以前的思想史，还是对孔子本身的研究，“德”这个观念，通常都被忽视。少数研究的文章，由于方法的局限，只止于字义的表面。既不能显示出这个观念在前孔子时代的重要地位，又无法使我们了解它在孔子思想中的独特意义。①

从周初文献来看，当礼、仁、义、孝这些观念，尚未发展出重要意义之前，“德”在这些文献中不但使用频繁，且已具有极重要的意义。它之所以重要，是因它进入周人的意识，是与“天命”的观念相对应而提出，即所谓“天命有德”②，或“王其德之用，祈天永命”③。前者意谓：天只降福或佑助有德的王。后者意谓：要祈求上天永保已有的基业，其先决条件，是作为统治者的王，必须施恩于民。此语是周公将政权交还给成王，当成王迁新邑于丰，周公向成王及召公告诫之词。此外，《诗·大

① 如胡志奎《论语辨证》对德的研究。

②《尚书·皋陶谟》。

③《尚书·召诰》。

雅·文王》也有相同的思想："无念尔祖，聿修厥德。永言配命，自求多福。殷之未丧师，克配上帝。宜鉴于殷，骏命不易。"前四句与上引《召诰》语，意思相同，增加了希望历代承受天命的王，在修德方面，以文王为榜样。"无念尔祖"如译为"要时时深念尔祖文王之德"[①]，则"无"字无着落，原意应是教文王的子孙，不要仅念着祖先的光荣，言下之意是，仅靠祖先的光荣，是不能永保基业的。要永保基业，必须"聿修厥德"，效法文王修明自己的德行。这样去做，才能符合天命（"配命"）。人间的王为何要符合天命？因"天亦哀于四方民"[②]，所以王能以万民的福祉为念——这就是"德"，也就符合了天意。后四句则是说明"德、命符应"这种思想出现的历史背景：当殷商尚未失去民心时，他的所作所为，尚能符合天命，最后为周人所灭，是因末代的纣王荒淫无道，使民心向背。"宜鉴于殷"是诗人要求承受新命的周王，应以殷为鉴，这与周公所说"我不可不监于有夏，亦不可不监于有殷"[③]，意义完全相同。由此不难想见，这种思想在西周的统治阶层里，已相当流行。西周贤哲们"天命有德"的信念，和所树立的德治理想，为中国文化从宗教转向人文，从天道转向人道，跨出第一步，这是极具关键性的一步。

---

①马持盈：《诗经今注今译》，台湾商务印书馆，1979年，第400页。

②《尚书·召诰》。

③《尚书·召诰》。

就字义而言，《书》中的“德”字，多半是指“德行”或“美德”，如《尧典》：“克明俊德，以亲九族。”《召诰》：“王其疾敬德。”《皋陶谟》：“允迪厥德，谟明弼谐。”也有指“有德者”，如《尧典》：“舜让于德。”也有指“恩惠”，如《盘庚》：“汝克黜乃心，施实德于民。”又：“式敷民德，永肩一心。”施恩惠于民，也是属于德行。《盘庚》中“德嘉绩于朕邦”，“德”同于“得”，后世《说文》：“德，外得于人，内得于己”，是将德的原始义，纳入孔子学说的“修己”（“内得于己”）“安人”（“外得于人”）两大目标中，来解说“德”的意义。

值得注意的是，《书·皋陶谟》已有“九德”之说：“皋陶曰：‘都！亦行有九德，亦言其人有德，乃言曰：载采采。’禹曰：‘何？’皋陶曰：‘宽而栗，柔而立，愿而恭，乱（治）而敬，扰（和顺）而毅，直而温，简而廉，刚而塞，强而义；彰厥有常，吉哉！’”“其人有德”的“人”，不只是指王，从下文“有家”“有邦”看，也包括大夫、诸侯，也就是说，“九德”乃统治阶层共同的立身行事的准则。在《书·无逸》中，周公说文王之德，主要侧重在“安人”一面的德行，如体恤鳏寡，照顾小民，并教百姓如何耕种，等等。这里皋陶虽也强调“其人有德”，必须见诸行事（“载采采”），下文且认为大夫能行九德中的三德，便能保有其采邑，诸侯能行九德中的六德，便能保有其国，很重视“德”的功能，但九德本身，毕竟是就人的品德而言，品德使一切德行成为可能，乃一切德行的根本，所以九德的提出，使德治思想更加完备，也更深刻。当然，这些观念和思想，不可能是虞、夏时代所有，而是周人根据当时已流行的观念和思想在叙说古史。

此外，《洪范》中又有所谓“三德”，即正直、刚克、柔克。正直是德，这很正确，刚克、柔克，有人译为“倔强而不温和就是刚强过度，和顺而不坚强就是柔弱过度”[1]，假如这了解不误，那么刚克、柔克，只能称之为偏至之德，用后世儒家的术语，这是气质之偏，下文“沈潜刚克，高明柔克”，正是要纠正这偏至之德，已属于修德的工夫。

在代表春秋时代的《左传》里，“德”这个观念，使用最多的，仍是指“德行”。如隐公四年（前719），众仲曰：“臣闻以德和民，不闻以乱，以乱，犹治丝而棼之也。”闵公二年（前660）：“无德而禄，殃也。”僖公四年（前656），屈完答齐侯（桓公）：“君若以德绥诸侯，谁敢不服？君若以力，楚国方城以为城，汉水以为池，虽众，无所用之。”僖公五年，宫之奇告晋献公：“臣闻之，鬼神非人实亲，惟德是依，故《周书》曰：‘皇天无亲，惟德是辅。’又曰：‘黍稷非馨，明德惟馨。’……如是，则非德民不和，神不享矣。神所冯（凭）依，将在德矣。”在字义上，这些引文中的“德”字，虽仍泛指“德行”，在思想上，已有重大的发展，“无德而禄，殃也”乃孔子及其后成为新潮流的尚贤政治的先声。屈完所言国与国之间应重德不重力，乃孔子“故远人不服，则修文德以来之”，以及孟子王霸之辨之所

① 屈万里：《尚书今注今译》，台湾商务印书馆，1977年，第80页。

本。宫之奇的“鬼神非人实亲，惟德是依”，乃孔子鬼神观的滥觞。此外，文公七年（前620），晋国郤缺向赵宣子（盾）说的“正德、利用、厚生，谓之三事”，这三事不仅是周公以来不少贤哲们追求的目标，也是孔子以后，历代儒家努力实践的理想。此外，襄公二十四年（前549），子产写信给子西，要他转告晋国执政范宣子：“夫令名，德之舆也。德，国家之基也。有基无坏，无亦是务乎？有德则乐（与民同乐），乐则能久。”“德，国家之基也”，这是首次将德治理想及其重要的意义，以如此简易明确的语言，加以揭示，此时，孔子不过三岁。

文公元年（前626）：“穆伯（公孙敖）如齐，始聘焉，礼也。凡君即位，卿出并聘，践修旧好，要结外援，好事邻国，以卫社稷，忠信卑让之道也。忠，德之正也，信，德之固也，卑让，德之基也。”新君即位，由卿聘问各邻国，这不只是为了修旧好，也会因此而获得邻国的支持，这对国家的安定是有利的。如此主动的作为，符合国与国之间交往的礼节，“忠信卑让之道也”，是对这种作为的赞赏。以下三句，是“即事而言理”。“忠，德之正也”，有德之正，即有德之不正，如偏于“刚”或偏于“柔”，主动向邻国示好，既不刚也不柔，合乎“德之正”，《左传》的作者称之为“忠”。“信，德之固也”，德与不德往往在人的一念之间，向邻国示好，或有所承诺，能固守承诺就是“信”。新君的表现，正合“卑让之道”，“卑让，德之基也”，即言礼乃德之基也，德、礼均治国之所本。在这里，“德”已不是泛称的“德行”或“美德”，而是对“德”的本身，做了更精细的析解。这表示，在德的意识逐渐提升的过程中，德的意义也越来越趋于明确。

昭公二十八年（前514），晋大夫成鱄也有“九德”之说：“心能制义曰度，德正应和曰莫，照临四方曰明，勤施无私曰类，教诲不倦曰长，赏庆刑威曰君，慈和遍服曰顺，择善而从之曰比，经纬天地曰文。九德不愆，作事无悔，故袭天禄，子孙赖之。”与《皋陶谟》之“九德”相比，其内涵已大幅扩充，不但包括修己安人（或治人）之道，且能顺乎天意（袭天禄），巩固祖宗基业（子孙赖之）。

作为孔子基本观念的“德”，和其他观念一样，是有继承也有发扬，今人所谓“批判的继承与创造的发展”[①]，孔子也是朝这个目标在努力。不论是文化或思想，没有批判，就没有真正的继承，没有创造，就没有真正的发展，二者本属一体，因在批判的同时，已有所创造，在继承的同时，已有所发展。

根据前文我们对《尚书》《左传》中“德”之意义的大概了解，可使我们知道，在孔子以前的历史上，德治思想可以说已形成一坚实的传统。在这传统里，德的内涵不断扩充，也知道要以德治国，有赖于治者的品德，但对品德的根源，仍缺乏充分的自觉。从西周到春秋时代，之所以重视治者的德行，现实的目的是保卫社稷，并巩固祖先留下的基业，要达到这个目的，必须配合天命，也就是说，人间的统治者，所以要具有德行，

---

①这是傅伟勋《“哲学与宗教”二集》的主书名。

主要是取悦于天，顺从天意，仍未从“德、命相符应”的思考模式中解放出来，基本上，德的思考并未摆脱宗教范畴。孔子继承了德治思想的传统，在这方面，他最重要的贡献，是使有关德的种种活动，完全脱离了宗教范畴，使其回归身心，凸显出道德的主体，从此为修己与治人（或安人）之间，建立了结构性的关系。

“子曰：为政以德，譬如北辰（北极星），居其所，而众星共（拱）之。”“子曰：其身正，不令而行；其身不正，虽令不从。”“子曰：君子笃于亲，则民兴于仁；故旧不遗，则民不偷。”从这三则言论，大抵可看出孔子德治思想的特色。“为政以德”的“德”字，指在位而有道德修养者，由有德者来主持国政，他必然凡事谨言慎行，以身作则，用他的道德力量去感化左右和人民，孔子对这种感化力充满信心。后两则言论中虽不提“德”字，却是“为政以德”的恰当诠释。孔子心目中的“政”，与现代政治学中所了解的“政治”，大异其趣。“季康子问政于孔子，孔子对曰：政者，正也。子帅以正，孰敢不正？”“正”可解为“正直”或“正道”，孔子将政治完全化约为个体的道德，以为政治的好坏，全靠为政者是否正直，是否能奉行正道，而为民表率。如果说，孔子以前的德治思想是偏重于“外得于人”（治人、安人），那么孔子的德治思想是偏重于“内得于己”（修己）。当然，孔子并非不重视“安人”，正相反，他非常重视。例如：“子路问君子。子曰：‘修己以敬。’曰：‘如斯而已乎？’曰：‘修己以安人。’曰：‘如斯而已乎？’

曰：'修己以安百姓。修己以安百姓，尧、舜其犹病诸？"在这则对话中，子路真是善学善问，在一层又进一层的追问中，终于逼得孔子说出他德治思想中最重要的话。刘宝楠《论语正义》："修己者，修身也；以敬者，礼无不敬也；安人者，齐家也；安百姓，则治国平天下也。"这是以《大学》来诠释孔子，也正说明《大学》所展现的一套德治主义的理想，是源于孔子。"治国平天下"是《大学》的终极关怀，也是孔子的终极关怀。"修己"与"安人""安百姓"的关系，显然是一种"本末"的关系，大本不立，一切由己及人、由近及远的德治功能，将全部落空，《大学》说："自天子以至于庶人，一是皆以修身为本"，是真正把握到孔子德治思想的精髓。

修身既为德治之本，因此修身成为孔子思想中极重要的论题。那么修身人要如何去下工夫呢？这必是孔门弟子最迫切想了解的问题，下面是两则就"德"而言如何修身的对话。其一，"子张问崇德、辨惑。子曰：主忠信，徙义，崇德也。"其二，"樊迟从游于舞雩之下，曰：'敢问崇德……'子曰：'善哉问！先事后得，非崇德与？'"关于"崇德"，《朱子集注》无解。孔颖达疏解为"充盛其德"，近似。王熙元说："崇，崇积、增长的意思；崇德就是提高品德。""崇德，正如筑台、筑墙，基础厚实，而又不间断、不中止，这样才足以累积成崇高的道德。"[①]可谓善会其义。所以"崇德"就是修德，子张、樊迟问的，正

① 王熙元：《论语通释》，台湾学生书局，1988 年，第 689、690 页。

是如何修德（同于修身）的问题，孔子两次回答不同，其一是“主忠信，徙义”，“忠”是对己不欺，“信”是对人要诚，“徙义”，一般解作迁善，即知道合理的，便遵之而行，这都是具体可行的工夫。其二是“先事后得”，既是讲修德，此“事”非一般之事，亦与事功无涉，朱注：“为所当为，而不计其功，则德日积而不自知矣。”是很恰当的诠释。

“子曰：志于道，据于德，依于仁，游于艺。”这四项都是修德的要点和方法。“据于德”，据，守也。在正常的情况下，人皆知道德修养的重要，在某些时候，也能做到“为所当为”，也能做到对己不欺，对人能诚，但这种行为，是否能坚守，而使其持续，就成为修德能否精进的最大关键。要做到朱子所说的“德日积”的效果，有赖于孔子“据于德”的工夫。在这里，也许有助于我们确实了解孔子所说“知德者鲜矣”的命意所在，这句话如从字面去理解，则有悖于常识，如把“德”理解为“据于德”，就很合理。“知及之，仁不能守之”，不要说是寻常百姓，亦常为贤智之士的人生大患。

修身之难，当然不止一端，“子曰：吾未见好德如好色者也”。这是对人性的洞察。“好德”有如逆水行舟，“好色”有如顺流而下，前者难，后者易。由好德进而修德，难免要经历许多挣扎，因人生有许多诱惑，不只好色而已，好名好利也都可能成为好德的阻力。所以孔子言外之意，似是在勉励好德者，必须能抗阻诱惑。

“主忠信”“先事后得”，是正面的修身工夫，孔子在有关

“德”的思考中，还谈到至少有三种负面败德的行为，必须严加防范，绝不可为：（一）“子曰：巧言乱德。”巧言不是一般的花言巧语，一般的花言巧语，是容易被人看穿的。足以乱德的巧言，是别有用心者，经过详密设计，且足以打动人心者的一套说辞，这种巧言方能以黑为白，扰乱了人的道德判断，其结果恐不止于朱熹所说“使人丧其所守”而已。（二）“子曰：道听而涂说，德之弃也。”“巧言”是以假乱真，“道听而涂说”是以假为真，不辨是非，不加求证，便口耳相传，几乎是人的通病，非仅愚者如此，智者亦所难免。这种行为一旦成为习惯，将与修德无缘，所谓“德之弃也”。从这里，又可以使我们知道，“崇德”与“辨惑”是分不开的。（三）“子曰：乡愿，德之贼也。”与“巧言”“道听涂说”相比，“乡愿”是更严重的败德行为，孔子斥之为“德之贼”，意谓：不只是有害于道德，而且窃占了道德。在思想史上，最能善会其义者，无过于孟子。依照孟子的了解，乡愿这种人物，具有三点特色：（1）“言不顾行，行不顾言。”（2）“阉然媚于世。”（3）“非之无举也，刺之无刺也，同乎流俗，合乎污世，居之似忠信，行之似廉洁，众皆悦之，自以为是，而不可与入尧、舜之道。”[①] 其中第三点的观察最为深刻，这种人就行为之表看来，“道德”几乎接近完美，一般叫他“伪君子”，我称之为“圣贤的倒影”，似是而非，似真实幻。

①《孟子 · 尽心下》。

最后，还有一问题必须探讨，即作为基本观念的“德”与“中庸”的关系。“子曰：中庸之为德也，其至矣乎！民鲜久矣！”孔子既重视“崇德”“先事后得”的修德工夫，这种工夫必表现于过程之中，这过程用朱子话来说，就是“德日积”。日积月累的既然是“德”，那么在这过程中，必有一最高的道德标准，作为追求的目标，这最高的道德标准，孔子称之为“中庸”。

孔子首先提出“中庸”这个观念，与以往传统中所言之“中”，确有密切的关系，但二者在意义上不可能相等。“中”字在《尚书》里使用时，已非一泛泛之词，而是一具有重要意义的观念。如《盘庚》：“各设中于乃心。”“设”，汉《石经》作“翕”，翕中，犹言和衷。译为现代语，即“各人心中都要有和衷共济的观念”[1]。不管这了解是否正确，“中”是在人心之中，这一点是可以确定的。又如《酒诰》：“尔克永观省，作稽中德。”“中”与“德”相连，使“中”也代表一种美德，而且这种美德是由“观省”而得，已有一点修德的意味。又如《吕刑》：“士制百姓于刑之中，以教祗德。”“非佞折狱，惟良折狱，罔非在中。”“民之乱（治），罔不中听狱之两辞，无或私家于狱之两辞。……永畏惟罚，非天不中，惟人在命。”这些“中”字，都是“公正”的意思。如把这几种含义，关联起来了解，可以说，“中”是人心中的美德，将这种美德用之于折狱，便能做公

① 屈万里：《尚书今注今译》，第 61 页。

正的审判。

《论语》里一共有二十六个“中”字，在孔子言论中共出现二十次，其字义有“内”“中等”“适当”“合乎”等义。[①]《论语》里使用“中”字，唯一有特殊意义的，见《尧曰》篇之首：“尧曰：‘咨！尔舜！天之历数在尔躬，允执其中。四海困穷，天禄永终。’舜亦以命禹。”这段文字记录的年代，已无从考证，“允执其中”的“中”字，虽不易解，从上下文看，必有特殊的意义。如参考《尚书》，可以说这是尧传位给舜时，勉励他奉行心中的美德，这种美德既可用于折狱，必然也可用于其他政务。《中庸》记孔子说：“舜其大知也与！舜好问而好察迩言，隐恶而扬善，执其两端，用其中于民。其斯以为舜乎？”这段话不但是针对“允执其中”所做的解释，同时也告诉我们孔子造“中庸”这一新词的用意。

“中”字在孔子以前的传统里，不论它有多复杂的含义，它们具有的共同特征，是理想性与道德性。而“庸”字正如王船山所说：“若夫庸之为义，在《说文》则云‘庸，用也’。《尚书》之言庸者，无不与用义同。……故知曰‘中庸’者，言中之用也。”[②]“中之用”应该是“中庸”一词的确解。作为道德最高理想与标准的“中庸”，可用于民，在《论语》里，主要是用于修德的工夫，例如：“子曰：不得中行而与之，必也狂狷

---

① 胡志奎：《论语辨证》，联经出版事业公司，1978年，第174—176页。

② 王夫之：《读四书大全说》卷二，中华书局，1975年，第62—63页。

乎！狂者进取，狷者有所不为也。”“狂”“狷”这两种性格虽各有所偏，但都可以经由修德工夫，而达到“中行”的理想，“中行”孟子易之为“中道”，就是合乎中庸之道，达到中庸的标准。子贡曾问孔子：“师（子张姓颛孙，名师）与商（子夏姓卜，名商）也孰贤？”孔子回答：“师也过，商也不及。”“过”即“狂者进取”，“不及”即“狷者有所不为”，孔子理想中的人格，必是不过，也非不及，也就是合乎中庸。孔子既以中庸评断弟子的品德，又以中庸矫正性格上的偏差，根据同样的道理，孔子言博约，言文质，也是以“执两用中”的原则，来矫正学习上的偏差，和气质上的偏差，使其能达到“博”“约”兼修、“文”“质”兼修的中庸理想。

四、仁

在孔子以前的历史上，“仁”这个观念的重要性，远不如“道”与“德”。在《诗》《书》里，虽已出现了“仁”字，如《诗·郑风·叔于田》：“洵美且仁。”又如《诗·齐风·卢令》：“其人美且仁。”叔于田乃郑庄公之弟共叔段，喜狩猎；“卢令”之“卢”指“猎犬”，“其人”指猎人[①]，“美且仁”是形容猎者的英姿和健壮，所以这两个“仁”字，并无道德的含义。又如《书·金縢》：“予仁若考，能多材多艺，能事鬼神。”《金縢》一

① 马持盈：《诗经今注今译》，台湾商务印书馆，1979 年，第 114、143 页。

篇相传为武王病重时，周公向先王的祷辞，屈万里先生虽解“仁”为“仁厚”[①]，似乎有道德的意味，恐怕很难确定[②]，况且此篇是否为西周作品，也早就有人怀疑[③]。

在《左传》里，“仁”这个观念的使用已相当频繁，如僖公八年：“宋公疾，大子兹父固请曰：‘目夷长且仁，君其立之。’公命子鱼（目夷），子鱼辞曰：‘能以国让，仁孰大焉。’”又十四年：“庆郑曰：背施无亲，幸灾不仁，贪爱不祥，怒邻不义，四德皆失，何以守国？”又三十年：“因人之力而敝之，不仁；失其所与，不知。”又三十三年：“出门如宾，承事如祭，仁之则也。”宣公四年：“仁而不武，无能达也。”又十二年：“刚愎不仁。”成公九年：“不背本，仁也；不忘旧，信也；无私，忠也；尊君，敏也。仁以接事，信以守之，忠以成之，敏以行之，事虽大，必济。”昭公元年：“子木有祸人之心，武有仁人之心。”又三年：“仁人之言，其利博哉。”又六年：“闲之以义，纠之以政，行之以礼，守之以信，奉之以仁。”又十二年：“仲尼曰：古也有志：克己复礼，仁也。”又二十年：“奔死免父，孝也；度功而行，仁也；择任而往，知也；知死不辟，勇也。”又二十七年：“仁者杀人以掩谤，犹弗为也。”定公四

① 屈万里：《尚书今注今译》，第 85 页。

② 曾运乾《尚书正读》：“仁若，柔顺也。考，古文盖本作丂。《史记·鲁世家》读为巧，晚出孔传读为考，今依史读为巧能。下云多材多艺，即巧能也，巧能，故可以任布兹之责而事鬼神也。”

③ 屈万里：《尚书今注今译》，第 84 页。

年："违强陵弱非勇也，乘人之约非仁也，灭宗废祀非孝也，动无令名非知也。必犯是，余将杀女。"又九年："亲富不亲仁，君焉用之？"

《左传》之外的《国语》里，使用"仁"的观念也不少，比较突出的有《周语下》："仁，文之爱也。"又《晋语一》："爱亲之谓仁。"

上引《左传》言仁，不仅有明确的道德含义，而且与义、礼、忠、信、孝、知、勇等德目相连，以发挥议论，这种议论的方式，只有在《论语》中才常见，特别是仲弓问仁时，孔子回答是"出门如见大宾，使民如承大祭"，以及答颜渊问仁的"克己复礼"，照一般的了解，当然是《论语》本诸左氏。《左传》里的"克己复礼"，孔子明言是根据"古志"，故《论语》所言，自是同一来源。但《左传》中其他有关仁的言论，究竟在孔子之前，抑在孔子同时或稍后，很难一概而论，理由是依照《春秋》的编年顺序，《左传》在孔子尚未出生之前，已多次引用"仲尼曰"[①]，这足以说明《左传》中有关仁的言论，甚至有关道德的议论，至少有一部分，极有可能是受了孔子的影响。据张以仁先生的考证，《左》《国》的作者左丘明，确与孔子同

① 例如僖公二十八年（前632）："仲尼曰：以臣召君，不可以训。"文公二年（前625）："仲尼曰：臧文仲，其不仁者三，其不知者三。"宣公九年（前600）："孔子曰：《诗》云：'民之多辟，无自立辟。'其泄冶之谓乎。"孔子出生后，引用孔子之言更多，前后至少有二十三次。

时，左氏且可能在孔子晚年见到孔子，并同观鲁史。[①] 由此看来，左氏受孔子的影响，就更加可能。《国语》既出于同一作者，其中有关仁的观念，亦可作如是观。

纵然《左传》里有关仁的言论，都在孔子之前，其深度与广度，是无法和《论语》相比的。屈万里先生说："东周以来，虽已经有了仁字，而且虽也把仁当作一种美德，但强调仁字，使它成为做人的最高准则，使它成为一个学说，则实从孔子开始。"[②] 这话是完全正确的。仁作为一种学说，它相当于伦理学或道德哲学。为了使它能在现有教育体制中成为一门课来讲授，用伦理学或道德哲学的方法、概念，加以重组和诠释，确有其必要。但同时也不可不知，孔子当年创立仁学，主要的目的，并非要经由理论思辨的程序，建立一套有系统的学说，其基本性质是一种成德之学，也就是要培养富有理想主义精神的道德人格——士、君子的一种学问。这种学问的作用，是赋予人一种崇高的价值，确立人生奋斗的目标，发挥人善的潜能，提升人的道德境界。所以在知之外，更重视行——包括修身与实践。下文将尽可能掌握其基本精神，展现仁学的意义。

孔子说："仁者人也。"此语见于《中庸》，不见于《论语》，但由"依于仁"，"我欲仁，斯仁至矣"，"君子无终食之间违仁"，"天生德于予"等语看来，我们有充分的理由相信，这确

---

① 张以仁：《春秋史论集》，联经出版事业公司，1990 年，第 96 页。

② 屈万里：《仁字涵义之史的观察》，见香港《民主评论》五卷二十三期。

为孔子之言。仁的根本义，就是道德的自身，“仁者人也”，理解为仁就是人之所以为人的本质，或仁就是人的道德主体，或仁就是人的道德自我，都可以。这个观念乃仁学的根荄，乃仁学得以建立的重要依据，也是孔子在传统的“道”“德”等观念之外，开辟思想新天地的一大关键。孟子说：“仁也者人也，合而言之道也。”[1] 朱熹说：“仁者人所自有。”[2] 都是对这个观念做了正确的把握。因人具有“人所自有”的善性，进德修业的工夫才有所依据，所以说“依于仁”。因人有内在的善，才能说“我欲仁，斯仁至矣”。《中庸》说：“道也者，不可须臾离也，可离非道也。”仁也是一样，所以说“君子无终食之间违仁”。人在生活中一旦背离了仁，便无道德可言。所以，如没有“仁者人也”这个观念，这些话就难以索解。

仁就是人的道德主体或道德自我，或“人所自有”的善性，这是抽象的肯定，就成德的意义而言，接下去的问题是：人的道德自我或人内在的善性，要如何才能在具体的行为中实现？这就有赖于修养工夫。《论语》里有关修养的理论很丰富，这里仅就仁所涉及者而言。

孔子说“为仁由己”，又说“君子求诸己”。“为仁”就是实现仁，所谓“由己”“求诸己”，不只是静态地说明实现仁的工夫，要由自身出发，或由自己作主而已，而且在表明，实现仁

①《孟子·尽心下》。

② 朱熹《论语集注》，“当仁不让于师”的注文。

的首要工夫，是经由自觉反省的动态过程，在这过程中必须时时提撕，念念警策，孔子说“回也，其心三月不违仁”，又说他“不迁怒，不贰过”，靠的就是这种工夫。“反求诸己”是孔子修养工夫的特性，不培养这种内省的能力，便无自觉的道德可言，这是孔子为成德之学开创的无上法门，要了解孔子的学说，对这一点必须要有亲切的体认。

颜回的修养，能达到三月不违离仁的境界，比起其他弟子的“日月至焉”，已是高明，但比起孔子心目中的理想境界，还是有很大的距离。孔子心目中的理想境界是：“君子无终食之间违仁，造次必于是，颠沛必于是。”“造次”“颠沛”是人的行为最容易犯错的境况，在最容易犯错的境况中，都不曾犯错，则平时更不会犯错，所以“无终食之间违仁，是无时无刻违仁也”[①]。在实际人生中，这当然是很难达到的境界，在这里，我们可以了解“若圣与仁，则吾岂敢”，绝不是孔子自谦，而是他的老实话。事实上，也只有在修养上下过工夫的人，才知道其中的艰难。孔子当然深知其中艰辛，他一生虽以培养君子为其教育的职志，弟子们要能成为君子或仁者，毕竟要靠他们自己去下工夫，为师者能做的，是引导他、启发他，激起他行仁的意愿。人一旦兴起这种意愿，便开始赋予生命一种崇高的价值，确立了人生奋斗的目标，所以说：“好仁者，无以尚之。”

“为仁由己”，“君子求诸己”，把实现仁的首要工夫，寄于

① 钱穆：《论语新解》，香港新亚研究所，1963 年，第 115 页。

自觉反省的精神活动上，当“时时提撕、念念警策”的工夫逐渐持久而深入后，因这种工夫的过程，只要人一息尚存，便无止境，所以这种精神活动，很可能产生一种现象，即拘限于个体的自了，而成为道德的自了汉。更严重的情况，是促使道德主体的自我封闭。修养工夫如进入这一地步，个体精神因缺乏与人群的互动，会因此而日趋僵化，终至枯竭。这样的发展当然大悖于仁教，“夫仁者，己欲立而立人，己欲达而达人。能近取譬，可谓仁之方也已”的话，即可纠正此弊。“反求诸己”的工夫，是为了立己，也是为了立人，是为了达己，也是为了达人。“仁以感通为性，以润物为用”[①]，所以立己与立人，达己与达人，在仁的本性上是不可分离的，它们之间是互相支援，互依并进的。以孔子本身为例，“为之不厌”是立己，“诲人不倦”是立人，教而不倦的耐力、毅力、愿力，有赖于学而不厌精神的支援，同时教而不倦的过程，也成为学而不厌的无穷动力，在实现仁的意义上，二者是一体而又贯通的，就在这不厌不倦持之终身的精神活动中，创造了孔子伟大的生命，树立了不朽的道德典范。学不厌、教不倦，也就是孔子对“仁之方”（实现仁的方法或途径）的现身说法，所谓“能近取譬”，最近者莫如己，意谓立人达人之道，不假外求，在立己达己的经验中就可取譬相喻——善学者必然善教，在成德上是如此，在知识的教育上，又何能例外？

---

① 牟宗三：《中国哲学的特质》，香港人生出版社，1963 年，第 30 页。

就实现仁的方法或途径而言，“能近取譬”，并没有说得很清楚。孔子直接针对这个问题的言论，见于下面这段问答：“颜渊问仁。子曰：‘克己复礼为仁；一日克己复礼，天下归仁焉。为仁由己，而由人乎哉？’颜渊曰：‘请问其目。’子曰：‘非礼勿视，非礼勿听，非礼勿言，非礼勿动。’”“克己”，《何晏集解》引马融说：“克己，约身也。”所谓“约身”即约己，也就是“由己”而非“由人”之义。“复礼”即践行礼，也就是使行为合于礼，非礼勿视、听、言、动，不只是申言如何才能“复礼”，同时也是“约身”“由己”的内容。这段问答，说明实行仁的方法或途径，端赖行为的种种能遵礼而行，简言之，即“约我以礼”也。这里所说的礼，当然已不是封建制中礼，而是“已转化而为人所固有的德性及德性的表征”[①]，用传统的语言来表达，即“礼者，仁道之节文”。在这里，仁与礼的关系是：“无仁即礼不兴，无礼则仁道亦不见，故仁道必以复礼为重。”[②]前文说过，单单顺着自觉反省的内向精神活动，很可能导致道德主体自我封闭之弊，如在内向性的工夫之外，益之以复礼的外向性工夫，使内外兼修，则可免于此患，克己复礼的精义或在此。颜回其人，不免有重内轻外的倾向，孔子以“克己复礼”教之，可能有纠正他这种倾向的用意。

① 徐复观：《中国思想史论集续编》，时报文化出版事业有限公司，1982年，第371页。

② 钱穆：《论语新解》，第398页。

仁学或成德之学，是要将平常人培养成君子，是属于生命上创造性的工作，这当然是人间至难之事。“子曰：我未见好仁者，恶不仁者。”这与“吾未见好德如好色者也”的语气及语义均相似，孔子生存在一个道德败坏的时代，这类的话可以理解为对道德沦丧的感叹。但就下文“有能一日用其力于仁矣乎，我未见力不足者。盖有之矣，我未之见也”来看，这里似是就实现仁的工夫而言。如前文所说，这方面工夫相当艰难，因为艰难，所以“好仁者”自然罕见。既然罕见，“我未见力不足者”云云，好像又很容易了。“子曰：仁远乎哉？我欲仁，斯仁至矣！”也是说为仁并不难。说难、说罕见，是说一心向善者少，说容易，则是就有成德意愿者而言。成德意愿表示人生的重大抉择，人之所以能做如此重大的抉择，是靠坚定的意志和毅力。当然，在实现仁的长路中，这只是跨出第一步，继续走下去，仍然是困难重重，孔门弟子中就有知难而退者：“冉求曰：‘非不说（悦）子之道，力不足也。’子曰：‘力不足者，中道（途）而废。今女画。’”孔子的回答，是他坚信凡有成德意愿者，根本没有力足不足的问题，假如有人觉得力不足，那是因自我设限，不再前进的缘故。这话对精神退堕者，确有激励作用，但在实际的人生中，“力不足”的原因，可能是很复杂的，否则自古及今，人间的真正仁者或君子，不会如此稀少！

不论是“为仁由己”，或是“克己复礼”，这方面修养工夫的重点，都在“立己”，这是孔学的大本大源，也是孟子与陆象山所说“先立乎其大者”的“大”的意义所在。如果说仁学乃济人济世之学。那么立己的一套工夫，就是在充沛道德的能量。依照仁的特性，充于内者必形诸外，充于内的精神活动，是向内向上，形诸外的精神活动，是向前向外，个人的修养必须在外显的过程中接受考验，也必须在外显的过程中才能充分表现仁的本性。因此，作为仁者，绝不忍心离群索居，绝不甘心做个隐士，在滔滔浊世中，仍知其不可为而为者，才是真仁者。这外显的过程，从个体到人与人之间、到社会政治，都可概括在“礼”的范畴之中，下文仍就孔子说仁的部分加以探讨。

（一）仁表现于个体者

“子曰：刚、毅、木、讷，近仁。”刚强、果断、质朴、慎言，是仁表现于个体的四种德性。“为仁由己”或“反求诸己”的内省活动，只能自觉、自知，他人是很难辨识的，要使人辨识何者为仁，何者为不仁，只有从个体的表现上去洞察，刚、毅、木、讷属前者，“巧言令色”属后者，前者“近仁”，后者“鲜矣仁”，正反合观，可以使我们知道：凡是表现令色之人，必缺乏刚、毅的品德；凡是表现巧言之人，必缺乏木、讷的品德。芸芸众生中，伪君子、乡原，比比皆是，亲师取友为孔子所重，但不能盲目，这一类的话，有助于对人的观察与判断。

“司马牛问仁。子曰：‘仁者其言也讱。’曰：‘其言也讱，斯谓之仁已乎？’子曰：‘为之难，言之得无讱乎？’”“讱”同于“讷”，皆指慎言，为何说“讱”即仁，而“讷”则不过是“近仁”？须知实现仁的过程并无止境，所以在过程中人所能达到的境界，程度大有不同，因此，仁有高标，有低标。就高标而言，不要说令尹子文的“忠”、陈文子的“清”不算仁，即孔子也不敢自居为仁。如就低标言，“讱”既可算仁，刚、毅、木、讷当然也是，“近仁”之说，盖由高标来衡量。有人以为这四种德性属“天姿”[①]，也有人以为“纯然是人的天赋资质”[②]。人间的确可能有这四种资质的人，但孔子讲仁，皆就自觉的道德而言，一切德性皆由修养工夫中来。“为之难，言之得无讱乎？”“讱”既就实现仁的工夫而言，刚、毅、木、讷应该也是才对。

（二）仁表现于人与人之间者

“子张问仁于孔子。孔子曰：‘能行五者于天下，为仁矣。’请问之。曰：‘恭、宽、信、敏、惠。恭则不侮，宽则得众，信则人任焉，敏则有功，惠则足以使人。’”这与樊迟问仁，孔子回答“居处恭，执事敬，与人忠”，都是仁表现于人与人或人与事之间的意义，恭、敬、忠、宽、信、敏、惠，皆表现仁之一端，虽是一端，但已不是高低标的问题，而是当人要实践仁的时候，必落实于具体的情境，或特殊之事上才能表现，这样仁

---

① 钱穆：《论语新解》，第 462 页。

② 姚式川：《论语体认》，第 494 页。

必然要被具体的情境或特殊之事所限定[1]。当然，这些特殊的德目之间，并没有严格的区分。能恭者必能敬，能敬者必能恭；宽能得众，信何尝不能；敏则有功，惠何尝不能。这可说明道德与知识的基本不同，知识必讲求明确，而道德则讲求互通。“子贡问曰：‘有一言而可以终身行之者乎？’子曰：‘其恕乎！己所不欲，勿施于人。’”在《颜渊》篇仲弓问仁时，孔子即曾以同样的话作答，可见在孔子的心目中，“己所不欲，勿施于人”或“恕”，都是仁的表现，“一言而可以终身行”，不仅说明它的重要，也说明它具普效性，用现代语说，它是“爱人如己”的利他思想，是一条道德的金律，如能奉行，则其他德行如恭、敬、忠、信等等，皆已在其中。

“樊迟问仁。子曰：爱人。”孔子的道德金律，可简称之为“恕”，也可简称之为“爱人”。“爱人”与“唯仁者能好人，能恶人”的“好人”有何不同？据陈大齐先生的分析，“爱人”是以一切人为对象，其爱是平等的、无差别的；“好人”是好一部分的人，值得好的才好，不值得好的便不好。假若好所不当好，便失其为仁者。综而言之，爱人所爱的，是事实观下的人，好人所好的，是价值观下的人。[2]“能好人，能恶人”，是对人做价值判断。好善恶恶，是人人具备的能力，至于根据什么标准做

---

① 杨慧杰：《仁的涵义与仁的哲学：中国古代“仁”的研究》，牧童出版社，1975年，第29页。

② 陈大齐：《孔子言论贯通集》，台湾商务印书馆，1982年，第6—7页。

判断，会因文化传统和习俗之不同而异，孔子并未向这方面去探讨，他关心的是，好恶如何才能做得恰如其分，且认为唯仁者能之。真正的仁者，人间毕竟少有，我们平常人却不可避免地会经常使用价值判断，在这种情况下，孔子教我们“众恶之，必察焉；众好之，必察焉”。这是说，我们对人的价值判断，不可盲从，要多考察真相，要慎重不可轻率。孔子在仁者爱人之外，又加上“唯仁者能好人，能恶人”，这充分表明仁学的伦理性格。依照基督教的博爱精神，人不论是“值得好的”还是“不值得好的”，皆在基督拯救之列。所以孔子的“爱人”，绝不等同于基督教的“博爱”。仁者爱人只是原则性的宣示，一旦落实在人与人之间，要讲求好恶，落实在人伦关系中，则重视亲疏的差序，这是孔子伦理思想的特色。

（三）仁表现于社会政治者

孔子歌颂尧、舜，心仪周公，又许管仲以仁，使我们有理由相信，孔子的灵魂深处，曾希望将自己塑造成一位对社会政治有事功表现的人物，结果终其一生，这方面并无多大表现，倒是在以修己、立己为主的成德之学上，做出开创性的贡献。如问：成德之学与社会政治事功之间的关系如何？依照孔子的德治思想，答案是明确的，如“政者，正也。子帅以正，孰敢不正”，“其身正，不令而行；其身不正，虽令不从”，“苟正其身矣，于从政乎何有？不能正其身，如正人何”，“修己以安百姓，尧、舜其犹病诸”。很明显，孔子是认为要在社会政治方面有事功表现，只有有德者才可能。可是就管仲而言，与这个原则并不相符。

“子路曰：‘桓公杀公子纠，召忽死之，管仲不死。’曰：‘未仁乎？’子曰：‘桓公九合诸侯，不以兵车，管仲之力也。如其仁！如其仁！’”另一次子贡也向孔子提出同样的问题，孔子答道：“管仲相桓公，霸诸侯，一匡天下，民到于今受其赐。微管仲，吾其被发左衽矣！岂若匹夫匹妇之为谅也，自经于沟渎，而莫之知也。”子路、子贡应当知道管仲抵御外侮、保存华夏的功绩，他们的问题根本不在这里，他们的问题是：以管仲的行径（不能为主子公子纠尽节，反而辅佐了逼鲁国杀死公子纠的桓公），是否还能称之为仁者？依平日孔子所持标准（如“志士仁人，无求生以害仁，有杀身以成仁”，又如“比干谏而死”，孔子称之为仁者），显然不能算是仁者。孔子因管仲的事功而许其为仁，在这里，师生之间所使用之“名”虽同，而“实”所指已不同，也就是说，孔子答非所问。王熙元先生认为“子路是由心术论仁，而孔子则以功业论仁；子路论的是仁的本体，而孔子论的是仁的大用”[①]。如果是这样，则产生朱熹所说“管仲虽未得为仁人”，却有“仁之功”的问题，这与孔子德治思想的原则是不相符的。

①王熙元：《论语通释》，台湾学生书局，1988年，第837页。

五、礼

在前文第二章《传统与孔子》中，已探讨过周文（广义的礼）与孔子的关系，并曾指出，如果没有独特形态的周文传统，就不可能产生孔子独特形态的儒学。由此可见，这个传统对孔子思想的形成与开展的影响，是多么深刻和密切。

徐复观先生在讨论孔子以前人文思想的演进时说："通过《左传》《国语》来看春秋二百四十二年的历史，不难发现此一时代中，有个共同的理念，不仅范围了人生，而且也范围了宇宙，这即是礼。如前所说，礼在《诗经》时代，已转化为人文的征表，则春秋是礼的世纪，也即是人文的世纪，这是继承《诗经》时代宗教坠落以后的必然的发展。"① 这一论断是就思想史而言。若就文化史和制度史来看，称得上"范围了人生""范围了宇宙"的，只有西周时代已发展完成的广义的礼，也就是孔子心目中"郁郁乎文"的周文传统，在这个意义上，西周才够资格被称为"礼的世纪"。到了春秋时代，已是礼坏乐崩、王纲解纽，《左传》《国语》中有关礼的言论，如徐复观先生所引者，是对西周以来所建构的礼制，从思想上加以诠释，经由诠释赋予新的意义和新的生命，这一工作，与孔子挽救周文日渐崩溃的危机的努力是一致的。

① 徐复观：《中国人性论史（先秦篇）》，台中东海大学出版社，1963 年，第 47 页。

前文提过，《左传》在孔子尚未出生之前，已引用孔子的话，由此不免令人推想，《左传》至少有一部分的思想，可能曾受孔子的影响。不过，就礼来看，似无此可能。《左传》有关礼的一些重要言论，明显是就政治社会的控制系统立论。如隐公十一年："礼，经国家、定社稷、序民人、利后嗣者也。"又如昭公二十五年："礼，上下之纪，天地之经纬也，民之所以生也。"这是把复杂的宗法制、封建制，甚至包括祭礼，予以约化并提升到理论化的层次。它的重点是在"礼制"，与孔子主张的"礼治"是不同的。礼治之所以可能，重点不在制度，而是靠有德之人，所以是一种道德政治，与以宗法体系为基础所建立的封建政治，本质上有所不同。这种不同代表孔子是在其仁学的基础上，对西周礼制做更进一步的转化。

假如以上的了解不误，那么我们有理由相信，《左传》与孔子一些类似或具启发性的言论，应该是春秋时贤士大夫们的言论，可能影响了孔子。例如：（一）"礼，身之干也"（成公十三年），与孔子"不学礼，无以立"，意义相同，但在表述上不仅有精粗之别，孔子且已将其纳入修养工夫之中，使人领悟到礼何以能成为身之干。（二）叔向"有三年之丧，而无一日之戚"（昭公十一年），与孔子"丧，与其易（治丧力求铺张）也，宁戚"，在丧事中最重要的是要有哀戚之情，这一点叔向与孔子相同，叔向此语是对特定对象（昭公）的谴责，孔子则视之为具有普遍性的道理。（三）"让，礼之主也"（襄公十三年），"先国后己，卑让也"（昭公二年），与孔子"能以礼让为国乎，何有（言不难）？不能以礼让为国，如礼何”，二者相比，孔子是就前者做了进一步的发挥。（四）臼季所说“出门如宾，承事如祭，仁之则也”（僖公三十三年），这种言论，对孔子仁与礼的关系的思考，具有启发性。

孔子自幼对有关礼的事物就有偏好，又在保存古礼最多的鲁国成长，成年后即以知礼闻名于当世，因此，他对礼的种种必定相当熟悉。这一代表古礼的传统，对孔子思想的形成与发展，有过决定性的作用，是毫无可疑的。春秋时代贤士大夫对古礼传统所做的反思，对孔子也必定有所影响，从上述的例子中，不难获知其梗概。接下去我们要探讨的问题是，孔子在礼的理论化这个层次上，有何突破之处？有何创新的思考？

在《论语》的记载中，孔子有不少抨击当道不守传统礼法的言论，如：“孔子谓季氏八佾舞于庭：是可忍也，孰不可忍也！”“三家者以《雍》彻。子曰：‘相维辟公，天子穆穆，奚取于三家之堂？’”“季氏旅（祭）于泰山。子谓冉有曰：‘女弗能救与？’对曰：‘不能。’子曰：‘呜呼！曾谓泰山不如林放乎？’”这三则言论，都是讥刺季氏以大夫的身份僭用天子之礼乐（有关季氏这一家族的崛起、演变，以及在鲁国政坛擅权种种，已见第四章《孔子与鲁国》）。解读这类言论，最直接的理解或联想，会是：孔子既然如此痛恨季氏破坏礼法的行为，那么他当然是在维护礼法。这样的理解或联想是合理的，因为在现实层次上，要维持政治社会的秩序，不能不依靠西周以来相传的礼法。这方面，在孔子出仕的岁月中，曾付诸行动。就其从政的经历，如果说孔子曾维护过传统的阶级制度，这是有根据的。但孔子因“堕三都”而结束他的从政生涯，是一个很惨痛的教训，假如在此之前已有仁与礼关系的思考，已有振兴周文的理想，经此教训，他必定全力向这方面去发展。也可能是在这事件之后，才彻悟到从现实上直接去挽救礼制已不可能，必须由礼之本，也就是从人之所以为人上去下工夫。不论是哪种情况更接近真实，孔子所振兴的周文，绝不是在现实上业已解体的阶级制度，而是赋予道德理想与道德精神的周礼，在给予周礼以仁的根据的同时，也转化了周礼的内容。转化了的周礼，仍保留了上下尊卑、君君臣臣、亲亲尊尊等观念，那已不是阶级性的观念，而是伦理意义的观念，我们说孔子的政治思想，是一种道德政治或伦理政治，主要的理由在此。这也就是孔子对传统礼法在观念上的一大突破，有关礼的创新思考，也要从这里去把握。孔子所以能在理论上对礼制做出创造性的转化，最主要的关键，在于作为人的道德主体的仁的充分自觉。

根据以上了解，孔子“礼云礼云，玉帛云乎哉！乐云乐云，钟鼓云乎哉”，“人而不仁如礼何！人而不仁如乐何”这类言论，恐怕不单纯是理论性的陈述，而是由礼坏乐崩现象的刺激，再经由不断的思索而获得的彻悟，也代表孔子对当道者违法乱纪行为的总评。孔子表面上再三抨击季氏的越礼行为，他内心真正想说的，套用一句斥责宰我的话，应是“季氏之不仁也！”季氏累代之所以敢肆无忌惮地违法乱纪，正是因其无内心之仁呀！内心无仁，纵然行为有时如礼，在孔子看来，也不过是虚文而已。

孔子对仁、礼关系的表述，除了“克己复礼”（讨论见前文“仁”的一节），与上引两则之外，还有一则对话，也可用来说明二者的关系：“子夏问曰：‘“巧笑倩兮，美目盼兮，素以为绚兮”，何谓也？’子曰：‘绘事后素。’曰：‘礼后乎？’子曰：‘起予者商也，始可与言《诗》已矣。’”子夏所提的三句逸诗，本是形容贵族美女，孔子又以绘画的比喻作答，一问一答都像是在打谜语，记录者可能省略了一些句子，只记下要点，如没有日常亲切沟通的经验，并熟悉彼此的观念和想法，这一类的对话方式是无从运用的。“绘事后素”，由女子面容的打扮，而联想到绘画，清人凌廷堪《论语礼后说》：“《诗》云‘素以为绚兮’者，言五采待素而始成文也。今时画者尚如此，先布众色毕，后以粉勾勒之，则众色始绚然分明。”[1]可见孔子以“绚”喻仁之质，以“素”喻礼之文，子夏竟然能由这个比喻中领悟“礼后”的道理。礼后者，质先文后，因仁为礼之本，而礼使仁表现于行为。子夏虽未明言“仁先”，孔子了解他既知“礼后”，必知“仁先”。“起予者商也”，孔颖达疏：“起，发也。……孔子言，能发明我意者，是子夏也。”所谓“发明我意者”，是把孔子未曾明说的明说出来，而说出来的意思，又与孔子所想的一样。

仁、礼关系的思考，如前文所说，是孔子转化礼制传统

---

① 转引自王熙元：《论语通释》，第104页。

的一大关键，西周的礼制，本是包括宗教信仰和社会政治制度等，并曾统治有效而内容十分复杂的传统，经孔子转化以后的礼，已简化为维持社会秩序的行为规范。又仁为礼之本的预设，使实现于社会政治层次的礼，不能不寄望于在上位的仁德之君，对一般百姓，则有赖于仁德之君（加上具君子之德的臣子）施以道德教化，因此，所谓礼治实等于德治，也同于仁政，即道德政治。以下是有关礼治的言论。

（一）“子曰：道之以政，齐之以刑，民免而无耻；道之以德，齐之以礼，有耻且格。”以政令为引导，以刑罚为整饬的工具，与以道德教化为引导，以礼为整饬的工具，是两种不同的政治形态，二者基本的差异，是前者有赖于“力”，后者有赖于“德”，由现代“法治”来看，二者又同属“人治”。孔子从价值观上对比二者的优劣，不足以说明他反对刑治，刑与礼相比，不过是一次等概念，“民免而无耻”，就表示孔子也承认刑罚对惩治犯罪的人是有效的，只是无益于人民道德的提升。这段话倒足以说明，即使在政治领域，孔子仍坚守道德理想主义的立场。

（二）“子曰：能以礼让为国乎，何有？不能以礼让为国，如礼何？”表面上看，单凭礼让何能治国？深一层想，国之为患常由于权力的争夺，要在这方面表现礼让的德行，乃人间至难之事，这或许是孔子强调“礼让为国”的原因。在孔子心中，“礼让为国”并非徒托空言，西周初年，成王与周公之间有紧张关系，因周公能让，终于使西周开创新局。

（三）“子曰：上好礼，则民易使也。”子曰：“上好礼，则民莫敢不敬；上好义，则民莫敢不服；上好信，则民莫敢不用情（诚实）。夫如是，则四方之民，襁负其子而至矣。”“知之者不如好之者”，由“知”而“好”，即由“知”而“行”，“吾未见好德如好色者也”，“好德”“好色”如不表现于行为，又如何能“见”？故“上好礼”言在上位者的行为，皆中规中矩，“民易使”“民莫敢不敬”，言道德感化之效，所谓“君子之德风”也。

从以上的言论，可知孔子心目中的“礼治”，确实与“德治”无异，而礼治之是否有效，端赖在上位者是否有德。假如礼治仅是道德教化的意义，孔子的理论可以成立。假如礼治是要治国安民，则孔子实在是一位天真的乐观主义者。政治的根本问题，在如何处理权力，孔子完全没有正视这一问题，所以他的道德政治，不过是道德的乌托邦而已。

六、结语

最后要对道、德、仁、礼四者的关系，做一扼要的总结。

就传承的意义来看，除仁之外，道、德、礼在孔子以前的历史上，不但早已是重要的观念，且源远流长，不断发展，孔子是在它们的基础上，一一赋予新生命、新意义，也就是今人常说的“创造的转化”。在这过程中，道不只是子产所说的“天道远，人道迩”而已，而是把泛称的人道，落实在君子之道上，使道不仅是可谋、可志的理想目标，且是可弘、可行的终身志业。在这过程中，德不只是与天命相符应的德行，而成为人与生俱来的德性。在这过程中，礼既不再是“天地之经纬”，人也不再赖以测定吉凶祸福，而是人人可以践行的道德规范。仁是孔子所有基本观念中最伟大的创造，仁这一主体性的充分自觉与仁学的开展，不仅使以上种种转化成为可能，也使前贤们的观念，重新在道德实践中一一获得新的定位。

再就成德来看。成德是道德生命的成长，道德人格的塑造，以及道德社会实践的过程，这一过程之所以可能，最重要的一点，是靠修身，也就是“反求诸己”或“修己”的工夫。这种工夫，作为一种能力，在孔子，是天生具备的，只要一念自觉、一念反省便已开始。仁是一切道德的根源，也就是说仁乃生命的本体，但在做工夫的过程中，仁又是待实现、待完成的。人有与生俱来的德性，却没有天生的仁者，因此，德与仁虽同体又同质，还是有所不同。德似乎是仁之所以为仁的内核，“仁”本即是“人”，《论语》里也不乏其例，如“井有仁焉”，仁之所以能成为人的主体，是靠“天生德于予”的自觉或证悟，自觉或证悟都是内省的工夫，由于这个原因，德与工夫有本质上的关联，所以德可修，而仁则是要靠工夫来实现。“为仁由己”“君子求诸己”“反求诸己”，都与“修己以安人”“修己以安百姓”的“修己”相同，修己即修德，修德就是对天赋给我的德性，时时保持自觉，随时憬悟到它的存在，这样工夫才能持续而不懈怠。如果道德可以用光来比喻，那么，仁是光之体，德是光之源。当我们说仁是一切道德的根源时，就是因为仁中有德。

就成德而言，道与礼都是仁的表现，旦同是表现，而意义不同。道具有精神性、理想性、方向性，是有成德意愿者所追求的目标，在追求的过程中，可促进道德生命的成长和道德人格的提升。礼具有规范性、合理性、约制性，在社会实践中，个体的修养工夫，必须经由或落实在礼上，才能发挥“治人”与“安人”的功能。不论是道或礼，如不能“据于德，依于仁”，将失去道德的意义，则道为非道，礼为空文。

第七章　孔子论修身

一、引言

修身是孔学的命脉，假如孔子没有发展出一套修养工夫的理论，假如他自己对这套修养工夫没有真实的体证，那么道、德、仁、义、礼以及其他所有的德目，不过是一些抽象的概念。

当然，凭借这些抽象的概念，也可以形成一套道德哲学。20世纪在以西方学术马首是瞻的压力下，我们的孔学研究者，已经由概念分析，逐渐使其知识化、系统化，使孔学以道德哲学或伦理学的形式呈现于世人之前。在这世界各大文化传统，正加紧交流、会通的时代里，这方面的工作，确有其必要，因一种学说，必须先具有较精确的陈述，方能与其他传统进行对话。此外，要使孔学在现代学院环境中和学术殿堂里立足，这方面的工作也不可少。

但是，至少中国的孔学研究者，不可以此为足，更不可以此为限。如纯就学术来看，西方传统中众多的道德哲学或伦理学的系统，理论上远比孔学甚至儒学为精彩。今天我们研究孔学，最重要的理由，不只是因为他有一套道德理论，更是因为他在人类的道德问题上，有一种独特的关怀。这种关怀是，他深信人经由一定的程序，可以改正缺失，可以使道德提升，可以使人格更真实、更完美。这一定的程序，就是修身的工夫。

《大学》一书，开宗明义，便提出八条目（格物、致知、诚意、正心、修身、齐家、治国、平天下）之说，明确展示了儒家内圣外王的内涵，及其实践的进路，而以“自天子以至于庶人，一是皆以修身为本”作结，很正确地把握到孔学的命脉。外王乃孔子的终极关怀，就“物有本末”而言，修身为本，外王为末，若不先成就这个本，外王的实践根本不可能，所谓“其本乱而末治者，否矣”。再看孔子与周文或周礼传统的关系，他与这个传统之间，当然不是今人所谓“抽象的继承”，他所以能振兴周文，也不单单依靠发自道德意识的自觉与反省，而是对人类生命中的天性和仁心有着真实的体证，这样才能在业已僵化的礼制中，注入新的生命与意义，所谓“人而不仁，如礼何”、所谓“克己复礼”是也。所以孔子与周文传统，是一种创造性的继承，如没有深入的修养工夫，这种方式的继承，也是不可能的。此外，士志于道，安贫乐道，人能弘道，以及成就理想人格，不经由修身，皆无从说起。

修身在孔子思想中，已形成相当规模的理论，在探讨它之前，得先了解孔子所谓知、所谓学，与修身之间的关系。

二、知与行

陈大齐先生曾指出，孔子言论中的“知”字是多义的：（一）有应解作知的能力，亦即常语所称为智慧的，如“唯上知与下愚不移”。（二）有应解作知的成果，亦即常语所称为知识的，如“吾有知乎哉？无知也”。（三）有应解作智慧高超与知识丰富的，如“里仁为美，择不处仁，焉得知”。（四）有应解作知的作用，亦即常语所称为知道的，如“温故而知新”。其中作用的知，是知字的根本义，其与言行相关涉的，亦以此一意义的知为主。[1]

“唯上知与下愚不移”，此就人的资质而言，陈氏解作“知的能力”是对的。“不移”是说不能改变，既不能改变，则上知与下愚这两种人，根本与道德无关。因孔子所讲的道德，必须经由自觉反省的工夫，去改变行为中的过恶，既言“不移”，所以在自觉的道德意义上，这两种人是不存在的。孔子言下之意，正是在告诉世人，我们这些生活在人间必须讲求伦理道德者，既非上智，亦非下愚。正因为我们既上智，亦非下愚，故皆可经由修养工夫，去追求理想人格的实现。人类没有天生的智慧，智慧不论是什么意义，都必须靠后天的培养，既可培养，即非“不移”，陈氏又解作“智慧的”是不对的。“孔子曰：生而知之者，上也；学而知之者，次也；困而学之，又其次也；困而不

① 陈大齐：《孔子言论贯通集》，台湾商务印书馆，1982 年，第 78 页。

学，民斯为下矣。”如果说“生而知之者，上也”同于“上知”，犹可；如果说“困而不学，民斯为下矣”同于“下愚”，则不可，下愚是不可移的，在这里是指可学而不学，并非根本不可移，故此“下”非彼“下”。

“吾有知乎哉？无知也”之“知”，解作“知的成果”或“知识的”，反不如解作“智慧”为佳，下文“有鄙夫问于我，空空如也，我叩其两端而竭焉”，正是教学智慧的表现。人能自觉无知，表示已跳出对知识的执着，这就是智慧。其次，“里仁为美，择不处仁，焉得知”，“里”，有解作“邑”，有解作“居”，就成德而言，后说较贴切。为何说“里仁为美”？因仁既是“天之尊爵”，又是“人之安宅”[1]。仁对人的安身立命既如此重要，如尚不知择仁而处，怎么能称得上是位智（同知）者呢？“知者不惑”，“知者不失人，亦不失言”。智者乃修德有成的人，不能泛泛“解作智慧高超与知识丰富的”。“里仁”这一章，实是把“谁能出不由户，何莫由斯道也”，做了更积极、更明确的表达。

根据以上的了解，我们可以知道：（一）就资质而言，我们既非上知，亦非下愚，在道德理想这条人生大道上，所有的人都立于相同的起跑点上，所不同的，有的是“学而知之”，有的则“困而学之”。（二）就实践或行而言，知识固然重要，但不执着于知识的智慧，更有利于行。（三）就成德而言，唯智者能

①《孟子·公孙丑上》。

择仁而处，可见在孔子心目中的仁者与智者，只有功能上的差别，目标是一致的，所谓“仁者安人，知者利仁”是也。因此，“作用之知”（即认知之知），固与言行相关涉，孔子言论中不同含义的知，亦无不与行相关。

下面再从知的态度、知的对象（涉及知的功能），来考察知与行的关系。

先看有关求知或认知态度的言论，例如：“子绝四：毋意、毋必、毋固、毋我。”又如：“子曰：由！诲女（汝）知之乎？知之为知之，不知为不知，是知也。”毋意，不臆测；毋必，不武断；毋固，不固执；毋我，不自以为是。这既是孔子为学（知）的态度，也是孔子做人（行）的态度，因在孔子，求知的主要目的，就是为了做人，为学与做人，并没有不同的价值标准。此外，“知之为知之，不知为不知”，这种态度，也同样可贯通于知和行，就知而言，它表现了对知识的忠诚，对行而言，就是不自欺。“是知也”，是说这才是求知的正确态度。不用说，这当然也是做人的正确态度。

有关知的对象，以孔子本身为例，他对自然界，有审美的兴趣，缺乏科学的兴趣。他自称学不厌，从“博学于文”“信而好古”“好古敏以求之”等言论来看，在求知上，他兴趣最大、用力最勤的，是包括诗、书、礼、乐在内的广义的历史知识。这种特殊的兴趣，不仅使他成为当时最博通的人物，诗、书、礼、乐的传统，也是经由他创造性的诠释，才在中国历史中，奠定了经典权威的地位。同时由这个背景，我们可以了解，他在晚年作《春秋》，表达一种独特的史观，绝非偶然。

孟子诠释《春秋》的意义是："孔子成《春秋》，而乱臣贼子惧。"[①] 一般历史著作的主要目的，是满足人类知的需求，孔子却希望借此发挥治道的功效，《史记·自序》："拨乱世，反之正，莫近于《春秋》"，把这一点说得更清楚。董仲舒的了解更进一步，他认为孔子作《春秋》，褒贬二百四十二年间史实，是为天下（孔子心目中的"天下"指"四方"）立仪表，《春秋》贬天子，退诸侯，讨大夫，目的在"以达王事"[②]。这说明孔子透过历史的记载，不仅宣扬王道的政治理想，还要为当今之世，重建其道德标准。有史家说"历史乃生命之师"，孔子心目中的历史，正是如此。徐复观先生说过，孔子的学说，"是以知为手段，以行为目的的学说"[③]。所以他所理解的历史，与他道德上的独特关怀，是分不开的。

由于孔子在道德上的独特关怀，是经由修养工夫成就道德（包括个体人格的完成，以及社会政治的实践），因此，无论是自述，或是答弟子之问，十之八九与此相关。当然，这种独特的关怀，不可避免地会制约他思考问题的范围，一旦弟子的问题越出这个范围，他会斩钉截铁地加以纠正，例如："季

---

①《孟子·滕文公下》。

②《史记·自序》。

③ 徐复观：《中国思想史论集续编》，时报文化出版事业有限公司，1982年，第386页。

路问事鬼神。子曰：‘未能事人，焉能事鬼？’曰：‘敢问死。’曰：‘未知生，焉知死？’”孔子的话并不表示他否定鬼神的存在，也不表示他对死亡问题全不关心，而是这些与人生问题比较起来，毕竟不是当身急务，人生在世的当务之急，是己立立人、己达达人，即所谓“事人”。“樊迟问知。子曰：务民之义，敬鬼神而远之，可谓知矣。”“务民之义”是说从政者当致力于百姓之所宜，如孟子所说“不违农时”。如正值农忙季节，百姓却被征兵或服劳役，就不是“务民之义”了。“务民之义”也就是“事人”；“敬鬼神而远之”，是“事鬼”应有的态度。从宗教经验和宗教境界看孔子学说，他把思想活动的空间，很大程度上局限于现实人生与现实世界，诚有所不足，也影响到他对生命体会的深度。但他毕竟是一位重实践不重冥想的道德家，一切成德问题的解决，离开人生在世，离开现实世界，均将无着力之处。不过，若因此而以为孔子仅是一位“循例重俗”的道德家，也是不对的。如前文所说，孔子关心的道德问题的核心，是在修身（修养工夫），修身是道德人格的创造，是经由道德的方式和道德的进路，达到宗教的心灵改造、人格提升的效果。修养工夫的巅峰，有所谓天地境界，在这里，既是道德的，也是宗教的。这方面在孔子言论中还不突出，到《孟子》《中庸》《易传》，就充分发展出来了。

接下去要探讨知与行之间的直接关系，归纳孔子有关言论，大概有三个要点：

（一）知易行难

《尚书·说命中》有“非知之艰，行之惟艰”一语，因属古文《尚书》，则此语究在孔子之前或之后，难以定夺。孔子学说既为成德之学，就成德而言，“知易行难”乃千古不易之理，在孔子思想中出现，可谓自明之理。《论语》里至少有两则言论表达此义：

（1）“子曰：文，莫[①]吾犹人也；躬行君子，则吾未之有得。”“文”即“博学于文”之文，包括诗、书、礼、乐，并不以此为限。“莫”，朱注认为是“疑辞”，即“大约”的意思。“犹人”，朱注“言不过人，而尚可及人”。“躬行君子”，在践履上达到君子的标准。此则言论，与“子曰：‘君子道者三，我无能焉：仁者不忧，知者不惑，勇者不惧。’”一般皆以为乃孔子自谦语，子贡并不这样看，“子贡曰：‘夫子自道也。’”“自道”即真实的自白，因就成德而言，每个人永远都在成为君子或成为圣贤的过程之中，一息尚存，并无止境，“行难”的深义即在此。

（2）“子曰：可与共学，未可与适道；可与适道，未可与立；可与立，未可与权。”“可与”的“与”字，与“以”相通[②]。此章大意是：在道德上，共学的可以很多，但能“士志于

---

① 根据吴检斋《亡莫无虑同词说》，“文”是一词，指孔子所谓“文章”；“莫”是一词，“大约”的意思。文见前北京中国大学《国学丛编》第一期第一册。以上转引自杨伯峻：《论语译注》，中华书局，1980 年，第 75 页。

② 详见王熙元：《论语通释》，台湾学生书局，1988 年，第 530 页。

道”者并不多；有志于道者虽还有一些，但在这条道路上能强立不返者就少了；意志坚定，能做到卓然自立者，还是有的，但能“遭变事而知其宜”[①]者，就更少了。孔子这段话，不只表明“知易行难”而已，且为道德实践分出三段进程，从志道、守道到权变，一程比一程要难，这是为“行难”赋予了明确的内容。

（二）行重于知

就成德而言，“行重于知”这个道理，也是自明的。这方面的言论，略举数例。

（1）“子曰：弟子入则孝，出则悌，谨而信，泛爱众，而亲仁。行有余力，则以学文。”“弟子”，指为人弟与为人子者。悌，尊敬长辈。“谨而信”，言行谨慎，且信实可靠。“泛爱众，而亲仁”，对所有的民众要有爱心，对其中有仁德者要多亲近。孔子这番话，是教人从家庭到进入社会（或出仕），在道德实践上应努力去做的几个重点。孝、悌、谨、信、爱众、亲仁，世间之人，对这些德行，有时做得到，有时做不到，如要时时、事事皆遵此而行，即使用一生之力，也未必能做得圆满。在这意义下，才能了解为何说“行有余力，则以学文”。这里的“文”字，也同于“博学于文”之“文”，是指比较高深的学问，

①《朱子语类》卷三七。（见黎靖德编《朱子语类》第三册，王星贤点校，中华书局，1986年，第986页。——编者注）

如诗、书、礼、乐皆属之，至于一般做人的道理，如孝、悌，幼儿时便已学到。很显然，孔子教人的目的，是不论扮演何种角色，皆以德行为首要，不是培养知识专精的学者。

（2）“子曰：知之者不如好之者，好之者不如乐之者。”王熙元先生认为，本章是孔子泛论为学的次序，“之”字是指一切有价的事情，不限于学问，凡道德、艺术也在内。[1]的确，孔子展示的这一进程，可通向各种知识和艺术的创造，但就其独特的关怀而言，仍当是指成德的成分居多。就成德来看，“知之”的阶段属于思辨，由“知之”到“好之”，则是超越思辨，逐渐进入实践工夫的阶段。陈大齐先生说得好，“好”是言与行的原动力[2]，知而不好，实行的希望甚微，纵或勉强实行，亦不易持久。知而又好，乐于实行，不待勉强。所以“知之”不一定能引发行为，“好之”则必能引发行为，以引发行为的功能为观点，“好之”远胜于“知之”。由此推断，可见孔子的重行甚于重知。[3]再进一步，由“好”而“乐”，便达到与道德实体合而为一的境界，在这里，“道”在“我”之中，“我”亦在“道”之中，工夫就是本体，孔子的“七十而从心所欲，不逾矩”，及其不厌、不倦的精神，应该就是已到达这种境界的表征。

---

① 王熙元：《论语通释》，第 302 页。

② 陈大齐：《孔子言论通集》，第 85 页。

③ 以上见陈大齐：《孔子学说论集》，正中书局，1992 年，第 80—81 页。

（三）有正知而后有正行

（1）“子张学（问）干禄。子曰：多闻阙疑，慎言其余，则寡尤；多见阙殆，慎行其余，则寡悔。言寡尤，行寡悔，禄在其中矣。”这又是一个弟子所问越出孔子独特关怀范围之外，而被纠正的例子。“闻”“见”是经验知识的来源，即所谓“闻见之知”（与“德性之知”相对而言）。这种知识，来源多而杂，其中有正确的，有不正确的；有可信的，有不可信的；有对身心有益的，有对身心有害的。孔子教子张，凡是不正确的、不可信的、有害于身心的知识，皆当存疑；即使是正确的、可信的、有益于身心的知识，一旦见之于行，仍要谨言慎行，这样才能保证行为上没有差错。

（2）“子曰：盖有不知而作之者，我无是也。”“作”，有解为“创作”者[①]，有人以为“指创制立说言”[②]，皆不妥，应如陈大齐先生所说，“当系指言与行”。所谓“不知”，陈氏也指出，定是不正的知，不是全无所知。假如全无所知，则何从作起！故“不知而作”，意即所知不正而据以妄言妄行。孔子自白“无是”，意即所知未信其必正，则不敢据以随便言随便行。[③]

---

①详见王熙元：《论语通释》，第 387 页。

②钱穆：《论语新解》，香港新亚研究所，1963 年，第 249 页。

③陈大齐：《孔子言论贯通集》，台湾商务印书馆，1982 年，第 84 页。

三、学与修身

学一向为孔子所重视，此不只表现于教人上，也曾多次以自白的方式来表达。这种真诚坦率的自白，不但亲切，而且感人，更重要的是，它使一个“自强不息”的生命，千百年来活在世人的心中，为“纯亦不已”的精神，做了活生生的示范。例如：“吾十有五而志于学”，“十室之邑，必有忠信如丘者焉，不如丘之好学也”，“默而识之，学而不厌，诲人不倦，何有于我哉”，“发愤忘食，乐以忘忧，不知老之将至云尔”，“学如不及，犹恐失之”，“吾尝终日不食，终夜不寝，以思；无益，不如学也”。

知，主要指认识活动，学的内容，在一般意义上，远比知为广泛，但由于孔子的独特关怀，他赋予学一种独特的意义，即“古之学者为己，今之学者为人”的“为己之学”，也就是荀子所说“君子之学也，入乎耳，箸乎心，布乎四体，形乎动静，端而言，蝡（同“蠕”，从容义）而动，一（皆）可以为法则”的“君子之学”。由孔子“君子求诸己”“为仁由己”等语看，为己之学，是以“反求诸己”的修养工夫为其精髓，这使得学与修身的关系比知更加密切。例如：

（一）好学者重精神、轻物质。“子曰：君子食无求饱，居无求安，敏于事而慎于言，就有道而正焉，可谓好学也已。”“食无求饱，居无求安”，与“终日不食，终夜不寝”“发愤忘食”，都是指精神奋进中的心灵状态。这种心灵状态，并不专属于求善者，求真、求美的科学家、艺术家，也同样可以达到，爱因斯坦就说过："我从未想到把舒适作为标的，因为建立在这种基础上的道德，是畜牲们的。"[①]"敏于事"，"敏"是勤快，"事"必是与道德实践有关的，在成德的过程中，单单精神奋进是不够的，还必须在言行中去考验。君子已是道德上有成者，为何仍要"就有道而正焉"？用吕坤（新吾）的话来说，那是因为"学必相讲而后明，讲必相直而后尽"[②]。

（二）学，纯就修养而言。"哀公问：'弟子孰为好学？'孔子对曰：'有颜回者好学，不迁怒，不贰过，不幸短命死矣。'""不迁怒，不贰过"，是好学的结果，孔子对哀公之问，有点答非所问，其所以有此偏离，或如王充所说，是由于"兼以攻上之短"[③]。

（三）博约并重，礼文兼修。"子曰：君子博学于文，约之（己）以礼，亦可以弗畔（背离）矣夫。""博学于文"，学的对象可广及诗、书、礼、乐及典章制度等所有历史知识；"约之以礼"，具体的工夫即"非礼勿视，非礼勿听，非礼勿言，非礼勿动"。二者的关系，当如钱穆先生所说："博学之，当约使归己，归于实践，见之行事。"二者齐头并进，由颜回自述"夫子循循

① 爱因斯坦：《我心目中的世界》（1931），见刘君灿译爱氏文集《人类存在的目的》，台北晨钟出版部，1972年，第8页。

② 吕坤：《呻吟语》卷二《问学》。

③ 黄晖：《论衡校释》，台湾商务印书馆，1969年，第409页。

然善诱人，博我以文，约我以礼”，可知此乃孔门教学定法[①]。

（四）善学者长善而救其失。“子曰：三人行，必有我师焉，择其善者而从之，其不善者而改之。”此与“见贤思齐焉，见不贤而内自省也”，“见善如不及，见不善如探汤”，皆孔子教人，在成德上，无时不可学，无处不可学，而其关键则在“内自省”。《礼记·学记》：“教也者，长善而救其失者也。”即承此言而发挥，殆谓惟善学者故能善教。

（五）为学过程就是成德过程。“子曰：吾十有五而志于学，三十而立，四十而不惑，五十而知天命，六十而耳顺，七十而从心所欲，不逾矩。”十五而志于学，依朱注，“学”指“大学之道”，也就是学做君子、学做圣贤的大人之学。当然，这些都是后来才有的观念，如此了解，或未必恰当，但由此章所说人格发展贯通起来看，孔子于少年时，就希望在道德上有所成就，这一点应无可疑。“三十而立”，在此之前，对成德的理想虽有所向往，但要到这一阶段，才真能坚定意向，勇往直前，迈向一条不可逆转的人生大道，达到“三军可夺帅也，匹夫不可夺志也”的境地。“四十而不惑”，“不惑”即无疑，此不可从外界世事与典籍内容方面去索解，因这方面要做到无疑惑是不可能的，而是说孔子到了这一阶段，尽管世事变幻无常，在主观上他已具备一定的应对之方，尽管典籍内容纷杂，在主观上他已

① 钱穆：《论语新解》，第 212 页。

形成一套定见。“五十而知天命”，就成德的历程而言，“知”应属证悟，“知天命”即证悟到天之所以命于我者，这命于我者，即“天生德于予”之“德”，到了这一阶段，孔子已达到使作为道德主体的内在之德与天德合一的境界。“六十而耳顺”，此语自古无善解，例如郑玄注“耳顺”：“闻其言而知其微旨。”依孔子的博学与智慧，怎么可能到这个阶段才具有这种洞察的能力？只有朱注“声入心通，无所违逆，知之之至，不思而得也”，最为近似。“耳顺”虽不能了解其确实的意义是什么，但必是属于个体的境界，因十五到七十，皆就个体的努力与精进而言。“七十而从（随）心所欲，不逾矩”，这当然已是理想中的圣人之境，在此之前，孔子从不以圣人自居，如“若圣与仁，则吾岂敢”，又如“君子道者三（指智、仁、勇），我无能焉”，这里又何以如此坦率？我想这整个成德历程的自白，他真正要传达给世人的信息，不过是“圣人可学而至”而已。

四、修身：成德的工夫

一开始我就说过，修身是孔学的命脉，所谓命脉，即道德生命之所系，是“士志于道”者入德之门。假如读《论语》、讲孔学，不能激发成德的意愿，不仅未能符合孔子原初的理想，即使在道德问题的理解上，总不免隔着一层。谈到成德的意愿，不要马上就联想到“成圣成贤”，那样会把许多人吓跑掉。孔子虽以君子为其道德的理想人格，但他教人的重点，是在如何经由修养工夫成为一个君子，这方面他几乎都是在庸（常）言庸行上立说，丝毫没有神秘主义的色彩，也就是说，这套修养工夫，人人可学可行。这种工夫，并不是成圣成贤才需要，做一个普通正常的人，也都有此需要。孔学在传统中国所以能产生广泛而又深远的影响，原因当然很多，但最重要的，是士人传统中不断出现身体力行的大小见证者，以及一部分的修养，已普及深入到一般百姓的言行之中。

以下是根据《论语》，把孔子有关修身的言论，分六点加以陈述：

（一）安贫

“子曰：士志于道，而耻恶衣恶食者，未足与议也。”“士志于道”是成德工夫的第一步，不跨出这一步，成德之事无从说起，既跨出这一步，就必须时时警惕，这是一条“谋道不谋食”的道路。在这条道路上，将不断受到生活的试炼，首先要下的工夫，就是要做到不役于物——这才是安贫的真实意涵。颜回居陋巷，仍不改其乐；子路衣敝缊袍，与衣狐貉者立而不耻。一介寒士在富贵人之前，而产生耻感，亦是人情之常，如人生追求的目标是在富贵，耻感也可化为上进的动力。子路之不耻，是因他以道为价值取向，这种理想主义的精神，使他有坚强的自信。有此自信，方能安贫。“子曰：贫而无怨难，富而无骄易。”“子贡曰：‘贫而无谄，富而无骄，何如？’子曰：‘可也，未若贫而乐〔道〕，富而好礼者也。’”由此可见，颜回的修养工夫，又比子路胜过一筹。他们两人都为安贫做了鲜活的见证，这一类的话语，没有见证，就没有力量。

（二）专心向善，持之以恒

“子曰：苟志于仁矣，无恶也。”“志于仁”与“志于道”应有区别，志于道盖指精神上有所向往，志于仁已在践仁的工夫之中。“无恶”，竹添光鸿《论语会笺》：“恶字兼心与事，无恶者，恶自然而消之谓也。”人在专心向善之时，“恶自然而消”，因心无二用。但人心是活动的，稍有怠慢，恶念又可能油然而起。因此，在工夫中，无恶是有时间性的，所以朱子说“若间断不志仁时，恶又生”。正因为恶念时长时消，修养工夫才显得重要。就工夫言，它的重要意义，不在妄想达到无恶之境，而是当恶念显现时，能善加控制，不使它产生恶行。孔子说：“好仁者，无以尚（上）之。”“好仁”比“志于仁”，在工夫上又进一层，依照“知之者不如好之者，好之者不如乐之者”的人生进境来看，志于仁大概仍是《中庸》所说“勉强而行之”的阶段，而“好仁”则达到“利而行之”的阶段，“乐仁”则属于“安而行之”了。在孔门中，只有颜回曾到达“乐仁”的境界，但也不过“三月不违仁”，由此可见，愈能持之以恒者，工夫也愈深。《中庸》所说“安而行”“利而行”“勉强而行”，至少在一种意义上，是指对恶念控制的难易而言，工夫越深，控制越易，在起头的阶段，必然很难。

（三）改过

犯过、改过，不论是凡夫还是圣贤，这是人人都有的经验，也是人人都无法避开的问题。孔子针对这个问题所发的言论，既具体可行，又亲切入微，这些道理不因其时代的古老，而丧失鲜活的意义。“过则勿惮改”，“过而不改，是谓过矣”，孔子这一类的话，经子贡的发挥，遂成为“君子之过也，如日月之食（蚀）焉：过也，人皆见之；更也，人皆仰之”。再经转化，于是形成一条流传民间的谚语：“人非圣贤，孰能无过，过而能改，善莫大焉。”这种文绉绉的话，在现代中国人的社会，似乎已不普遍，但“浪子回头金不换”，仍是一般人的口头禅。

有过当改，人人皆知，进一步的问题是，要如何去做呢？且看孔子下面这段话：“德之不修，学之不讲，闻义不能徙，不善不能改，是吾忧也。”后两句的正面意义可简化为“迁善改过”，人之所以不能迁善改过，是由于未能修德、讲学，因此，要迁善改过，就必须从修德、讲学上去下工夫。修德的内容，除了上文讲过的安贫、专心向善、持之以恒之外，还包括下面即将探讨的慎言、内省、谦恭等。至于讲学，当然是指与进德修业相关的学问。如此看来，孔子所谓的迁善改过，实不简单，它与成德工夫及过程是分不开的。

有一次卫国的大夫蘧伯玉派一位使者来拜访孔子，坐定之后，孔子问：“夫子（指蘧伯玉）何为？”使者答道：“夫子欲寡其过而未能也。”使者走了以后，孔子连声赞叹：“使乎！使乎！”孔子为何如此赞赏这位使者？依朱注，乃因“使者之言，愈自卑约，而其主之贤益彰，亦可谓深知君子之心，而善于词令者矣！”其主之贤何在？在“欲寡其过而未能”，也就是孔子所说“见善如不及”之义，“未能”是说常在戒慎恐惧之中，正说明改过是多么困难。知道困难，就会严正地对待，就有希望；不知道困难，就会沦入孔子所说“说（悦）而不绎，从而不改，吾末如之何也已矣”，就没有希望了。

（四）慎言

“言为心声”，“有德者必有言，有言者不必有德”。孔子所讲求的慎言，不只是言语的节制而已，它也是一种成德的工夫。“子曰：君子欲讷于言而敏于行。”“子曰：仁者，其言也讱。”“讷”“讱”皆慎言之义。君子、仁者都是在道德上有相当成就的人，这说明慎言在成德上是多么重要。

为何要如此注重慎言呢？“子曰：古者言之不出，耻躬之不逮也。”“子曰：其言之不怍，则为之也难。”“子曰：君子耻其言而过其行。”“古者”之“古”乃理想义，非时间义。“其言之不怍”，即俗语的“大言不惭”。孔子之所以注重慎言，是因他深知人的通病就是轻易出口（与“言之不出”相反）、轻易许诺，而实际上多半做不到，所谓“言不顾行”，这在道德上形成很严重的问题。那么，要如何才能做到慎言呢？依孔子，首先要“远佞人”，即疏远那些专以口舌之能炫耀于人者；其次，要随时检束自己的言行，不使放纵，即所谓“以约失之者，鲜矣”。颜回所说“无伐善，无施劳”，也是同样的意思。后来《大学》《中庸》相继提出慎独之说，认为“诚于中”而后“形于外”，这是做到慎言更彻底的工夫。

与慎言相反的，除“佞”之外，还有“巧言”、“言不及义”、“道听而涂说”，皆为孔子所深恶，因其对道德造成危害。其中最严重的是“佞人”，孔子对这种人也最为痛恶，所谓“恶利口之覆邦家者”。为何会如此严重？因“利口之人，以是为非，以非为是；以贤为不肖，以不肖为贤；人君苟悦而信之，则国家之覆也不难矣”[①]。在历史上，人君对佞人悦而信之的例子太多了，特别是每一个朝代的末期，这种现象就更反证出，慎言是多么严肃的课题！

（五）谦恭

人的品德，不见之于言，便见之于行，慎言是从言上下工夫，谦恭则是要从行上下工夫。在孔子的思想中，礼是行的重要规范，因此，谦恭与礼是分不开的，例如：（1）孔子称子产“其行己也恭”，恭是骄傲的反面，诸如不以自己享有富贵，而在人前骄傲，不以自己拥有才智，而在人前自高自大。[②]在行为上有此表现的人，我们说他知礼，所谓“恭近于礼”是也。（2）“子曰：奢则不孙（逊），俭则固。与其不孙也，宁固。”“奢”，

①《论语》朱熹集注引范氏语。

② 王熙元：《论语通释》，台湾学生书局，1988 年，第 234 页。

字面的意义指奢靡，用现代流行语加以引申，就是财大气粗，骄傲无礼，“不孙”即没有谦恭的美德。有人问孔子，管仲是否知礼。孔子答道：“邦君树塞门，管氏亦树塞门。邦君为两君之好，有反坫，管氏亦有反坫。管氏而知礼，孰不知礼？”孔子斥责管仲不知礼，是因他身为臣子，却与国君比“奢”，他辅助齐桓公拒夷狄、成霸业，虽立了大功，人品上却缺乏谦恭的美德。（3）“子贡方人。子曰：赐也贤乎哉？夫我则不暇。”“方人”即毁谤人，或出于恶意，或无中生有，谓之毁谤，是对人很无礼的行为，因此被孔子责备。针对这种缺点，孔子教人“躬自厚而薄责于人”，朱注：“责己厚，故身益修；责人薄，故人易从。”董仲舒说：“求诸己，谓之厚；求诸人，谓之薄。”[①] 都说明人要做到谦恭有礼，最重要的工夫，是随时反求诸己。

（六）内省

反求诸己，就是内省的活动。这个“己”，不只是形躯之我（肉身），同时也是道德自我，就是德的本身，现代儒学称之为道德主体。孔子自从证悟到“天生德于予”之“德”，这道德自我就在他生命中涌现——这是开创儒学最重要的一刻。这与生俱来的德，使开发道德的内在世界成为可能，这道德的内在世界，是一切成德工夫主要的活动天地。当人在言语上出了差错，行为上犯了过失，人会感到不安，不安就是这与生俱来的德起

①《春秋繁露·仁义法》。

了作用。当人想要纠正差错，改正过失时，这造成差错与过失的外在之我，遂与内在的道德自我发生沟通或对话的关系，这由外向内的心灵活动，就是反求诸己或内省的活动。

“孔子曰：见善如不及，见不善如探汤。吾见其人矣，吾闻其语矣。”“子曰：见贤思齐焉，见不贤而内自省也。”两次所言，意义相近，但“如探汤”只是避恶，“内自省”，朱注：“恐己亦有是恶。”必是内心先感到不安，然后才有此警惕。“子曰：已矣乎！吾未见能见其过而内自讼者也。”这不仅使内省有了具体的内容，也比上述“内自省”有更深一层的含义。人的习性，知人过易，见己过难，纵然自见其过了，也往往会用一些“理由”把自己的过失开脱掉。人如有勇气面对己过，决心承担，并对自己的过失痛加自责，这才是孔子“内自讼”的含义。在世风日下、道德沦亡的春秋末世，这样的人已难得一见，故发此慨叹。“樊迟从游于舞雩之下，曰：敢问崇德、修慝、辨惑。”关于“修慝”，孔子答道：“攻其（己）恶，无攻人之恶，非修慝与？”就成德工夫而言，这不但比“内自讼”又进一步，而且对工夫做了明确的指示，盖“内自讼”的结果，并不能保证从此便一心向善，仍有可能陷入孟子所说“梏之反覆”的境地，而“修慝”是直攻潜伏心中的恶念，已是成德的紧要工夫。在这里，孔子以“攻”解“修”，用词生动，这无异于说，修身有时候就是自己对自己的一场战争，所谓“天人交战”是也。

五、结语

若问：两千五百年前，孔子讲的这些修身的道理、修养的工夫，对20世纪末的现代人，是否仍有意义？答案虽是肯定的，但也不可不知，孔子在世之时，已一再叹息："吾未见好德如好色者也！"何况今日。20世纪工业化和全球性的市场经济大潮，促使人类肉体与欲望解放，已使所有的道德、宗教传统黯然失色，欲振乏力。工业化使人自我疏离，对生命冷漠；市场经济使人为达目的，不择手段。在这样的一个时代，要苏醒人的心灵，使它恢复与道德自我之间的沟通或对话，自不是件容易的事。

这方面的难题，自从人类有了道德意识的自觉就已存在，而且每一个时代，总有一些人为着道德的沦丧，而发出感叹，但人类的道德还是生生不息地延续下来，并未因道德沦丧而毁灭。其中原因可以说得很复杂、很深奥，我觉得美国心理学家葛登纳，用很浅显、很简单的话，便已道出其中部分的真相，他说："当有些人在他们生命的道德层面上，变得怠惰而伪善，另一些人却为道德之奋斗带来了新的意义与活力。"[①] 历史上的例子，已数不胜数，且看台湾眼前的一个例子。

近年来，国际佛光会中华总会，一直在推动一个名叫"把

---

① 葛登纳：《自我更新》，马毅志译，三山出版社，1972年，第153页。

心找回来”的运动。[①]为了吸引社会大众来共同参与，前天（1995年11月12日）在台北市政府前广场，以寓教于乐的方式举行园游会，向市民们宣导“清贫思想”。除园游会之外，该会还在各地举办系列演讲和净山活动。

据报道，主办单位所以要发起“把心找回来”的运动，是因当今台湾社会人心迷惘，无所适从。针对工业化和市场经济带来的负面影响，这可以说是一剂对症之药。值得注意的是，所谓“把心找回来”，岂不就是孟子所说“求放心”，以及自孔子以来，儒家一直强调的“反求诸己”的修身方法的现代版？现代版的“求放心”，还颇富创意地纳入“公益环保”“创意生活”“健康粗食”“音乐书坊”等理念，这正是为古老的精神传统，“带来了新的意义与活力”。

这个运动最令人耳目一新的观念，是向社会大众宣导一种“清贫思想”。所谓清贫思想，是指一种简单朴实的生活形态，不是鼓励人过贫穷生活，而是希望人过一种享有精神自由、不为物役的生活。[②]针对生活虽日渐富裕，生活品质却很低落的台湾社会，这观念真是意义非凡。简朴生活不但对人的健康有益，也是丰富精神生活，提高人的品质，应有的生活形态。在这里，孔子的安贫之道，不但不腐朽，经由新的诠释，又具有新的意义与活力。

---

①以下有关报道，见《中国时报》1995年11月13日第13版。

②清贫思想来自日人中野孝次《清贫思想》一书，此书由李永炽中译。

最后，有必要指出的是，孔子思想中的“知”与“学”的心智活动，由于受制于对道德问题的独特关怀，因此，对认知的独立性缺乏自觉，影响所及，使中国的思想传统中，始终未能发展出“为知识而知识”的知识独立的传统，形成中国文化的一大缺陷，也为20世纪儒学重建的努力，带来不小的困扰。

第八章　孔子论人

一、引言

在传统中国，历代帝王曾给孔子各种封号，如汉平帝封为“褒成宣尼公”，北魏称“文圣尼父”，唐玄宗封为“文宣王”，宋真宗封为“玄圣文宣王”，元武宗封为“大成至圣文宣王”，明世宗封为“至圣先师”，清世祖封为“大成至圣文宣先师”。到现代，最流行的称号，是清代康熙皇帝为孔庙大成殿所题的“万世师表”①，这一称号，比孟子所说“圣之时者”②，司马迁称颂之“至圣”③，都更为恰当，衡诸孔子的一生，这一称号，他是当之无愧的，因为他对后世的影响最为深远的，确实是在教育。

提到孔子的教育，除了他个人的“学不厌、教不倦”，和

① 以上参考孔德懋：《孔府内宅轶事》，传记文学出版社，1991 年；张岱年主编：《孔子大辞典》，上海辞书出版社，1993 年，第 15—17 页。

②《孟子 · 万章下》。

③《史记 · 孔子世家》。

“有教无类”的精神之外，最常被津津乐道的，就是他善用因材施教的方法。所谓因材施教[①]，即（一）不同的学生问相同的问题，孔子会因对象不同，而给予不同的答复，例如：“子路问：‘闻斯行诸？’子曰：‘有父兄在，如之何其闻斯行之？’冉有问：‘闻斯行诸？’子曰：‘闻斯行之。’”公西华在一旁，听到老师对同一问题回答不同，感到困惑，于是问是何原因。孔子说：“求也退，故进之。由也兼人，故退之。”冉求的上进心不足[②]，所以多给他一点鼓励；子路勇于任事，但不免鲁莽冒进，所以要给他一点压抑。（二）同一人在不同时间问相同的问题，而孔子回答不同，例如樊迟曾三次问仁，一次回答：“居处恭，执事敬，与人忠，虽之夷狄，不可弃也。”二次回答：“仁者先难而后获。”三次回答：“爱人。”问同而答异的原因，是仁的含义本来就很复杂，弟子从不同角度发问，孔子随机应答指点，使弟子能由不同情况的道德实践中，都体验到仁的意义。

从上面的例子，可见要使因材施教的方法运用自如，必须对施教对象的个性有所认识，同时能洞察对方内心的需求，以及当时的实际情境，因势利导，予以启发。要做到这一点，具备“观人、知人”的能力，是一大关键。无疑地，孔子这方面的能力颇为突出，他在日常的闲谈中对众弟子的评语，可以

---

① 下文因材施教的讨论，曾参考陈柏达：《佛陀与孔子教育思想的比较》，台北新文丰出版公司，1973 年，第 51—55 页。

② 例如：“冉求曰：‘非不说（悦）子之道，力不足也。’子曰：‘力不足者，中道而废。今女画。’”

为证：

（一）对颜回："吾与回言终日，不违，如愚。退而省其私，亦足以发，回也不愚。"孔子欣赏木讷的人，"不违，如愚"，正言其木讷。颜回虽外表木讷，领悟力却很高，不在孔子面前，私下与同门讨论时，很能阐发夫子之道。"不愚"与"回也，其心三月不违仁，其余则日月至焉而已矣"的评语之间，有很大的高低差距，钱穆先生认为"此章殆是颜子始从学于孔子，而孔子称之"[①]，相当可信。

（二）对子路："子曰：'道不行，乘桴浮于海，从我者，其由与？'子路闻之喜。子曰：'由也，好勇过我，无所取材。'"好勇本是一种美德，但好勇太过，"这种过分好勇的材质是没什么可取的"[②]。

（三）对子贡："子贡问曰：'赐也何如？'子曰：'女，器也。'曰：'何器也？'曰：'瑚琏也。'""瑚琏"乃三代宗庙中极珍贵的器皿，以此喻子贡，是称赞他如果从政将是廊庙之材。[③]

（四）对高柴、曾参、子张、子路："柴也愚，参也鲁，师也辟，由也喭。"辟同于"阘辟"之"辟"，言其志高言大；喭，言其鲁莽轻率。愚、鲁就资质而言；辟、喭就气质而言。

---

① 钱穆：《论语新解》，第 43 页。

② 王熙元：《论语通释》，第 214 页。

③《论语》里"器"字不同意义的分析，可参卞大齐《器字的三层意义》，见《孔子言论贯通集》，台湾商务印书馆，1992 年，第 136—139 页。

（五）对子路、子贡、冉求："由也果……赐也达……求也艺……"果，果断，孔子曾说子路"片言可以折狱"，即果断的表现。达，照孔子自己的解释是："夫达也者，质直而好义，察言而观色，虑以下人，在邦必达，在家必达。"这对子贡的品德、人际关系、从政的才能，都给予极高的评价。艺，子路问成人时，孔子回答，要成为"成人"，除具备臧武仲之知（智）、公绰之不欲（廉洁）、卞庄子之勇之外，还要有"冉求之艺"，可知冉求的上进心虽不足，才艺方面的表现，却获得孔子的赏识。

《论语》里，孔子对一些经常追随左右的弟子的评语很多，以上的几个例子，已足可证明他确有"观人、知人"之能，他对施教对象的禀赋、性向、优缺点，个个了若指掌，不具备这种条件，因材施教的方法，是无从施展的。在中国传统里，有"经师""人师"之分，《礼记·学记》说："记问之学，不足以为人师。"所谓"人师"，根据《韩诗外传》卷五的说法，须"智如泉源，行可以为表仪者"。孔子是中国史上第一位人师的典范，作为人师，"观人、知人"之能乃不可或缺的条件，正因为这个缘故，在孔子的影响下，"官人""品藻"成为一专门之学，并能在思想的大传统里占一席之地，也成为"士大夫之学"一个重要的组成部分[1]。

---

①清末陈澧曾提出"士大夫之学"与"博士之学"的分别，前者指"略观大意""存其大体"，后者指"专明一艺"。详见余英时：《曾国藩与"士大夫之学"》一文，收入《历史人物与文化危机》，东大图书公司，1995年。

二、观人之学

孔子既经常将“观人、知人”之能运用于施教，时日一久，经由不断自我反省，很自然地在这方面会发展出一些理论。这些理论散见于《论语》，稍加整理，可明显看出，他观人的特色，以及知人的目的，与他在道德问题上的独特关怀是分不开的。

（一）观人的标准

其一：“孔子曰：‘君子有九思：视思明，听思聪，色思温，貌思恭，言思忠，事思敬，疑思问，忿思难，见得思义。’”思，有的解为“考虑”，有的解作“思考”，皆不妥，应如钱穆先生所说，思乃“省察之功”[1]，方为贴切。“九思”具有双重的含义，一方面是君子在日常生活中，应随时做自我省察的九个重点，因修养工夫，凡适用于自我者，必然也适用于他人，所以另一方面，这九个重点，也是君子“观人、知人”可依恃的标准。孔子曾说过“察言而观色”，“九思”则表明，要对人有全面的了解，在察言观色之外，还要包括他的行事与为人，也就是说，内外动静都在观察的范围之内。

其二：“子贡问曰：‘乡人皆好之，何如？’子曰：‘未可也。’‘乡人皆恶之，何如？’子曰：‘未可也，不如乡人之善者

① 钱穆：《论语新解》，第579页。

好之，其不善者恶之。'" 在孔子，观人的善恶，有高低标之分，"唯仁者能好人，能恶人"。如此仁者，人间毕竟罕见，所以是高标的。"乡人之善者好之，其不善者恶之"，可视为善恶的一个判准，相对于上述的高标，它是属于低标的。高低是就可行度而言。对人做善恶的判断，自古就不是件容易的事，子贡所言"乡人皆好之""乡人皆恶之"，是一般俗众的判断，这当然是靠不住的，孔子所提的判准，在无法建立绝对客观标准的情况下，是比较可行的。

（二）观人的方法

其一："子曰：视其所以，观其所由，察其所安。人焉廋哉？人焉廋哉？"孔子在另一处也说过："始吾于人也，听其言而信其行；今吾于人也，听其言而观其行。"这也是观人的方法，不过只指出观人的重点。在这里，却更进一步指出，观人要如何着手的细节。首先要看他行事的动机或居心，因一般人的行事，很少是无所为而为的。其次要观察他用什么方式在行事，在人世间，虽然也有人行事光明磊落，但也有人为达目的，不择手段，由行事的方式，不难测知其人品的高下。要想全面地了解一个人，仅由其个别行事的动机和方式，还是不够的，所以最后，还要观察他平素的习行，因人可能一时隐藏他的动机，表现出伪善的行为，但在日常素行中，在不经意之间，人品的高下，会自然流露而无所遁形。孔子将"人焉廋哉"这句话又重复一次，表示他对如此深入精细的观人法充满自信。

其二："子曰：人之过也，各于其党。观过，斯知仁矣。"人所犯的过失，各有其不同的类别，如朱注引程子："君子常失于厚，小人常失于薄；君子过于爱，小人过于忍。"在日常生活里，我们也会观察到，人有有心之过，有无心之过；有的过失损人利己，有的过失既损人又不利己；有人犯过，内心会感到不安，有人犯过，却文过饰非。"观过，斯知仁矣。"从人所犯过失的类别，便可知其人德性之多寡和有无，此所谓观过知德，是从特殊定点上，来透视人的道德问题。

（三）智力等级与成德之难

在《论语》里，孔子曾三次谈到智力的等级问题，作为教育家，这是必然要面对的问题。孔子的教育，以成德为主，要了解这方面的言论，绝不可忽略这一点。"子曰：唯上知与下愚不移。"不移指不能改变，既不能改变，即说明"上知"与"下愚"即使人间真有其人，已与成德工夫无关，也不是教育的对象。孔子不可能无端端地冒出这句话来，很可能是与弟子讨论智力的高低与成德的难易问题，他要表述的重点应是：凡有志于道者——具有成德意愿者，既非上智，亦非下愚，只要在修养上肯下工夫，都有希望达到成德的理想，成为君子。当时记录的人，恐未能把握孔子表述的重点，断章取义，使它成为与成德不相干的一句话。

"子曰：中人以上，可以语上也；中人以下，不可以语上也。"既言"中人以上"和"中人以下"，则在"以上""以下"

之外，还有中等之人，已不言而喻。中人以上者，因其领悟力高，可告以高妙玄深的道理；中人以下，因其领悟力差，不可骤告以高妙玄深的道理，宜由浅入深，循序渐进。这是说，善教者必须照顾到受教者领悟的能力，及其所能接受的程度，才较能收到预期的效果，这也是因材施教方法的运用。这里所说的“中人以上”，不同于“上知”，“中人以下”，也不同于“下愚”，因这两种人才智虽有高下，但都是可教可变的。

“孔子曰：生而知之者，上也；学而知之者，次也；困而学之，又其次也；困而不学，民斯为下矣。”“生而知之”同于“上知”，“学而知之”或相当于“中人以上”，“困而学之”或相当于中人，“困而不学”却无法与“中人以下”相比附。可见“困而学”“困而不学”不只是智力问题，同时也是勤惰问题。“困而不学”应非指原则上不能学，而是指可学而不学，如加善导，仍可由不学转而可学，因此“民斯为下”之“下”，指“下等”而非“下愚”。下愚是不可改变的，既不可变，就不会产生“困”的问题，“困”，是必须在进德修业的历程中才会遭遇到的问题。

根据以上的讨论，我们有理由相信，孔子真正关心的，是智力高下与成德的难易问题。当孔子说“有能一日用其力于仁矣乎？我未见力不足者”，这同于“我欲仁，斯仁至矣”。其中皆已肯定了人有自由意志，人既有自由意志，所以原则上人之成德应没有“力不足”的问题。但事实上在成德过程中，人多半会如冉求向孔子吐露心声：“非不说（悦）子之道，力不足也。”“力不足”在这里应是指成德历程中必然会遇到的困境而言。在成德之路上，“学而知之者”绝少，“困而学之”者多一些，“困而不学”者占多数。根据这个了解，对孔子“我未见好仁者，恶不仁者”、“已矣乎！吾未见能见其过而内自讼者也”、“吾未见好德如好色者也”这一类的话，似可有另一番体认，即除了对客观现实的道德沦亡表示感叹之外，似亦透露出对个体上成德之难的洞察。当哀公问孔子“弟子孰为好学”时，孔子回答：“有颜回者好学，不迁怒，不贰过，不幸短命死矣，今也则亡（无），未闻好学者也。”不也说明成德是多么困难吗？

（四）乱德之人

孔子心目中的理想人格是君子，这是他深信经由博文约礼的教育过程，可以培养出来的人物。与此相对相反的人物，有小人、有乡原、有佞人，这三种人物，可统称为乱德之人。

先看小人。“子曰：君子成人之美，不成人之恶，小人反是。”小人在德行上与君子相反，是孔子分判小人与君子的主要思考方式，这方面的例子很多，例如：“君子求诸己，小人求诸人”、“君子坦荡荡，小人长戚戚”、“君子喻于义，小人喻于利”、“君子上达，小人下达”、“君子和而不同，小人同而不和”、“君子周而不比，小人比而不周”，等等。总结起来，就是德与不德的差别，一言以蔽之，即“未有小人而仁者也”，这是相当典型的二元价值观。除此之外，小人还有另一种特色：“子曰：色厉而内荏，譬诸小人，其犹穿窬之盗也与！”外表很严厉、很正经，内心却虚怯，这对小人中“鼠窃狗偷”之流的形容，十分传神。但也须知，内心虚怯，表示对自己的行径，多少仍有不安之感，不安表示仁心、良知尚未完全泯没。所以小人与乡原、佞人相比，绝不是最坏的人，小人不过是现实、势利，道德上不可取而已。

谈到小人，不能不提及孔子对女子的看法，因孔子曾将二者相提并论：“子曰：唯女子与小人为难养也，近之则不孙（逊），远之则怨。”唯，只有义。养，应如刘宝楠《论语正义》所说：“养，犹待也。”难养，即难对待。“近之则不孙，远之则怨”，与她（或他）亲近了则娇嗔无礼，与她（或他）疏远了则埋怨怀恨。我认为孔子在这里只是说了一句态度虽独断，但颇能洞彻人性的话。说它独断，因为在这种情况下有如此反应的，并不限于女子与小人；说它洞彻人性，因确能道出许多女子与小人人性很真实的一面。如有人指责孔子这句话不重视女权，那完全是不相干的。

再看乡原。“子曰：乡原，德之贼也。”原同愿，指忠厚善良，这种人因工于巧诈，窃取道德之名，故曰“德之贼”。因其工于巧诈，表面的忠厚善良，往往获得朴实乡人的称道，所以叫乡原。乡原是道德负面人物中的一种典型，是孔子观人之学中一个重大的发现，如果说小人已是乱德之人，那么乡原可说是乱德之尤。

孟子对孔子发现的乡原这种角色，做了极生动而又中肯的诠释：“阉然媚于世也者，是乡原也。……非之无举也，刺之无刺也；同乎流俗，合乎污世；居之似忠信，行之似廉洁；众皆悦之，自以为是；而不可与入尧、舜之道。故曰德之贼也。”[①]这段话把乡原之所以为乡原的特性、被人称道的原因，以及其以假乱真仍自鸣得意的形貌，都活生生地勾绘出来。“小人之过也必文”，有过则加以文饰，这是“伪”，而乡原可以把伪装发挥到最高段数，达到很难识破的地步，所谓“非之无举，刺之无刺”，所以他不只是“伪”，而是“似”——“似忠信”“似廉洁”，既“伪”又“似”的乡原，即正是吕坤（1536—1618）所说：“此小人之尤，而借君子之迹者也；此借君子之名，而济小人之私者也。”[②]因此，我们可以说，乡原是段数最高的小人。

再看佞人。有人告诉孔子：“雍也仁而不佞。”是说你的弟子冉雍，虽具有仁德，但没有口才。孔子答道：“焉用佞？御人以口给，屡憎于人。”意谓：哪里用得着口才呢？对付人专凭逞口舌之能，必定会被人厌恶。所以这里所说的佞，即指善逞口舌之能者。孔子斥责子路“是故恶夫佞者”之“佞”，意思相同。“子曰：恶紫之夺朱也，恶郑声之乱雅乐也，恶利口之覆邦家者。”“子曰：巧言乱德。”孟子说：“恶佞，恐其乱义也。”[③]可见所谓“利口”、所谓“巧言”，都是佞人具有的特色。为何利口足以覆邦家？“巧言乱德”的具体内涵又是什么？我觉得

①《孟子·尽心下》。

② 吕坤：《呻吟语》卷四《品藻》。

③《孟子·尽心下》。

刘向（前77—前6）的一段话，可提供明确的答案。刘向于《说苑·臣术》认为“人臣之行，有六正、六邪”，“亡国之臣”乃六邪之一，他所谓的亡国之臣，即司马迁《史记·佞幸列传》中所说“佞幸之臣”，他说：“谄言以邪，坠主不义，朋党比周，以蔽主明，入则辩言好辞，出则更复异其言语，使白黑无别，是非无间，伺候可推而因附，然使主恶布于境内，闻于四邻，如此者亡国之臣也。”佞人之恶，之所以远胜于小人、乡原，乃如司马迁所说，“非有材能，徒以婉佞贵幸，与上卧起”[1]。这种人专恃“利口”“巧言”，“善承意”而“媚上”，因而获得尊贵的地位和帝王的宠信，因时刻追随左右，甚至主宰了帝王的言行，国家焉能不亡！

三、人物评论

从孔子以道德意识为主的观人之学中，可以明显地看出，所有的人可以分为两大范畴，即德与不德，这一点在对君子、小人的判别中，尤其显著。基于人的思想在同一类的问题中，必有其内在统一性的了解，孔子对曾活跃于历史现实的人物的评论，也不可能外于理论上所分的两大范畴。孔子对人物的评论，虽然是道德判断，但他不是笼统地用抽象层次很高的君子小人的观念，去评论人物，而是根据其人的具体行为，再下不

①《史记·佞幸列传》。

同性质的道德判断，也就是说，即使是做道德判断，也不能不顾及人与事的特殊性。孔子评论人物虽注意到人与事的特殊性，但基本上他不是在做历史判断，与观人之学一样，他的人物评论，毋宁是为人格教育、社会教育服务的。他的评论方法，可称之为“二元价值观下的道德多层观”。以下引一些实例来加以说明。

（一）直与不直。“子曰：直哉史鱼！邦有道，如矢；邦无道，如矢。”“子曰：孰谓微生高直？或乞醯（醋）焉，乞诸其邻而与之。”史鱼，名鳅，字子鱼，春秋时卫国大夫。直，指其具有正直的德行，如依孔子“邦有道，危言危行；邦无道，危行言孙（逊）”的道理，这里所说的“邦无道，如矢”，应该有更加难能可贵的意思。据《韩诗外传》记载，史鱼临终前，向他的儿子说：“我数言蘧伯玉之贤，而不能进，弥子瑕不肖，而不能退。为人臣生不能进贤而退不肖，死不当治丧正堂，殡我于室足矣。”作者对此事的评语是：“生以身谏，死以尸谏，可谓直矣。”

微生高，鲁国人，以“直”闻名，孔子从一件小事上，看出他不过是一个喜取悦于人的乡原之流的人物，并不是传闻中能直道而行者。这正是孔子自己说过的“始吾于人也，听其言而信其行；今吾于人也，听其言而观其行”的一个实例。

（二）尚贤与不尚贤。“公叔文子之臣大夫僎，与文子同升诸公。子闻之，曰：可以为文矣。”“子曰：臧文仲其窃位者与！知柳下惠之贤而不与（举）立也。”尚贤是春秋时在位者重要德行之一，公叔文子，曾任卫国执政，据《礼记·檀弓下》，他执政时曾“修其班制，以与四邻交，卫国之社稷不辱”。死后，其子请赐谥号，卫君就其对国家的贡献谥为“文”。所谓“臣大夫僎”，是说僎这位贤能者，原本是公叔文子的家臣大夫，却因他的举荐，得与文子一同立于公朝，孔子称许他，就是因为他有举贤才的美德，谥为“文”可谓名实相副。

臧文仲的作为在这一点上恰与文子相反。他的祖父臧孙达（哀伯）在桓公、庄公时曾为鲁国执政，庄公十一年去世后，他遂继承卿位，历庄、闵、僖、文四君，居卿位六十七年[①]，明知柳下惠乃鲁国贤者，却不举荐他同立于公朝，孔子认为他无异“窃位”。身居要津，却未能为国家尽到举贤才的责任，故曰“窃位”。

（三）正与谲。“子曰：晋文公谲而不正，齐桓公正而不谲。”谲即不正，这是很典型的对历史人物做道德裁判，不知道孔子究竟根据什么做此褒贬，如是就“尊王攘夷”，则齐桓、晋文并无轩轾之分，何况实际上此不过是挟天子以令诸侯，实现霸业的口号而已。最可能的理由，应如杜正胜先生所说：“齐桓晋文之别在于异姓同姓之分而已，一维持宗法，一斩绝血缘以彻底破坏周人建国的政治伦理意识。”[②]如果真是这样，那么清

---

① 吕文郁：《周代采邑制度研究》，联经出版事业公司，1985年，第189页。

② 杜正胜：《周代城邦》，联经出版事业公司，1985年，第131页。

儒以为晋文能行权，不能守经，齐桓能守经，不能行权[①]，不但有历史根据，而且很有道理。孔子当然是一位文化保守主义者，这应该就是他褒贬的根据了。

（四）仁与不仁。“不仁”在这里不是指仁的反面，而是指孔子在对人的评价上，不轻易许人以仁，例一：“或曰：‘雍也仁而不佞。’子曰：‘焉用佞？御人以口给，屡憎于人。不知其仁，焉用佞。’”例二：“孟武伯问：‘子路仁乎？’子曰：‘不知也。’又问。子曰：‘由也，千乘之国，可使治其赋也，不知其仁也。’‘求也何如？’子曰：‘求也，千室之邑，百乘之家，可使为之宰也，不知其仁也。’‘赤也何如？’子曰：‘赤也，束带立于朝，可使与宾客言也，不知其仁也。’”例三：“子张问曰：‘令尹子文三仕为令尹，无喜色；三已之，无愠色；旧令尹之政，必以告新令尹。何如？’子曰：‘忠矣！’曰：‘仁矣乎？’曰：‘未知，焉得仁？’（子张又问：）‘崔子弑齐君，陈文子有马十乘，弃而违（离）之。至于他邦，则曰：“犹吾大夫崔子也。”违之。之一邦，则又曰：“犹吾大夫崔子也。”违之。何如？’子曰：‘清矣！’曰：‘仁矣乎？’曰：‘未知，焉得仁？’”

例一，雍，孔子弟子，姓冉名雍，字仲弓，虽出身微贱（所谓“犁牛之子”），但修德有成，为人“居敬而行简”，在孔门以德行著称。当有人向孔子说，冉雍这个人，虽有仁人的口碑，口才却不好时，孔子不同意他的看法，因从道德上看人，

① 钱穆：《论语新解》，第 482 页。

口才好不好是不相干的。同时孔子也不认为冉雍已达到“仁”的地步，盖如朱注所说：“仁道至大，非全体而不息者，不足以当之。”连孔子都不敢以仁自许，何况冉雍？

例二，孟武伯乃鲁之执政大夫，盖素闻孔子以仁教弟子，有一次向孔子询及子路、冉求、公西赤是否已是仁人。孔子一概回答“不知其仁也”。孔子虽以仁教弟子，但那是道德追求的理想，是终身努力的目标。在成就道德人格之外，人生活在现实社会，还应有谋生的专长，在孔门，谋生即出仕（所谓“干禄”）。孔子向孟武伯介绍了三位弟子各自的专长（子路善治军，公西赤善外交，冉求可以做一个称职的家臣），同时也告诉他，自己的教学，是理想与现实兼顾的。

例三，子张就楚上卿子文、齐大夫陈文子的具体行为问孔子，这二人是否称得上是仁人，孔子也就其具体行为，给予不同性质的道德评价。子文虽居上卿之位，但于出处进退之际，从无得失之心，且始终忠于职守，孔子许之以“忠”，而未许之以“仁”。陈文子正是一位孔子所谓“危邦不入，乱邦不居”者，孔子许之以“清”，亦未许之以“仁”。从这两段对话，可很清楚地看出，仁与一般的德行，不属于同一个层次，人在一般德行上可以不断有其成就，仁却是终身追求的目标——一个不可能充分完成的目标。

以上是三个不许人以仁的例子，下面再举三个许人以仁的例子：

首先是伯夷、叔齐，《论语》里有三次提到。“（子贡见孔子）曰：‘伯夷、叔齐何人也？’曰：‘古之贤人也。’曰：‘怨乎？’曰：‘求仁而得仁，又何怨？’”“子曰：伯夷、叔齐不念旧恶，怨是用希。”“子曰：不降其志，不辱其身，伯夷、叔齐与！”三条合起来看，只能使我们知道“求仁而得仁”的理由，却无法知道孔子许以仁的原因。据《史记·伯夷列传》，他们是殷商末年孤竹国国君的儿子，父亲生前欲立小儿子叔齐，父亲死后，叔齐愿让位给兄长伯夷，伯夷因父命不愿接受，就逃走了，叔齐也跟着逃走。两兄弟听说西伯昌（后来的周文王）对百姓不错，就去投奔。西伯死后，武王起兵伐纣，伯夷、叔齐叩马而谏，未能阻止。武王平殷后，兄弟二人，义不食周粟，遂饿死于首阳山。

根据以上《史记》所载，仅能证明孔子所说“不降其志，不辱其身”。至于为何能“不念旧恶，怨是用希”，又如何称得上“求仁而得仁”，原因仍不明。另据历史记载，武王打败纣王，纣退入朝歌，登鹿台自焚而死，武王朝纣尸射了三箭，并亲自割下纣王首级，悬挂在大白旗上。连自缢殉死的两位嬖妾，也同样挨了三箭，枭首悬于小白旗。[①] 假如伯夷、叔齐知道殷商被灭亡最后一幕的真相，能不怨吗？子贡问“怨乎”，已明显持怀疑态度，司马迁在叙说了伯夷、叔齐的身世之后说：“由此观之，怨耶？非耶？”对孔子之言，似亦有所保留。除非孔子另有所本，否则孔子只不过是借伯夷、叔齐塑造一个不恋权

① 杜正胜：《古代社会与国家》，第 232 页。

位、不念旧恶、义不食周粟的道德人格而已。假如前文我们对孔子不许人以仁的“仁”之意义了解不错的话，那么这里许伯夷、叔齐以仁，这两个仁的意义，绝不相同，也就是说，孔子许人以仁与不许人以仁，有不同的标准。如再追问何以有此不同，这里也不妨提一假说，即孔子有关仁的思想，是在不断发展之中，许人以仁时，对仁的境界体会尚浅，只要某一方面的行为符合仁，便称之为仁。后来逐渐体会到仁的境界，应该只是一种道德理想，在成仁的实践中，并无止境，当他的体会深入到这一层时，便不再许人以仁了。

其次是微子、箕子、比干。微子是商纣的庶兄，箕子、比干皆纣王叔父，三人皆因纣王无道，而屡次规谏，激怒了纣王，结果微子弃官逃亡，箕子下狱为奴，比干被剜心而死。“孔子曰：殷有三仁焉。”许三人以仁，是因他们有忧国忧民之心，正如上文所说“某一方面的行为符合仁”也。

最后是管仲。“子路曰：‘桓公杀公子纠，召忽死之，管仲不死。’曰：‘未仁乎？’子曰：‘桓公九合诸侯，不以兵车，管仲之力也。如其仁！如其仁！’”孔子的另一位弟子子贡，也向孔子提出与子路相同的问题：“管仲非仁者与？桓公杀公子纠，不能死，又相之。”孔子答道：“管仲相桓公，霸诸侯，一匡天下，民到于今受其赐。微管仲，吾其被（披）发左衽矣。岂若匹夫匹妇之为谅也，自经于沟渎而莫之知也”。

以上桓公与管仲的故事，据《左传》庄公八年（前686）、九年（前685）的记载，起因于齐国的内乱。先是因襄公在位，政令无常，襄公的庶弟小白的师傅鲍叔牙知乱事将作，就带着公子小白出奔到莒。而小白的庶兄公子纠的师傅管仲和召忽，护送公子纠逃往鲁国。襄公果被大夫连称、管至父搞政变所杀，襄公被杀后，政变者便拥立了襄公叔父夷仲年的儿子公孙无知，不久无知又被齐大夫雍禀所杀。鲁庄公趁齐国无君发兵攻齐，并送公子纠回齐为君，可是小白却抢先一步回国即位，是为桓公。鲍叔牙领军打败鲁国，杀了公子纠，召忽为效忠他也死了。管仲因与鲍叔牙友好，只请求把自己囚起来，回到齐国时，鲍叔牙就把他放了，并要求桓公任管仲为齐相。

依照当时贵族的道德标准，“召忽死之”，是被称许的，“管仲不死”，却引起子路、子贡的怀疑。可是在孔子看来，召忽之死，不过“若匹夫匹妇之为谅也”，管仲没有死，后来却为华夏立了大功。虽然为华夏立了大功，管仲其人，在道德上毕竟有许多缺点，生活既奢侈，又不守礼数，所以在道德的评价上，只说“如其仁”。“如其仁”应依陈大齐先生对《论语》中“如”字用法的分析，“只是似仁而已，尚未进入真仁的境域”[①]。

孔子对管仲其人，提出了德与不德的相反评价，这一方面可以看出，即使对人作道德裁判，也不能全凭主观而忽略事实；另一方面，孔子的道德判断，运用在管仲这样复杂的人物身上，显然遭到了一些困难。

---

①陈大齐：《孔子言论贯通集》卷头语，第5页。

四、理想人格——君子

在有关“人”的论题中，比观人之学、人物评论更重要的，是理想人格的塑造与培养，这是因为在观人与评论的工作中，必然预设着理想人格的存在，否则这种工作将无法进行。此外，儒学的研究者，几乎都承认，自孔子开始，儒家的基本精神就是道德的理想主义，道德理想主义如没有道德理想人格的培养与实践，它的精神将不能落实。

在《论语》里，代表理想人格的，除君子之外，还有仁者、贤者、圣人、善人、成人、大人。君子之所以最具代表性，不只是因为它出现次数最多（107 次），而是由于理想人格的内涵，绝大部分是就君子而言。[①] 因此，就这方面的言论加以讨论，就不难了解孔子心目中的理想人格究竟具备哪些特色。

（一）君子的理想

（1）“子曰：君子谋道不谋食。”（2）“子曰：君子去仁，恶乎成名？”（3）“子曰：‘君子道者三，我无能焉：仁者不忧，知者不惑，勇者不惧。’”引文（1）说明道是君子追求的理想，

① 有关孔子的理想人格或“君子”理想的探讨，下列诸文可参考：（1）陈大齐：《孔子学说》第七章《理想的人格》，正中书局，1981 年。（2）余英时：《儒家“君子”的理想》，见《中国思想传统的现代诠释》，联经出版事业公司，1987 年。（3）林义正：《论孔子的“君子”概念》，见《孔子学说探微》，东大图书股份有限公司，1987 年。（4）姚式川：《论语体认》第八章《君子、圣人、贤者、成人、善人、有恒者、士》，东大图书股份有限公司，1987 年。

而“君子道者三”，道的内容可包含仁、知（智）、勇，依孔子“仁者必有勇”，“未知，焉得仁”之说，又可知在仁的较低境界上，可与知、勇相对，在仁的高标准上，它是涵摄着知与勇的。因此，引文（2）之仁，应是就高标准而言，所以说君子离开了仁，就不成其为君子。就人生的大方向而言，君子所追求的理想是道，在实际的人生中，君子的理想是要实现仁。在实现的意义上，君子与仁者是不分的。

（二）君子的修养

（1）“司马牛问君子。子曰：君子不忧不惧。”（2）“子曰：质胜文则野，文胜质则史。文质彬彬，然后君子。”（3）“子曰：君子无终食之间违仁，造次必于是，颠沛必于是。”在广义上，所有修身的工夫，皆与培养君子有关，这里三条引文，是直接针对君子来说的。引文（1）是君子应有的态度；引文（2）是君子应有的气质；引文（3）是君子应有的工夫。至少做到这三点，才配称为君子。三者之中，又以修养工夫为根本，因不忧不惧的态度、文质彬彬的气质皆有赖于此。因三者在君子的人格中密不可分，所以由态度、气质也足以反映出修养工夫的深浅。

（三）君子的才能

“子曰：君子不器。”“子曰：君子病无能焉，不病人之不己知也。”“子曰：不患人之不己知，患其不能也。”“太宰问于子贡曰：‘夫子圣者与？何其多能也？’子贡曰：‘固天纵之将圣，又多能也。’子闻之，曰：‘太宰知我乎！吾少也贱，故多能鄙事。君子多乎哉？不多也。’”器之为物，都有特定的用途，既称“不器”，即表示不以此为限，所以“君子不器”，正表示君子之多能。[①]“君子病无能”“患其不能”的两“能”字，皆指君子之才能。“君子多乎哉，不多也”，是说君子的才能越多越好。

君子的修养，主要在修己。君子的理想是实现仁，既要实现仁，“修己”之外，还要“治人”。既要治人，单靠贤德是不够的，还要有足够的才能，后世所谓“选贤与能”，应即秉承孔子所塑君子的典范。“子谓子产有君子之道四焉：其行己也恭，其事上也敬，其养民也惠，其使民也义。”前二者有赖于修己之功，而“养民”要使人民得到实惠，“使民”要做到合乎时宜，都必须经由复杂的行政事务，没有相当的才能是做不好的。管仲在道德方面虽有缺憾，因他有建功立业的非凡才能，孔子因而给予他“如其仁！如其仁”的评价，由此也不难看出才能在孔子心目中所占的地位。

（四）君子的言与行

“子曰：君子欲讷于言而敏于行。”“子曰：君子耻其言而过其行。”“子曰：故君子名之必可言也，言之必可行也，君子于其言，无所苟而已矣。”这三则言论合起来看，孔子为君子的言

---

① 参考陈大齐：《孔子言论贯通集》卷头语，第138页。

与行，提供了三个准则：第一是少说多做；第二是谨言慎行；第三是言行一致。说得多，做得少，放言无忌，显然是一般人常犯的毛病，作为君子，绝不可再有这种缺点。一旦修德有成或修养工夫纯熟，这时候当奉行的言行准则不再是“讷于言”，而是为了弘道，“有德者必有言”了。此外，言行一致，固是君子应达到的理想，但孔子又提示：“言必信，行必果，硁硁然小人哉！”意谓并非所有的言都值得行、必须行，对言的内涵应有所辨别——这就要运用智。此言经刘宝楠《论语正义》引《孟子·离娄下》之言又加发挥，就更加清楚：“‘大人者，言不必信，行不必果，惟义所在。’明大人言行皆视乎义。义所在，则言必信，行必果。义所不在，则言不必信，行不必果。反是者为小人。”孟子所说的“大人”与君子相通，义者宜也，何者为宜，何者为不宜，因事、因时、因处境的不同而不同，这也要靠智来作抉择。由此可知君子的言行，单靠仁是不够的，还必须辅之以智，所谓“好仁不好学，其蔽也愚”。

（五）君子之处事

（1）“子曰：君子义以为质，礼以行之，孙以出之，信以成之。君子哉！”（2）“子曰：君子之于天下也，无适也，无莫也，义之与比。”（3）“子曰：君子成人之美，不成人之恶。小人反是。”引文（3）言君子处事的态度；引文（2）言君子处事的准则；引文（1）言君子处事，由其所守的准则，到事情完成的过程。君子之处事，仁义是最高的守则，就其在行事中扮演的角色而言，仁是行事的动力，义是行事的准则。义既是行事的准则，因此义对行事具有指导作用[1]，如孔子说“见利思义”“见得思义”“义然后取”等，可以为证。引文（2）“义之与比”，“比”，朱注：“从也。”整章的意思是：君子对天下事，既不拘泥于可，也不拘泥于不可，唯义是从。引文（1）的“义以为质”，与“义之与比”意义相同，也都是孟子所说的“唯义所在”之义。一涉及事，孔子必凸显义，因缺乏义的指导，行事必不能合乎道德。君子在行事过程中，所以能“礼以行之，孙以出之，信以成之”，每一步骤都能合乎道德，就是有义的指导作用所致。

（六）君子之为人

“子曰：君子泰而不骄。”“泰”即“君子坦荡荡”之“坦荡”，此言君子心胸坦荡而无骄态。“子曰：君子和而不同。”君子在感情上能与人和谐相处，在见解上不随便附和。“子曰：君子贞而不谅。”君子为人坚守大原则，不拘泥于小德、小信。“子曰：君子易事而难说（悦）也。”君子容易共事，难以取悦。“子曰：君子不以言举人，不以人废言。”君子不因人说得动听就抬举他，也不因其人品德不佳就断定他说的话一无可取。“子曰：人不知而不愠，不亦君子乎？”君子修德有成，却不为人

---

① 这方面的详细探讨，可看陈大齐：《孔子学说论集》，正中书局，1979年，第49—51页。

所知，不会因此而有怨意。“子曰：君子矜而不争，群而不党。”君子自重而不与人相争，合群而不与人结党。“子曰：‘君子有三畏：畏天命，畏大人，畏圣人之言。’”天命是道德的根源，大人是人格的典范，圣人之言是义理的权威，君子对此三者常怀敬畏之心。合起来看，君子在做人方面心胸坦荡、自信自重、坚守原则，与人相处和谐不争，不轻信但对人有同情的了解，对真正伟大的人有敬畏心。

五、结语

从西方哲学内容来看，孔子的思想不属于形而上学，也不属于知识论，而是属于价值论。在价值论方面，他对宗教价值比较忽视，对艺术价值有极浓的兴趣，对经济价值也相当重视，但在道德意识的笼罩之下，艺术价值仍只是辅助成德的工具，经济价值与道德价值相比，则属次要。孔子一生最大的关怀是与每个人息息相关的道德价值，更精确地说，他关怀的是如何成就道德人格。当我们说孔子是中国历史上第一个伟大的教育家时，应知他的教育特色是一种人格教育，一种富有人文素养的人格教育。

二十年前我就说过：“中国哲学在理论方面所能给予人的训练并不多，但由历代哲学家们的心血所成就的人格，这个目标，永远值得向往。精神分析学家佛洛姆[①]曾说过：‘人类心血最大的成品，乃是他自己的人格。’中国哲学史上所塑造的人格，也许并不完美，但的确是走的这条路子。”[②]这条路子的开创者，就是孔子。这种对道德价值的独特关怀，必须落实在教育上，孔子的观人之学以及人物评论，都是为了满足人格教育的需要，才发展出来的。其实，对受教者的个性、性向、禀赋、需要等多加了解，何止人格教育有此必要，知识教育又何能例外？健康合理的教育，应是在人格教育（当然，现代的人格教育不只是道德问题）的基础上发展知识教育，可收相辅相成之效。像今日我们的教育，不只是本末倒置，甚至完全忽视了人格教育，学校如工厂，学生像生产线上的产品，学校教育已不是助人成长、解决问题的场所，而是压抑成长、制造问题的大本营，这是教育严重的败坏与堕落。

孔子以君子为道德人格的理想，并非对一般人而言，而是对“志道”“弘道”之士而言。古代的士相当于今日知识分子的精英，其内涵或已有所不同，但基本格调并没有多大改变，君子应有的心胸坦荡、自信自重、坚守原则等为人之道，岂不仍是今日以社会中坚、社会良心自我期许者所应有？

孔子论人，如前文所说，基本上是建立在德（善）与不德

---

① 即 Erich Fromm，又译弗罗姆，20世纪美籍德裔哲学家、心理学家。——编者注

② 韦政通编著：《中国哲学辞典》，大林出版社，1981年，第4页。

（恶）的二元价值观上，且不提美国日裔早川博士于《语言与人生》所说二元价值观与战斗的关系，以及它在政治运用上的可怕后果。[①] 举一个我们周边的例子。1978 年唐君毅先生于香港去世，唐氏的友人在悼文中对唐先生本人和所谓“新亚精神”有所批评，唐门弟子认为是诽谤，于是群起挞伐。余英时先生在《有感于“悼唐”风波》一文中说：“我还是把双方的对抗，主要看成是角色的冲突、观点的冲突，我看不出有充足的理由，一定要把它解释为道德上的邪正之分、君子与小人之别。冲突之事，社会上无处无之，再小的团体也不能例外。有的冲突来自理想的殊异，有的出乎利害之不易调和，有的则起于工作本位的不同……不幸在中国的传统中，一旦形成任何对立，双方（或多方）总是要把它加以道德化，使己方代表正义，而将对方在道德上判处死刑。”[②] 这种将“争执加以绝对地道德化”的现象，与孔子论人所持的二元价值观，似有相当的关系。

① 见早川《语言与人生》第十三章《二元价值观点》，柳之元译，淡江书局，1960 年。

② 牟宗三、徐讦等著：《唐君毅怀念集》，牧童出版社，1978 年，第 211—212 页。

第九章　孔子的教育

一、引言

在前一章曾说过，“万世师表”这一称号，孔子是当之无愧的。这一章将进一步提出充分的证据，证明孔子之获得此一尊号，可谓实至名归，而非浪得虚名。

作为中国自有生民以来最伟大的教育家，他的确为自己创造了无与伦比的条件：学问方面，在他以前的历史上和他同时代的人物中，似没有人比他更博学多能。他的思想像一座巨型的蓄水库[①]，以前的都一一流入其中，经过他的创造性的诠释，赋予新的生命与意义，呈现出有条理、有统绪的新面貌；以后的思想，不论是赞成或反对，到百家争鸣的战国时代，已居于思想史的中心地位。人格方面，孔子不但很清楚自己并非圣人，

① 我在《中国思想史》中，亦曾以巨型蓄水库比喻朱熹的思想。中国思想史上，在承先启后方面，我想只有朱熹可与孔子比拟。

甚至不自许为君子[1]，因现实的人生中没有圣人，最高标的君子，也只是孔子心目中的理想人格。大凡在道德上自认为很伟大的，就不可能真正伟大。孔子对自我的了解，很真诚、很诚实，这本身就已反映出他人格可贵的一面。我相信在儒家传统中，单在修身方面，工夫比孔子更纯熟的人是有的，但同时在修养之外，思想上具有创造性的突破，对人世间又怀有永不衰竭的热情，对教育又能产生极为深远影响的，除了朱熹（1130—1200），很难有可与孔子匹比的人物。

孔子“通古今之变”的学问，使他开创的教育，成为文化自身演进的一个久远的历程，在这历程中，世世代代的文化人、知识人的心灵，获得文化泉源的滋润，受到文化智慧的撞击。由于孔子人格上的杰出成就，中国才产生了相当独特的尊师重道的传统，中国文化能源远流长，至今仍保有相当活力，原因很多，尊师重道的传统，应是重要的原因之一。清末以来，非儒反孔曾形成一股新潮，但无人能否认孔子作为伟大教育家这一身份。

以下将从四方面来探讨孔子的教育：（一）教育的理想与特色。（二）教育的目标与内容。（三）教育的方法与态度。（四）师生之间。其中教育理想、教育方法与态度，至今仍堪称

①《论语·述而》：“若圣与仁，则吾岂敢？”又：“文，莫吾犹人也，躬行君子，则吾未之有得。”

伟大典范。目标与内容和今日的教育距离很远，假如我们有一天还想振兴人文教育，还是有值得参考的价值。至于孔门那种互敬互爱、真挚、无私、情深、亲密无间的师生关系，至今仍令人感动向往。[①]

二、教育的理想与特色

教育的理想，是指孔子所说的“有教无类”，意思是说，人不论贵贱、贫富、智愚、善恶，都是教育的对象。不要说那还是春秋末的封建时代，即使在今天，仍不能不承认，在教育上，这仍是一非常伟大的观念，它代表崇高的理想，在现实上没有人可以百分之一百做到，孔子也不能。例如：“孺悲欲见孔子，孔子辞以疾，将命者（传话人）出户，取瑟而歌，使之闻之。”《礼记·杂记下》：“恤由之丧，哀公使孺悲之孔子学士丧礼，士丧礼于是乎书。”一次是不见，一次不仅见了，且教以士丧之礼，刘宝楠《论语正义》认为“此‘欲见’是始来见，尚未受学时也”，这个推想很合理。至于为何初次不愿接见，朱注以为“当是时，必有以得罪者，故辞以疾”。这未免把孔子说得太小气。既然不见也就罢了，就在这时，还“取瑟而歌”，故意要孺悲知道，“辞以疾”不过是托词，这就有点戏弄对方的意味，以

① 姚式川：《论语体认》，东大图书股份有限公司，1993 年，第 346 页。

孔子活泼的性格，这并非不可能，一定要向孟子“教亦多术矣，予不屑之教诲也者，是亦教诲之而已矣”[①]去联想，实大可不必。不见的原因，不管你怎么说，不见是事实，这事实说明，“有教无类”的理想，孔子有时候也做不到的，做不到是现实层中之事，与理想层并不矛盾。“子曰：自行束脩以上，吾未尝无诲焉。”这应也只是孔子怀抱的理想。“束脩”，有人解作“行为上有所约束修整”[②]，这显然与“有教无类”的理想相矛盾，应该还是照传统的讲法（皇疏、邢疏、朱注），指十条干肉，一份拜师的薄礼。

尽管孔子怀抱着“有教无类”的理想，在实际施教过程中，所遭遇的困难是很多的：“子曰：饱食终日，无所用心，难矣哉！”“子曰：群居终日，言不及义，好行小慧，难矣哉！”这些话，孔子必有感而发，感发的对象，最可能的是指孔门中某些弟子。宰予昼寝，曾被孔子痛斥，不难想见，小人闲居、不务正业的现象，在孔子的追随者中，偶尔是会有的。在现代人的生活中，有时候“饱食终日，无所用心”是休闲，短暂的“群居终日，言不及义”合乎心理卫生，若经常如此，仍会遭到非议。孔子一生，自我期许极高，自我要求极严，有意无意间会以不厌不倦的标准要求施教的对象，因此对上述现象，不免有所感叹。以上两则言论，对前者所谓“难矣哉”，刘宝楠《论

①《孟子·告子下》。

② 王熙元：《论语通释》，第 339 页。

语正义》认为“难者，言难以成德也”。日人竹添光鸿《论语会笺》认为“难矣哉者，言难以免祸殃也”。对后者所谓“难矣哉”，郑玄注：“言终无成。”朱注：“言其无以入德，而将有患害也。”其实，在这种地方，毋须再明讲，给听的对方和读者多保留一些想象的空间，方显此语之妙用。

“子曰：狂而不直，侗而不愿，悾悾而不信，吾不知之矣。”志大言大而不走正道，中人以下的资质而不守本分，没有什么学识的鄙夫而又不老实，这三种人，孔子也感到无计可施。反过来说，狂而直，侗而愿，悾悾而信，这三种人，虽平庸，虽有缺点，但还是可教的。这可能是孔子心目中选择弟子的最低标准。来者不拒的理想虽好，事实上是很难做到的。

“子曰：法语之言，能无从乎？改之为贵。巽与之言，能无说乎？绎之为贵。说而不绎，从而不改，吾末如之何也已矣！”“法语之言”，合乎礼法规劝的话。“巽与之言”，出于和缓期许的话。说，喜悦，指内心的共鸣与回应。绎，省思。主要意思是说，当你犯了过失，师友不但以正言相劝，而且态度和缓，使你可感受到对方的苦心和善意，在当下的反应中，你也觉得应当听从，并且很受感动，但事后并未对自己所犯之过，作深切的省思，结果什么也没有改变。孔子对这种人也莫可奈何。为何说得如此严重？因这是进德修业的关键时刻，在这时刻，如仍无法促其内心的省思与真诚的悔改，很可能流于孟子所说的“梏之反覆”的悲惨境地。“子曰：不曰‘如之何、如之何’者，吾末如之何也已矣！”正说明“说而不绎，从而不改”

的原因。这两则言论，应该不是孔子一人在独白，而可能出现于与弟子同一次的对话之中，后一则重言“吾末如之何也已矣”是加重语，具警策作用，盖是这场对话的终结。

“子曰：不愤不启，不悱不发。举一隅不以三隅反，则不复也。”朱注：“愤者，心求通而未得之意。悱者，口欲言而未能之貌。”这是说，受教者如有两种情况，孔子就不愿再教他，一是不能自动自发，一是不能举一反三。自动自发还比较容易，要做到举一反三，不学习到相当程度是不可能的。在孔子门下，只有颜回能“闻一以知十”，以子贡之才，也不过“闻一以知二”。不难想见，这是孔子勉励弟子们，在进德修业上要不断有所进境，多多自我鞭策，突破困境，提升智力，不能停顿在毫无反应的被动受教上，这样才能达到教学的效果。这大概是孔子眼看一群弟子虽追随日久，却没有多少进步，因而有感而发，非对初学者而言。

以上的讨论，当然不是为了证明“有教无类”这一理想的虚幻性，而是针对那些以为孔子在实际施教中已完全做到“有教无类”的说法。孔子在某种程度上实现了此一理想，确是事实，但另一方面，他在施教过程中，确实遭遇不少困难与挫折，甚至因此发牢骚，深感自己的理想并不是那么容易贯彻下去。

下面继续探讨教育的特色。孔子教育的目标与内容、方法与态度，皆有其特色，这里要探讨的，是属于理念层的特色，乃全盘教育思想的预设。

（一）重德。“子曰：志于道，据于德，依于仁，游于艺。”

道、德、仁，不仅是孔学的基本观念，也是最重要的观念。艺指六艺，艺而可游，言学习六艺的目的，不只是为了才艺，而是借以养德，所谓“射不主皮”是也。孔子将这些重量级的观念集中表达，应是为了凸显他的基本教育理念：“志于道”，受教者首要是确立道德理想主义的人生路向；“据于德”，道德教育的成效有赖于时时据守其德而不失；“依于仁”，施教者不能有违于仁爱之心。这三点是孔子重德教育的基石，缺一不可。“游于艺”，则是孔子重德教育的内容与实践。

（二）重质。“子曰：先进于礼乐，野人也；后进于礼乐，君子也。如用之，则吾从先进。”这一则言论，历来的理解，颇多不同，甚至有扯上三王、五帝，殷、周两朝的。我认为钱穆先生《论语新解》的理解最近原义：“先进后进，犹言前辈后辈（此依朱注），皆指孔子弟子（此从刘宝楠《论语正义》）。先进如颜、闵、仲弓、子路，下章前三科诸人。后进如下章后一科，子游、子夏。”野人与君子相对而言，原指被统治者与在位者，在这里，野人指质胜于文者，君子指文胜于质者。如用礼乐于施教之中，质胜文的前一辈，优于文胜质的后一辈。为什么？因孔子一向欣赏木讷之人，且认为木讷近仁，则朴实淳素之野人，在孔子心目中亦必近仁者，这种人在学习礼乐时，较能显现礼乐的真精神，不致流为虚文。

（三）重后天学习。“子曰：性相近也，习相远也”。徐复观先生在《中国人性论史》中，不同意程子、朱熹把“性相近”之“性”解为“气质之性”，因此费大气力分疏《论语》里两个

“性”字（另一性字见“性与天道”），结论是“性相近的‘性’，只能是善，而不能是恶的”[①]。我不认为他解决了这个问题。如一定要给“性相近”一个解释，这个“性”字理解为“气质之性”，还是比较站得住的。这一则言论的重点不在“性”字上，而是在“习”字上，不论人的本性如何，成德与否的关键是在后天的学习。后天的学习，非就“上智”言，亦非就“下愚”言，而是专就中间一级的人立论，因为“中间一级的人，原是可善可恶的，其或移于善或移于恶的主要决定权，操之于习。习，即是接受环境的影响而为其所熏陶，包括现代所说的家庭教育、学校教育、社会教育，乃至一切力能影响人格的事情。所以就一般人而论，教育不但有效，其效能且甚强大”[②]。陈大齐先生对“习”的诠释，把握到这一章的重点，应该就是孔子所要宣示的意义。

三、教育的目标与内容

孔子的教育目标，至少希望培养三种人才，这三种人才恰分三个等级：

第一种人才，在“修己”方面要达到君子的标准，除此之

---

①徐复观：《中国人性论史（先秦篇）》，台中东海大学出版社，1963年，第89页。

②陈大齐：《孔子学说》，正中书局，1981年，第278页。

外，一旦有机会出仕——“治人”方面，在朝廷能以“大臣”自我期许，在社会须对人伦秩序有所建树。“季子然问：‘仲由、冉求可谓大臣与？’子曰：‘吾以子为异之问，曾由与求之问。所谓大臣者，以道事君，不可则止。今由与求也，可谓具臣矣。’曰：‘然则从之者与？’子曰：‘弑父与君，亦不从也。’”季子然乃季氏子弟，孔子之世，季氏在鲁国擅权，盖因弟子子路、冉求正为季氏之臣，故有此问。在孔子心目中，这两位弟子在季氏那里不过是个“干禄”的家臣，怎么谈得上“大臣”？所以答道：我以为你问的是别人，在这个问题上，你怎么会想到子路、冉求呀！然后告诉他：所谓大臣，必须遵仁义之道事奉国君，如国君不能尊重这个大原则，便不能共事，必须离去，绝不为一己的名利而恋栈。既要以道事君，这样的大臣，在修养上必已是有道的君子。季子然听了孔子的话，必定又问：子路、冉求既不配做大臣，那又算什么呢？孔子说，他们只能称作“具臣”。具臣，孔安国注：“言备臣数而已。”这种角色备位充数，成不了大事。季子然又问：既然是这样的角色，是不是凡事都顺从主子的意思呢？孔子回答：像弑父弑君这样的事，他们也是不会顺从的。言下之意，除了这种灭绝伦常的事，其余大部分是要顺从的。

如问：孔门有没有这第一等的人才呢？“子谓颜渊曰：用之则行，舍之则藏，惟我与尔有是夫！”“用之则行”，当然是行道。如能被朝廷任用，便能行道于世，如不被朝廷任用，便退而修其身，正如孟子所说的“达则兼善天下，穷则独善其身”，孔子认为能做到这一地步的，只有他与颜回。颜回虽有大臣之才，并没有用世的机会。

第二种人才，是修德有成者。孔门四科中，属于“德行”者，除颜回外，还有闵子骞、冉伯牛、仲弓。颜回既未曾用世，仍只能算是第二种人才。“哀公问：‘弟子孰为好学？’孔子对曰：‘有颜回者好学，不迁怒，不贰过。’”“子曰：回也，其心三月不违仁，其余则日月至焉而已矣。”孔子如此称赞他，说明颜回在道德修养上，确已到达很高境界。他所以能到达如此境界，是因为他能做到心神专一，学而不厌，身体力行，自强不息，所谓“语之而不惰者，其回也与”，“吾见其进也，未见其止也”。

就《论语》看，孔子直接称许闵子骞的德行只有一次：“子曰：孝哉闵子骞！人不间于其父母昆弟之言。”“不间”，无异议。孝行，要获得外人的称赞，或许比较容易，因外人所知道的信息，总不免是片面的。家人天天生活在一起，要获得赞许，就很难。[①] 闵子骞的孝行，不但父母兄弟称赞，当地的人也无异议，这就难上加难。至于孝行的内容，依《论语》，他必须要做到“事父母，能竭其力”，“三年无改于父之道”，“无违”，“父母唯其疾之忧”，不仅能养，而且要敬，“色难”，“父母在，不远游，游必有方”，等等。闵子骞的孝行，能得到孔子的赞美，

① 当然，也有相反的情形，如父母容易知足，有凡事感恩的习惯，这样获得父母的称道，就比获得外人的称道容易。

这些纵然不能全部做到，想必大部分已做到了。

“季氏使闵子骞为费宰，闵子骞曰：善为我辞焉，如有复我者，则吾必在汶上矣。”“汶上”，汶水大部分属于齐境，《诗·齐风·载驱》有“汶水滔滔”之语，汶上指齐境[①]。鲁国执政季桓子使人请闵子骞出任费（季氏采邑）这个地方的邑宰，他不愿意去，他告诉来使，如再来召我，我就要出走到齐国。闵子骞所以不愿就邑宰，司马迁说是因“不仕大夫，不食污君之禄”[②]。可信，也符合“德行”的标准。

冉伯牛，虽属于“德行”之科，《论语》里并没有有关他任何德行的记录。孟子说：“子夏、子游、子张皆有圣人之一体；冉牛、闵子、颜渊则具体而微。”[③]就伯牛而言，不知有何根据，或仅是根据《论语》四科之分的想象之辞。关于伯牛，《论语》只留下一条记录：“伯牛有疾，子问之，自牖执其手，曰：亡之，命矣夫！斯人也而有斯疾也！斯人也而有斯疾也！”由孔子的话语中，虽看不出伯牛有何德行，但很明显他是孔子很器重、很爱惜的弟子。

仲弓，姓冉名雍，孔子曾认为他在政治上是有大才干的人，所谓“雍也可使南面”。《论语》里其他有关仲弓的记载，也多半与此相关。孔子提到他虽出身微贱（“犁牛之子”），却是有用

---

① 张其昀：《孔子新传》，第 7 页。

②《史记·仲尼弟子列传》。

③《孟子·公孙丑上》。

之才。仲弓为季氏宰时，曾向孔子请教为政之道。他向孔子问仁，孔子的回答是行仁之道。当仲弓问及子桑伯子其人时，师生之间的对话，表现出仲弓对政务有他自己的见解。唯一一条与德行直接有关的记载是这样的：“或曰：‘雍也仁而不佞。’子曰：‘焉用佞？御人以口给，屡憎于人。不知其仁，焉用佞？’”大概是在季氏宰任上，仲弓能以仁行政，故有仁声，但孔子并未许之以仁。

第三种人才，是出仕为家臣、邑宰，如子夏所说“学而优则仕”，如学有所成，又有余力，则可出仕，如此不但增加历练，且可发挥长才。弟子如愿朝这方面去发展，孔子是赞同的。当孟武伯（孟懿子之子）问孔子，子路、冉求、公西华（姓公西，名赤，字子华）三位弟子有何才能时，孔子回答：“由也，千乘之国，可使治其赋也……求也，千乘之邑，百乘之家，可使为之宰也……赤也，束带立于朝，可使与宾客言也……”除公西华长于外交外，对子路、冉求，孔子所言正是说他们两人都有家臣、邑宰之才。

在孔子的教育目标中，这虽是第三等人才，但也需要允文允武，受六艺之教：“通礼乐以相赞诸侯贵族，精射御以争战防卫，习书数以营理贵族之家或庄园。”[1] 贵族的家或采邑，其规模犹如小国，一位称职的家臣，“不但博学多闻，善谋能断，而且

① 杜正胜：《周代城邦》自序，第 10 页。

骁勇善战”[①]，绝非泛泛之辈。孔门弟子中曾为家臣、邑宰者，除前文提过子路、仲弓为季氏宰外，冉求、宰我亦尝为季氏宰，子游为武城宰，子羔为卫大夫孔悝之宰，宓不齐为单父宰，子夏为莒父宰，据《论语》，原宪也做过宰，依包咸注，“孔子为鲁司寇，以原宪为家邑宰”。子路除为季氏宰，还做过孔悝之宰。

孔子教育的目标虽可分三种，教育的内容则一视同仁，并无等级的差别。司马迁说：“孔子以诗、书、礼、乐教，弟子盖三千焉，身通六艺者七十有二人。”[②]说“孔子以诗、书、礼、乐教”是对的。至于“身通六艺”，今传的《论语》并没有充分证据支持这个说法。虽然如此，并不表示这个说法是错的。这是因为六艺之教并非始于孔子，它本是传统贵族子弟的基本教养，一般非贵族的才智之士，如要从政，自然也要具备这些教养。在孔门之中，六艺之教，大概只能相当于今日我们的通才教育，是一般性的，止于这种教育只能培养家臣、邑宰。而孔子教育的主要目标，如前文所说，是第一、第二种人才，是要为新兴的知识阶层培养一批以崇德为主，以修身为本，富有新士人精神的知识分子。为了达成这一目标，孔子的教学内容，必须对六艺之教有所突破。

“子以四教：文、行、忠、信。”文，是指包括《诗》《书》

① 杜正胜：《周代城邦》，第151页。

②《史记·孔子世家》。

在内的历代传下来的文献，这是属于知识的范围，但在孔子心目中，并没有独立于道德之外的纯知识问题，鸟、兽、草、木、虫、鱼本是知识的对象，在孔子则可成为感通的有情对象；山、水也是知识的对象，在孔子则取譬为有德者。在孔子的人格世界里，知识只能是手段，它是为成德服务的。

文在行之先，一般学习的顺序大抵如此，古人大概也不例外，这与孔子所说“弟子入则孝，出则弟，谨而信，泛爱众，而亲仁。行有余力，则以学文”，似乎矛盾。此盖是针对那些偏重文献学习，而较忽略德行者而言，所以强调行与文乃是一种本末的关系，与上文弟子传述的情况有异，因此并不矛盾。

此处以忠、信，与文、行并列，试问忠、信与行有何差别？有人以为“忠信，人之心性，为立行之本”[①]，也有人以为“忠与信则是心性的修养、言语的训练，都是关于个人的品性”[②]。《论语》里多次提到“忠信”，似无就心性而言者。陈大齐先生则认为“子以四教”一语，根本上有其语病。“文、行、忠、信”，不能分为四事，只可分为二事。“子张问行。子曰：言忠行，行笃敬，虽蛮貊之邦行矣。言不忠信，行不笃敬，虽州里行乎哉！”子张所问的是行，而孔子的答语中，兼举“言忠信”与“言不忠信”，可见孔子心目中，本以“言忠信”为德行的一端，未尝把忠信置诸德行之外，故亦可见孔子所教的行

① 钱穆：《论语新解》，第246页。

② 王熙元：《论语通释》，第381页。

必包含忠与信。[①] 我觉得陈氏的理解较可取。

文，包括诗、书、礼、乐。说孔子以诗、书、礼、乐教人，《论语》完全可以证实。于前文第二章《传统与孔子》，讨论到孔子与经典传统的关系时，已有详细引证，在此不必重复。根据我的讨论，还可以知道，孔子为了达成他教育的目标，他所教的传统经典，并非完全照本宣讲，而是经由创造性的诠释，以满足他教育目标的需要。

孔子的教育目标，主要在培养君子。足以代表培养君子教学纲要的，是孔子自己所说的："君子博学于文，约之以礼，亦可以弗畔（叛）矣夫。"孔子对传统经典有他自己的创见，但弟子们在学习的过程中，不能只学孔子的创见，为了厚根自己的学养，"博学于文"仍是必经之路，所谓"君子多乎哉，不多也"。孔子如没有丰富的学养，创见何能凭空而来？就成德而言，博文究竟只是手段，它对成德有辅助之功，毕竟还不是成德切要的工夫。成德的切要工夫是"约之以礼"，"约之以礼"与孔子回答颜回问仁时所说的"克己复礼"的意义似相同，具体的工夫，就是"非礼勿视，非礼勿听，非礼勿言，非礼勿动"。这里的"礼"，与六艺中的"礼"不同，六艺的"礼"如前文所说，是为"相赞诸侯贵族"，是一种外在的仪式，"约之以礼"的"礼"是修身切要的工夫，是仁的实践。颜回在回想他追随孔子学习的经验时说："夫子循循然善诱人，博我以文，

① 陈大齐：《孔子学说》，正中书局，1981 年，第 293 页。

约我以礼。”这段话不但是孔子教学纲要的一次重要的印证，也说明这个纲要不是纸上谈兵，是可以收到具体成效的。颜回的道德实践能达到“三月不违仁”的境界，必然就是靠着这种“博约并进，礼文兼修”锲而不舍的工夫。

四、教育的方法与态度

根据以上对孔子教育的特色，以及教育的目标与内容的了解，孔子主要的教育方法，就是成德之教：为学的目的是在做人，做人之道亦通于为学，在这里，不可能有所谓价值中立的问题。以下分三点来探讨。

（一）学思并重

“子曰：学而不思则罔，思而不学则殆。”皇侃疏：“夫学问之法，既得其文，又宜精思其义，若唯学旧文而不思义，则临用行之时，罔罔然无所知也。……又若不广学旧文，而唯专意而独思，则精神疲殆，而于所业无功也。”此解虽说得通，但不免是以后人治学的经验加于孔子，孔子本意未必如此。又朱注：“不求诸心，故昏而无得；不习其事，故危而不安。”此解殆最合孔子本意，但未能和盘托出，使今日一般读者仍难免“昏而无得”。

首先要知道，除童稚之外，在一般学习及治学经验中，完全“学而不思”“思而不学”的情况并不存在，所以孔子这两句话不可能是就一般学习或治学经验而言，而是教人在学习中如何成德的方法。因此，“学而不思则罔”，学即“博学于文”之“学”，意谓在广泛学习文献的过程中，如不常思及学习的宗旨是“为己”而非“为人”（“古之学者为己，今之学者为人”），那么将迷失人生大道的方向。孔子为己之学即成德之学。“思而不学则殆”，孔子曾自述为学的经验：“吾尝终日不食，终夜不寝，以思，无益，不如学也。”这里的“思”，不可能是冥想，而是博文中的思，属于知识层次，“无益”自是就成德而言。一味在文献知识上强探力索，既无益于成德，所以“思而不学”之“学”，不可能再是“博学于文”的层次，而是进到“约之以礼”的层次，这个“学”的意义，已是孔子所说“君子食无求饱，居无求安，敏于事而慎于言，就有道而正焉，可谓好学也已”的“学”，这已由博文提升到志道、问道与行道，这样的学才是有益于成德的学，所谓“下学而上达”也。一个志道之士，如只停顿于下学而不能上达，那么内心怎么能不“危而不安”呢？

（二）开放的心灵

这是指孔子在教学上所表现的一种非权威主义的态度。“开放的心灵”的观念，似乎到现代才流行，但这并不表示现代人就必然比古人更开放。不论是从知识、宗教或道德出发，只要达到一定的修为，都同样可以表现出开放的心灵，苏格拉底、佛陀、孔子可分别代表这三种典范，他们共同的依据，就是一个“诚”字，对人真诚，对己不欺，他们的心灵必然是开放的。

“子曰：当仁不让于师。”孔安国注：“当行仁之事，不复让于师，言行仁急。”刘宝楠《论语正义》：“此章是夫子示门人语。盖事师之礼，必请命而后行，独当仁则宜急行，故告以不让于师之道，恐以展转误人生死也。”两解皆可通，但嫌“着”。在道德上有成就的老师，当然是弟子学习的典范，但再伟大的老师，毕竟只是一股助力。所以在成德上要靠自己的勇猛精进（“为仁由己”），不必像在其他事情上有所推让。言下之意，似乎含有在成德上弟子未必就一定不如其师。在成德之路上（知识之路上也一样），必须自己奋斗、自己负责，老师是帮不了多大忙的，所以说“不让于师”。

“子曰：二三子以我为隐乎？吾无隐乎尔。吾无行而不与二三子者，是丘也。”大概是因孔子说“予欲无言”“默而识之”这类的话，弟子们一时无法体会其意义，反而误以为孔子有所隐藏。孔子针对这一点，坦诚相告：我每天与你们生活在一起，没有一件行事不与尔等共见，有什么可隐藏的？“无隐”即“君子坦荡荡”的表现，就是开放。弟子们不能体会“无言”乃成德之教的重要法门，《易・系辞传上》说“神而明之，存乎其人；默而成之，不言而信，存乎德行”，便对这一法门体会得十分透彻，也无异是揭露了孔子这番言论的深层意义。

从《论语》的记载，孔子表现开放心灵的例子很多。“子见南子，子路不说（悦）”，“公山弗扰以费畔（叛），召，子欲往，子路不说”，在这两件事中孔子的反应，以及“佛肸召，子欲往”，与子路问“卫君待子而为政，子将奚先”，而引发师生之间生动、坦率又富人情味的对话，不是权威主义人格者能说出来的。此外，仲弓向孔子问及子桑伯子的从政情况，听了孔子的回答，显然不以为然，而大发议论，孔子听完了，不但没有表示不高兴，还说仲弓的见解很正确。有一次，子游正做武城的邑宰，孔子偕同弟子们路过武城，“闻弦歌之声”，孔子微笑着说：“割鸡焉用牛刀？”子游就把孔子教他们在施政时如何施行礼乐教化的话，提出来反问孔子，孔子并未因此生气，他向随行的弟子们说：“二三子，偃（子游姓言名偃）之言是也，前言戏之耳。”虽是开玩笑，就为师者而言，毕竟失言。由孔子的反应，可见他说“丘也幸，苟有过，人必知之”，没有一点虚伪。

（三）以身作则

以身作则就是身教，这个道理人人皆知，能真正做到的少之又少。孔子讲的许多道理，这道理本身当然也有价值，但所以能传之久远，至今仍能受到世人尊崇，与他在教育上能真正做到以身作则，有绝对的关系。

以身作则或身教，就是在行为上能起示范作用，成为学习者的模范。孔子在行为上能起示范作用的，根据前文第五章《孔子的性格》所说，有（1）兴趣广泛、多才多艺。（2）学而不厌、诲人不倦的精神。（3）率真自然。（4）虚怀若谷、从善如流。（5）好恶显明。（6）能坦然面对自己的过失。（7）和蔼中带有严肃。（8）安贫乐道。（9）富使命感。（10）行为合乎伦理。后世之人，只能学到其中一部分，无人能学到全部，这就是孔子能被称为“万世师表”的真实根据。西哲有云：“教育，是人们遗忘了所有学校灌输的知识后，仍能留存的东西。”这种教育，只有包括爱与实践的身教，才足以当之。孔子正是这种教育的一个不朽例子。

五、师生之间

我写《中国十九世纪思想史》，讨论曾国藩集团时，曾特别提到湘军精神。我说：“所谓湘军精神，克实地说，就是由中国文化陶养出来的一种具有经世倾向的道德力量。这股力量，不但使湘军领导群志同道合，也使他们情义相联。就‘情联志通’而言，这种精神可以说是发自超乎手足、父子之情的友谊，而友道正是中国文化中儒学所重视和强调的。”① 现在我要再补充一句，这重视友谊和友道的传统的源头，就是来自孔门。孔门是一自由、流动、不具正规形式的教学团体，其中所表现的师生情义，以及友道的实践，不仅影响了传统的伦理教育与私人讲学，也影响到义结金兰的社团，甚至由此而发展出影响到国家兴亡的事功，形成一个相当特殊的传统。下面是这个富有道德理想主义精神的教学团体的几个重要面相。

① 韦政通：《中国十九世纪思想史（上）》，东大图书股份有限公司，1991年，第385页。

（一）弟子的类型

“子曰：不得中行而与（予）之，必也狂狷乎！狂者进取，狷者有所不为也。”《孟子·尽心下》：“孟子曰：孔子‘不得中道而与之，必也狂狷乎！狂者进取，狷者有所不为也’。孔子岂不欲中道哉？不可必得，故思其次也。”孟子以“中道”释“中行”，盖谓能行中庸之道者。这种人既高于狂者与狷者，则应具二者之长，即既能进取，又能有所不为。中行、狂、狷，是孔子认为可以传道授业的三个类型，若依孔子所说“不得中行而与之”，则孔门中并无合此标准之人，但由“子谓颜渊曰：用之则行，舍之则藏，惟我与尔有是夫”以及孔子告子贡“吾与女弗如也”（指不如颜回）等语看来，颜回应已合乎中行的标准，至少也非常接近了。当然，如从颜回的安贫乐道、“不违如愚”的性格来看，他又是一典型的狷者。

在孔门中，如果说颜回是一典型的狷者，那么子路就是一典型的狂者。颜回与孔子之间，真可谓声入心通，“于吾言无所不说（悦）”，经常沉静不语。子路则相反，他的话最多，胆子也最大，对孔子的言行，如觉得不妥，往往直言不讳，有时甚至口不择言。[①] 孔子对子路，似乎又爱又厌。在爱的方面，孔子觉得他是一位可以共忧患的人：“道不行，乘桴浮于海，从我者

① 直言不讳见之于子路对“公山弗扰以费畔，召，子欲往”和“佛肸召，子欲往”这两件事的反应。口不择言，如：“子路曰：‘卫君待子而为政，子将奚先？’子曰：‘必也正名乎。’子路曰：‘有是哉，子之迂也！奚其正？’”

其由与？”又觉得他这个人能做到刚强自信：“衣敝缊袍，与衣狐貉者立而不耻者，其由也与？”而且认为他具有“片言可以折狱”的才能。在厌的方面，孔子曾斥责他说话粗野，又曾以“贼夫人之子”“佞者”“暴虎冯河”等语责备他。

从“子贡方（讥评）人”“赐不受命”等表现来看，子贡也应属狂者一型。他善于辞令，孔子曾说他为“廊庙之材”（“瑚琏也”）。“子贡曰：纣之不善，不如是之甚也。是以君子恶居下流，天下之恶皆归焉。”从这话可看出，他不但有史识，且洞悉世情。他虽长于“货殖”，对孔子却十分尊崇。他于孔门，虽未以“德行”著称，却是孔子之道的重要传播者，史称“夫使孔子名布扬于天下（四方）者，子贡先后之也”[①]。以当时他在诸侯间的活动力[②]，此言当可信。此外，孔子说过“吾与点也”的曾皙，不赞成“三年之丧”的宰我，“堂堂乎张也”的子张，也都是偏向狂者一型的人物。

在孔门弟子中，属于狷者一型的，在比例上远多于狂者，他们多半“乐道不仕”，如与颜回同以“德行”著称的闵子骞、冉伯牛、仲弓，被孔子称许为“君子哉若人！尚德哉若人”的南容，被孔子评为“商也不及”的子夏，被孔子视为“柴也愚”的子羔，曾为孔子家宰的原宪，以“士不可以不弘毅，任重而道远”为志的曾子，被选作孔子女婿的公冶长，笃志于道，无

①《史记·货殖列传》。

② 见《左传》襄公七年和十二年的记载。

意干禄的漆雕开。此外，被孔子称许为多才多艺的冉有，在为武城宰时因推行礼乐教化，被孔子戏称为“割鸡焉用牛刀”的子游，应该也是偏向于狷者这一型的。

（二）师生之间的切磋

子路问“怎样才能称为士”，孔子的回答是：“切切偲偲，怡怡如也，可谓士矣。朋友切切偲偲，兄弟怡怡。”切切偲偲，是互相切磋勉励的意思，孔子特别指出，此乃朋友之道。孔子与弟子的关系亦师亦友，在中国传统中，师、友同属一伦，因此，朋友之道亦师生之道。师生相处，应以道理的切磋、德性的相勉为主，曾子所谓“君子以文会友，以友辅仁”是也，这是一种心灵交感、智性互动的过程。当年《论语》的记录者，并未能充分意识到这一点，因此记录中能详细表现切磋过程的篇章很少，多半以两种形式呈现，一种是只记孔子发言的结论，或其中紧要语，好像孔子一人在独白，这恐怕不是当时的实况。另一种虽有问答的形式，但究竟在什么背景下问的，问题究竟是怎样提的，全不清楚。这种记录的方式，不仅为读者的理解带来诸多困扰，也是造成历代《论语》注释者异说纷纭的主要原因。更严重的是，在此权威经典的影响下，造成儒学传统中问题意识的薄弱。

下面选录的是较能表现孔门师生之间切磋的篇章，从切磋中多少可以使我们体会到孔门教学的实况，以及孔子教学的风格。

例一："子贡曰：'贫而无谄，富而无骄，何如？'子曰：'可也，未若贫而乐，富而好礼者也。'子贡曰：'《诗》云："如切如磋，如琢如磨"，其斯之谓与？'子曰：'赐也。始可与言《诗》已矣，告诸往而知来者。'"子贡所说贫无谄、富无骄，在一般的修养上能做到这一点，已经算是难能。孔子就同样的话题再转进一层，提醒子贡，这方面的修养，还可追求更高的境界。子贡引《诗》加以回应，表示对孔子希望他在修养上能精益求精的期待，有充分的领会。孔子再以"告诸往而知来者"勉励，印证了子贡确有"闻一以知二"的能力，同时告诉他，具备这样的领悟力，可以接受诗教了。在这里，一个善学，一个善教，是心灵交感、智性互动的典型实例，论学之乐，莫过于此。另一次类似的经验，见于子夏与孔子讨论诗义的问答，子夏由孔子"绘事后素"的比喻中，领悟出"礼后乎"的道理，使得孔子开怀而兴奋地说："起予者商也！始可与言《诗》已矣。"善学的弟子，不仅能启发老师，同时还能收到"师逸而功倍"[①]的效果。

例二：根据《论语》的记载，有两次孔子与弟子在一起，要他们说说自己的志向。一次是与颜渊、子路，子路的志向在重视朋友的义气，颜渊的志向是希望在律己方面多下工夫。两人说完，子路反问孔子之志，孔子很爽快地答道："老者安之，

①《礼记·学记》。

朋友信之，少者怀之。”虽是各抒情怀，也有“相观而善”[①]之义。

另一次陪伴在孔子身旁的，有子路、冉有、公西华、曾皙四人，孔子问他们：假如有机会出仕，你们会有何作为？子路说，如让他去治理夹在大国之间的小国，不出三年，不仅可使百姓个个勇敢，而且知晓道义。冉求说，如让他去治理五六十里的地方，只要三年，便可使人民丰衣足食。公西华说，在宗庙里，或当诸侯会盟时，可以做襄赞礼仪的角色。轮到曾皙，当同学们在各抒己志时，他却旁若无人似的在鼓瑟，当孔子点名问他，“铿”的一声，舍瑟而立，毫不避讳地告诉孔子，他的志向和同学们不同，他说：“莫（暮）春者，春服既成，冠者五六人，童子六七人，浴乎沂，风乎舞雩，咏而归。”曾皙向往的，是道家式的逍遥生活，孔子对他如此独特的志趣，却十分欣赏。孔子与这位在孔门中独树一帜的弟子之间，这番“相悦以解”的交谈，为后世《论语》的诠释者，不论是从艺术或从道德，都留下想象的空间。[②]

例三：孔子提到颜回，几乎都是嘉许之辞，只有一次例外：“回也，非助我者也，于吾言无所不说。”颜回生性木讷，对孔子的教诲，总是听得满怀喜悦，很少发问，更不用说质疑

---

①《礼记·学记》。

② 参看徐复观：《中国艺术精神》，台湾学生书局，1973 年，第 18—19 页。

问难了。朱注以为，孔子此言“其辞若有憾焉，其实乃深喜之”。“有憾”是真的，而不是“若有憾”。“于吾言无所不说”，表示颜回能心领神会，此虽可喜，但因他从未质疑问难，因此只能止于吸收孔子的既有之学，却无法刺激孔子思想的进一步发展，这应该才是孔子说“回也，非助我者也”的真义所在。以孔子开放的教学风格，他是渴望弟子们能质疑问难的，他对子贡、子夏能精益求精，互相切磋，特别予以嘉许，其故在此。

下面是一则弟子不断诘问，刺激孔子思想进一步发展的佳例：

“子路问君子。子曰：‘修己以敬。’曰：‘如斯而已乎？’曰：‘修己以安人。’曰：‘如斯而已乎？’曰：‘修己以安百姓。修己以安百姓，尧、舜其犹病诸？’”君子指在上位主政者。修己即修身，修身既为成德之本，也是成事之所本。“修己以敬”，犹如“修己而敬”[①]，敬就事而言（所谓“执事敬”），是说在上位主政者，必须先能修己，而后才能敬事、敬业。从敬事、敬业，到安人（局部的）、安百姓（普遍的），使天下百姓都能在人伦秩序中安居乐业，即使尧、舜也不见得能做得到的。这一从修己向外扩展的过程，是孔子德治理想的一次重要表述，应该归功于子路步步紧逼，毫不放松的追问。

---

① 王熙元：《论语通释》，台湾学生书局，1988年，第893页。

（三）孔子对弟子的严教与关爱

弟子曾以“子温而厉，威而不猛，恭而安”来形容孔子，所谓“温而厉”，表现在孔子对弟子的态度上，就是严教与关爱。为师者对弟子的生活，不妨多些温情，但在德业上、道理上，则不可苟且、敷衍。朱熹注孔子“益者三友”说：“友直则闻其过，友谅则进于诚，友多闻则进于明。”这是友道，也是师道。比较起来，“友直”虽比“友谅”“友多闻”要难，但师友之间，有规过劝善的义务，如吕坤所说：“一德亏，则友责之；一业废，则友责之。”[①] 这一点如做不到，便不能建立真诚而有深度的师友关系。孟子曾说过“父子之间不责善，责善则离”。可是师友之间，必须责善，这是师友之道的核心，《学记》说“凡学之道，严师为难”，其故殆在此。孔子作为中国历史上第一个伟大的教师，他不但提出友道中责善应持的态度，而且告诉我们责善应守的分寸：“子贡问友。子曰：忠告而善道之，不可则止，毋自辱焉。”对朋友（师生之间也一样）规过劝善，必须本一己之诚，还要讲求劝导的技巧，万一对方不能接受，就不要强求，否则可能自取其辱，这是因为孔子深知“闻过则喜”的人毕竟不多。

下面先看孔子的严教一面，例如：

（1）“子贡曰：‘我不欲人之加诸我也，吾亦欲无加诸人。’

① 吕坤：《呻吟语》卷一《伦理》。

子曰：‘赐也！非尔所及也。’”子贡的话，不过是把孔子“己所不欲，勿施于人”之言加以重述而已，道理上当然没有错。孔子之所以不客气地告诫他，这不是你现前所能做得到的，是因成德之事，说来容易做来难。孔子曾以“古者言之不出，耻躬之不逮也”、“君子欲讷于言而敏于行”教诲弟子，子贡显然把孔子这方面的教诲当作耳边风，否则就不致自信满满地说出这种话来。

（2）“子贡方（谤）人。子曰：赐也贤乎哉？夫我则不暇。”喜言别人之过恶，在一般人不算什么，在道德上却是不好的习惯。在道德上，律己要严，待人要宽。子贡未能谨守这个道理，因此孔子用讽刺的语气训斥他，要他反省。“子贡方人”，也恰好证明他说的“我不欲人之加诸我也，吾亦欲无加诸人”，是在说大话。

（3）“子谓颜渊曰：‘用之则行，舍之则藏，惟我与尔有是夫！’子路曰：‘子行三军，则谁与？’子曰：‘暴虎冯河，死而无悔者，吾不与也。必也临事而惧，好谋而成者也。’”在这简约的对话中，已表露子路轻率好勇的性格。他听到孔子如此抬举颜回，心里很不服气，心想军旅之事，绝不是颜回干得了的，这方面总可让孔子称赞几句，不知就成德之学而言，恰好自暴其短。因此，孔子训斥他单凭血气之勇，不足以成事，即使军旅之事，也得“临事而惧，好谋而成”呀！

（4）“季氏富于周公，而求也为之聚敛而附益之。子曰：非吾徒也。小子鸣鼓而攻之，可也。”季氏身居卿位，比当年称王的周公还要富有，而冉求仍为他干搜刮民财的勾当，简直是助纣为虐，才使孔子气愤得说了重话，由此也可看出孔子“厉”的一面。冉求虽称“博艺”，出仕后毕竟只能谨守家臣的伦理，难登君子之域。

再看孔子对弟子关爱的一面：

（1）“子在陈，曰：归与！归与！吾党之小子狂简，斐然成章，不知所以裁之。”孔子在各国流浪日久，眼看自己的理想，已无实行的机会，因而怀念起仍留在鲁国的弟子，想回去好好教育他们。这表现了孔子对弟子们的顾念之情。

（2）“原思为之宰，与之粟九百，辞。子曰：毋！以与尔邻里乡党乎！”孔子为鲁司寇时，以弟子原宪为家臣。原宪乃一安贫乐道之士，《庄子·让王》《史记·仲尼弟子列传》《孔子家语》皆有记载。[①]孔子给他“粟九百”作为家臣的俸禄，他嫌太多，不肯接受，表示他确实能安于贫穷。另一方面，也表现孔子对这位穷学生生活的关心。

（3）“伯牛有疾，子问之，自牖执其手，曰：亡之，命矣夫！斯人也而有斯疾也！斯人也而有斯疾也！”“颜渊死。子曰：噫！天丧予！天丧予！”“颜渊死，子哭之恸。从者曰：‘子恸矣！’曰：‘有恸乎？非夫人之为恸而谁为？’”伯牛、颜回被孔子视为德行之列，也就是说，他们在孔门中是最有资格

---

① 详见蔡仁厚：《孔门弟子志行考述》，台湾商务印书馆，1992年，第137—138页。

传孔子之道的人。不幸，一个罹患恶疾（不治之症），一个短命而死；一个使孔子为之浩叹，一个使孔子为之痛哭。

（四）弟子心目中的孔子

（1）子贡。根据《论语》的记载，子贡有关孔子的谈话，共有六次之多，后世儒者对孔子形象的描述，很少能越出他所说的范围。套用现代一句流行语，子贡倒很像孔门的发言人。六次谈话可分为三类。

第一类是对孔子真实人格的描述。“子禽问于子贡曰：‘夫子至于是邦也，必闻其政，求之与？抑与之与？’子贡曰：‘夫子温、良、恭、俭、让以得之。夫子之求之也，其诸（或许）异乎人之求之与？’”温，温和；良，纯良；恭，端庄；俭，自制；让，谦逊。这虽是就孔子见国君时所表现的容颜仪态而言，也必是子贡在日常生活中体验所得，应该是相当可靠的。“叔孙武叔语大夫于朝曰：‘子贡贤于仲尼。’子服景伯以告子贡。子贡曰：‘譬之宫墙，赐之墙也及肩，窥见室家之好；夫子之墙数仞，不得其门而入，不见宗庙之美，百官之富。得其门者或寡矣！夫子之云，不亦宜乎！’”《史记·货殖列传》：“七十子之徒，赐最为饶益……结驷连骑，束帛之币以聘享诸侯，所至，国君无不分庭与之抗礼。”在世俗眼光里，认为“子贡贤于仲尼”，是不难理解的。子贡究竟是孔门高弟，修身方面或许平平，但“智足以知圣人”，他当然不能承认叔孙武叔的看法。宫墙之喻，可以指人格，也可以指学问，似偏重学问的成分居多。

说孔子的人格高超，学问博大精深，很少人能登堂入室，事实上是可以成立的，并不夸张。

第二类是感情上的尊崇，代表一种信仰的投射。“太宰问于子贡曰：‘夫子圣者与？何其多能也？’子贡曰：‘固天纵之将圣，又多能也。’”孔子自己从未以圣人君子自居，这不只是谦虚，而是自觉地在表达他不属于宗教性的人物，他是生活在人间，在道德上自强不息的奋斗者。宗教人物如佛陀，他是“上天下地，唯我独尊”的；如耶稣，他说：“我就是道路、真理、生命，若不借着我，没有人能到父那里去。”宗教人与道德人的自我意识是有显著的差异。当人们面对伟大人物而诉之以情时，会很自然地将伟大人物转化为信仰的对象。“子曰：‘君子道者三，我无能焉：仁者不忧，知者不惑，勇者不惧。’子贡曰：‘夫子自道也。’”竹添光鸿《论语会笺》：“道者，犹曰所行也。”这是《中庸》的“三达德”，乃道德的至高之境，与圣人一样，无人能完全达到，所以“我无能焉”不一定就是孔子的自谦，而是他忠诚的自白。由于子贡对孔子是发自内心的尊崇，同样的话，体会起来自然又不一样。《孟子·公孙丑上》引子贡说：“学不厌，智也；教不倦，仁也。仁且智，夫子既圣矣。”此说不见于《论语》，很可能是孟子根据子贡上述之言，再加以诠释，完全符合子贡的原意。

第三类已不只是信仰的投射，而是直接将孔子神格化了。“叔孙武叔毁仲尼。子贡曰：无以为也，仲尼不可毁也！他人之贤者丘陵也，犹可逾也；仲尼日月也，无得而逾焉。人虽欲自绝，其何伤于日月乎？多见其不知量也。”又：“陈子禽谓子贡曰：‘子为恭也，仲尼岂贤于子乎？’子贡曰：‘君子一言以为知，一言以为不知，言不可不慎也。夫子之不可及也，犹天之不可阶而升也。’”这里所说的日、月、天，当然不是现代太空科学研究的对象，虽然也不必就是太阳神、月亮神和天神，但高高在上，如日、如月、如天，已经神格化了。在中国历史上，将孔子神圣化的，子贡要算是第一人。

（2）颜渊。“颜渊喟然叹曰：仰之弥高，钻之弥坚；瞻之在前，忽焉在后。夫子循循然善诱人，博我以文，约我以礼，欲罢不能。既竭吾才，如有所立卓尔，虽欲从之，末由也已。”孔子之道，高不可攀，深不可测，虽经循循善诱，我也尽了最大的努力，仍然远远落在其后。子贡宫墙之喻，毕竟隔了一层。颜回依据亲身体验，叙说在孔门学习的感受和心境，真实、亲切、生动。在所有弟子中，他对孔子之道，最能心领神会，也是师生之间感通最深的一位。使孔子“其人虽已殁，千载有余情”者，颜回也。

六、结语

孔子的教育与现代重理工轻人文的教育，不但不同，甚至相反。学者们本于人本或人文教育的观点，批评现行教育的失当时，常常提出“全人格的教育”，作为今后努力的方向。所谓“全人”教育，就是要德、智、体、群四育并重，因为人的潜能发挥在行为上是多方面的，四育都是发展健全人格的要素。

无疑的，孔子的六艺之教是非常接近全人教育的一种教育。不过六艺之教在孔子，是为了适应阶级社会的需要，使平民阶层的士子也具备贵族子弟的教养，以争取到上流社会服务的机会，这只能算是一般性基础教育。孔子教育的主要目标，是要为新兴的士人阶层赋予一种新的理想主义的精神，培养新的理想人格，因此，在六艺之外，特别重视修身。孔子的修身观念，一开始就不局限于个体的自了，它是一不断向外扩充的过程，“己欲立而立人，己欲达而达人”“修己以安人”“修己以安百姓”。所谓仁道，“克己”还要“复礼”，“礼”代表人伦道德的秩序，立人、达人、安人、安百姓，就是使人、使百姓都能生活于人伦道德秩序之中，过着彼此尊重、互相协助的和谐生活。所以实现仁道，除了仁德之外，还要智、还要勇，三德齐备，才是孔子心目中的君子。勇是向外扩充的动力，所谓“仁者必有勇”。“博学于文”属于智，由于孔子教育的独特目标，在博文的同时，还要“约之以礼”，也就是说，知识的学习，不单是发展智力，同时是完成德性的方法。在这里，使知识缺乏独立性，就整体文化的效果来看，形成一大缺陷。但就成德之教而言，则必然如此，因在成德的工夫中，知识仅扮演辅助性的角色。

如果仁、智、勇，相当于今日的德、智、体，那么师友之道，就相当于今日群性的培养。孔子在颠沛流离的生涯中，仍能凝聚一批弟子始终跟随，最重要的不只是由于道义相结合，而是有赖于身教的力量。如果说孔学是一种生命的学问，不仅仅是表现于知识和观念，而是孔子为人类崇高的生命作了见证。弟子们向他学习的，最重要的也不只是有关成德的知识和观念，而是从他开放的态度中学习，从他刚毅进取的精神中学习，他们有幸能随时随地仿效一位在道德上能身体力行的模范，因此，虽苦亦乐。宋时周茂叔（濂溪）令程子寻孔颜乐处，就是这种生命与道合而为一所得之乐，这是孔门以下历代儒者共同追求的道德境界。

第十章　孔子成德之学及其前景

一、从徐复观《向孔子的思想性格回归》一文说起

1979年，徐复观先生为纪念孔子诞辰，曾发表一篇《向孔子的思想性格回归》的文章[①]，一开头他说："儒学是中国文化的主流，孔子是由古代文化的集大成而奠定儒学的基础，《论语》是研究孔子的最可信的材料，这是得到许多人所共许的。但现代谈中国哲学史的人，几乎没有人能从正面谈孔子的哲学，更没有人能从《论语》谈孔子的哲学：虽然这些先生们，不像方东美先生样，公开贬斥《论语》，但心里并瞧不起《论语》。认为里面形而上的意味太少，不够'哲学'。"

如单独看上面这段文字，一时间似乎还看不出他所说的"这些先生们"指的是哪些人，再看下面这段，就完全明白了：

---

① 此文原刊香港《中国人》月刊1979年9月28日第一卷第八期，后收入徐复观：《中国思想史论集续编》，时报文化出版事业有限公司，1982年，第431—442页。又见《徐复观杂文续集》《徐复观最后杂文集》。

“讲中国哲学的先生们……即使非常爱护中国文化，对中国文化用功很勤，所得很精的哲学家，有如熊师十力，以及唐君毅先生，却是反其道而行，要从具体生命、行为，层层向上推，推到形而上的天命天道处立足，以为不如此，便立足不稳。”

徐先生是当代治中国思想史极有成就的史学家，他不喜形上学（其实是不了解），尤其对由形上学进路诠释传统儒学的做法一向不表认同，这是他写《回归》一文的主要动机。所谓回归，就“是要扣紧《论语》，把握住孔子思想的性格，用现代语言把它讲出来，以显现孔子的本来面目”。要如何才能把握住孔子思想的性格呢？他认为“从具体生命、生活上去接近孔子，较之从形而上学，从思辩（辨）逻辑上去接近孔子，远为正确而亲切，由此而可以‘升堂’。若从形而上学入手，则自以为‘入室’，但实际连‘升堂’也感到困难了”。他甚至用肯定的语气说：“以卑俗和超越两种态度，都不能了解《论语》，不能了解《论语》，便不能了解孔子。”[①] 所谓“卑俗”，是指那些“公开贬斥《论语》”，以及“抱着《论语》来糟蹋《论语》”[②] 者；所谓“超越”，当然就是指形上进路。

徐先生《回归》一文，的确很清楚地表达了他治孔学的态度和立场，但对所批评的对象，就“卑俗”者而言，自然很有

① 徐复观：《徐复观杂文》第一册，时报文化出版事业有限公司，1980年，第303页。

② 徐复观：《中国思想史论集续编》，第433页。

道理，就“超越”者而言，显然缺乏同情的了解。以唐先生为例，我想无人能否认，他不但对孔子的基本精神有相应的理解，而且是当代儒家中最重视体验的哲学家。关于孔子和《论语》，他早年就说过：“中国哲学著述，自以《论语》为第一……孔子极高明而道中庸，与柏拉图之欲由庸凡以渐进于高明不同。孔子之言，皆不离日用寻常，即事言理，应答无方，下学上达，言近旨远，随读者高低，而各得其所得。”① 这与徐先生的态度有何不同？

唐先生于中年以后，“喜用西方式之造句”，“曲折繁密缴绕”的表达方式，是因他有见于“当今之世，简易者不加以界画敷陈，多方烘托，则干枯而无生命，人不易得所持循”②。“多方烘托”的思想资源，虽多借助于西方不同学派的哲学，但无论是对中国思想传统的诠释，或建构自己的哲学系统，始终本诸儒家的基本精神。在他所有的著作中，内容及形式与儒家传统距离最远的，要算是《生命存在与心灵境界》一书，然在《自序》中，他说此书仍不离《中庸》“本诸身，征诸庶民”为始，“温故知新，敦厚崇礼”为终之旨。③ 在《后序》中，他又说中年以后的工作，“千回百转，仍在原来之道上”④。则所有运

① 唐君毅：《人生之体验》，人生出版社，1956 年，第 14 页。

② 唐君毅：《中国文化之精神价值》自序，正中书局，1981 年，第 8 页。

③ 唐君毅：《生命存在与心灵境界》自序，台湾学生书局，1977 年，第 4 页。

④ 唐君毅：《生命存在与心灵境界》，第 1157 页。

用西方式之造句，西方式的严密论证，包括形上学进路的诠释，都不过是“化世之言”“方便巧立”[①] 而已。今日看来，这或许正是造成唐先生哲学成就的一大局限。唐先生强烈的文化意识与道德感，一生所成就的实是在“人能弘道”的弘道工作，如能自觉而又坚定地在修身方面多下些工夫，必能为20世纪的中国儒家创造出一位道德人格的新典范。可惜直到晚年，他念兹在兹的工作，仍是在建构一套“立人极之哲学”，使他在弘道之路上的工作，未能尽己之性，使他原有的人格形态，未能充其极，这大概也是他自己说过的“哲人自有悲剧”吧！

近代中国，在西方文化凌厉的挑战之下，站在儒家的立场，不论是思想的回应，或是儒学传统的重建、新学统的建立，都是这个时代最迫切最重要的课题，当代儒家人物中，在这方面成就最大的是牟宗三先生，他使儒学发展达到一新的高峰。他之所以能获得如此重大的成就，其中一个重要的因素，正是由形上学进路，对儒家传统做了创造性的诠释。牟先生的工作，不是向孔子的思想性格回归，而是对孔子思想性格的突破。徐先生《回归》之文，所批评的恰当对象，应该是牟先生。牟、徐两位先生，在1949年以后的三十多年中，曾是为护卫儒家共同奋斗的伙伴，但徐先生竟然对老友建立新学统在这个时代的意义和价值，缺乏同情的了解，纵然他可能受限于史学的立场，但以徐先生思想上的宏观与慧识，仍不免令人费解。

① 唐君毅：《人生之体验》，第16页。

由牟先生开创的儒家新学统，在当代中国哲学界，虽非独领风骚，但已俨然形成一最大学派，其功效显而易见者：第一，在学院中已有稳定的地位。第二，凭借这套系统，可以使中国的儒家学者与世界各大宗教、各大哲学学派展开高层次的对话，同时也可与其他文化进行提升到学理上的交流。这一学派目前追随者众，如能再加强中西学养，必可继续发展下去，也应该发展下去，因为这是使儒学世界化的必经之路。我之所以相信这一学派必可继续发展下去的另一个理由，是它系统化的建构，早已超脱了“化世之言”的目的性和“方便巧立”的工具性，这新学统本身，已具有独立的生命，这是儒家“道问学”的传统从未达到的境界。

唐君毅先生的思想，经历“千回百转，仍在原来之道上”，换言之，就是基本上仍在原地踏步，这是他一生虽有为儒家建立新学统的意愿，最终却无法取得实质上重大成就的根本原因。牟先生的思想，也同样经历了“千回百转”，但他早已充分自觉到，要为儒家建立新学统，必须畅发认知理性，并经由认知理性来显现道德理性的光辉，这是间接曲成的途径。在这条道路上，必须暂时远离传统儒家修身为本、实践优位的原来轨迹，如果我们了解这一点，就可以知道徐先生的批评并不是很相干的。

这一学派依照所谓后牟宗三时期的发展趋势来看，似乎已很难再回到传统儒家的原来轨迹上去了，就个别的学者而言，他当然可以顺着知性探求之路一直走下去，但就儒家整体的发展而言，借用朱熹的比喻，终必陷入“一轮转，一轮不转”的困境，当儒学已赋予儒家传统以学术的生命，终必产生要如何才能再使儒家传统中的道德生命获得新生的问题。假如我们不希望当代新儒家的影响仅局限于学院和少数知识分子，而希望深入社会大众和日常生活，这将是必须面对的问题。在这个问题之前，我觉得徐复观先生《向孔子的思想性格回归》的呼声，对儒家发展的现阶段，的确具有一番新义，值得我们重新体会。所谓“回归”，就是要回到传统儒家修身为本、实践优先的原来轨迹上去，这如何可能？

二、修身：成德的工夫

在解答这个问题之前，必须先对孔子的思想性格作扼要的展示。要了解孔子的思想性格，就必须先把握孔子学说的基本特性。如果我们说孔子学说的基本特性是一种成德之学，应该不会引起什么争议。下文就根据这一基本特性，来展现孔子思想中最重要的几个面相。

首先来探讨修身。修身是成德的工夫，也是孔学的命脉，因道德生命的成长、道德人格的提升，莫不由修身的工夫，这不仅是孔子对道德问题的独特关怀，也是他承先启后、继往开来的志业中最主要的贡献，如没有修身工夫的开发，所谓圣贤学问，便无从说起，这也是当代学者所谓“生命的学问”的本义。

《论语》里虽无“修身”一词，但有“修己”的观念，如“修己以敬”。曾子所说“吾日三省吾身”的“身”字与“己”同义，所以“修己”即同于“修身”。“修”字在孔子的观念中，有消极义，也有积极义。前者如“樊迟从游于舞雩之下，曰：敢问崇德、修慝、辨惑”。“修慝”的“慝”字，据朱注引胡氏说，乃藏于心中的恶念，“修”在这里是“消除”的意思，樊迟问孔子要如何才能消除心中的恶念。孔子回答：“攻其恶，无攻人之恶，非修慝与？”这是修身消极一面的工夫。后者如“子曰：德之不修，学之不讲，闻义不能徙，不善不能改，是吾忧也”。这一章依照竹添光鸿《论语会笺》的理解：“修德是主脑，讲学是致知工夫，徙义、改不善是力行工夫，皆修德之实事也。”若然，则讲学、徙义、改不善是具体指点我们修德要如何修法。依孔子，人有天生之德（“天生德于予”），这天生之德在一般人的生命中是潜在的，必须经由讲学、徙义、改不善等修养工夫，方能体之于身、见之于行，这是“增饰”，是“进德”，不是“消除”，是修身积极一面的工夫。消极工夫是去恶，积极工夫是为善，这两种工夫在性质上虽有不同，在实际的过程中却同时进行，如迁善改过并非两事，也不是先改过后迁善，而是在改过的同时便已迁善。这是因为二者都是心的活动，人之所以能自省其过，是由于仁心或本诸仁心，因此在自省其过的同时，便可体认到仁的存在与仁的道理，所谓“观过，斯知仁矣”。

在为善与去恶之间，孔子的修身工夫，显然更着重在积极的为善上，如谓："苟志于仁矣，无恶也。"又说："好仁者，无以尚之。"这是说人只要有成德的意愿，一心向善，不断充长善端，恶念与恶行自然消除。因孔子深信人具有天生之德，它是内在于人生命之中的无限潜能，这种潜能，必须经由道德的自觉，才能唤醒，必须经由修身的工夫，方能引发。这种工夫如能日长月益，持续不懈，一旦使"我"与"德"融而为一，结为一体，这时刻人的生命便成为纯善而无恶的生命，就个体而言，这已是修身工夫的理想境界，所以说："好仁者，无以尚之。"

孔子的修身工夫，既着重在积极为善上，接下去的问题必然是这种工夫要如何下手、如何进行？"子曰：志于道，据于德，依于仁，游于艺。"这是孔子对成德工夫要如何进行，作了纲要式的提示，下面就遵照这个提示一探其内涵。

"志于道"只是原则性的提示，孔子在别处又说："士志于道，而耻恶衣恶食者，未足与议也。"由此可知，"志于道"，不是泛泛而言，而是针对当时新崛起的士人来说的。孔子生于春秋末期的无道之世，他以有教无类的博大胸怀，一生尽心尽力，所希望培养的新兴士人，是要以明道行道为终身志业者，用孟子的话来说，就是"得志，泽加于民；不得志，修身见于世"[1]。得志与否，不是个人主观上可以决定的，因此，孔子教育士人的重点，是放在"修身见于世"上，也就是要为世间树立起独

①《孟子·尽心上》。

立、自尊、自信、自足的崇高人格，“士志于道”，是培养这种人格必须跨出的第一步。

《论语》中所用的“道”字，诚如徐复观先生所说，有层次的不同，有方向的各异，尤以用在政治上者为多。[①] 由“士志于道”，不但使我们知道“志于道”的要求，有其特定的对象，同时也规范了道的范围，这个道既不可能是天道之道，也不能是政治上的道，它究竟是什么意义，仍有赖于读者的默会，因此不免言人人殊。孟子不愧为孔子成德之学的最佳诠释者，孔子一些过分简约的观念与表述，一经孟子的诠释，便豁然而明。例如：“王子垫问曰：‘士何事？’孟子曰：‘尚志。’曰：‘何谓尚志？’曰：‘仁义而已矣！’”[②]“士志于道”，经由孟子的诠释，使道有了十分明确的内涵。孔、孟都认为，生于道德沦丧的时代，作为一代的新士人，首先必须立志使自己成为一“居仁由义”之士，此不仅安身立命于仁义之上，还必须经由道德自我实现的过程，使一己成为顶天立地的人物。

这是一种创造人格的理想与实践，此如何可能？这就逼出修身的问题，以及成德工夫的必要性。孔子谈修养工夫的一大特色，是就日常生活的言行中加以指点，没有什么深奥的理论，如改过、如慎言、如谦恭、如内省、如安贫乐道等等。正因为

① 徐复观：《中国思想史论集续编》，时报文化出版事业有限公司，1982年，第434页。

②《孟子·尽心上》。

具此特色，因此孔子所说的修养工夫，人人可学可行。虽然人人可学可行，但要彻底做到，且贯彻始终，绝非易事。就成德而言，多言不如一诺，千言万语，如不能落实在行为上，亦是枉然。

一个立志献身于道德理想者，首要的修身工夫，就是要做到不耻恶衣恶食。此外，“君子谋道不谋食……君子忧道不忧贫”，所要求的并无不同。不耻恶衣恶食，至少有两层含义：一是具有道德理想者，难免要多忍受一些低水平的生活，生活在贫苦之中，并不以此为耻，这需要有坚定的自信——这本身就是一种精神的修养。一是具有崇高人生理想的人，必须借淡泊的生活锻炼心志，培养出不为物役的气概——如孟子所说的大丈夫。荀子不也说过“士君子不为贫穷怠乎道”[1]，贫穷本身并无价值可言，但为道而贫，生命的意义和价值便完全不同。作为一道德理想主义者，如不具备坚定的自信，如缺乏不为物役的大丈夫气概，就不可能成为“人能弘道”之“人”，更不可能达到“守死善道”的境界。在这里，我们可看到修身与道之间不可分离的关系，《中庸》所谓“修身以道”“修身则道立”是也。

修身与道不可分的关系，在孔子的言论中，也可以得到证实。“子曰：‘君子道者三，我无能焉：仁者不忧，知者不惑，勇者不惧。’子贡曰：‘夫子自道也。’”在这里，仁、智、勇（《子罕》篇的顺序是智、仁、勇），《中庸》所谓“三达德”者，

---

①《荀子·修身》。

都是道的内容，道与三者相比，是属于更高层次的概念，它代表道德的总体，用朱熹的话来说，道同于“理一”，仁、智、勇则为“分殊”之德。当然，分殊之德不止三，礼、义、廉、耻、忠、恕、孝、弟、信、俭、清、直、让等皆是，这也显示出修身工夫的复杂性与多面性。在实际的工夫中，必须落实在分殊之德上，工夫才能深入，才能精微，才能对实际的行为产生作用。

不忧、不惑、不惧，是修身达到的境界，也是修身获得的成果。这种境界与成果，是怎样达成的？依邢昺疏的理解是：“仁者乐天知命，内省不疚，故不忧也；知者明于事，故不惑；勇者折冲御侮，故不惧。”“乐天知命，内省不疚”，确是达到不忧的工夫，但“明于事”“折冲御侮”，不过是对不惑、不惧的形容，这仍然是修身的成果，不是修身的工夫。针对上述的问题，孔子自己已提出答案：“子曰：好学近乎知，力行近乎仁，知耻近乎勇，知斯三者，则知所以修身。”[①] 依据前引竹添光鸿的解释，好学是致知工夫，力行中包括徙义、改不善的工夫，此“皆修德之实事”。至于“知耻”，盖同于“行己有耻”之“有耻”，“行己有耻”，而后能有所不为，有所不为，而后能专心致力于修德之事，修德即所以养勇，因“仁者必有勇”。为何说“近乎”知、仁、勇？是说经由好学、力行、知耻等修身工夫，便可逐渐逼近不忧、不惑、不惧的目标。知、仁、勇既

---

①《中庸》二〇章。

必须由修身才能达到，而知、仁、勇又都是道的内容，自然也就证明，修身与道有不可分的关系。

修身与道的关系既明，则“据于德，依于仁”在工夫上虽有补强作用，但不可能违离“修身以道”这一基本模式。如把“德”“仁”具工夫含义的文字加以分析，不论其内容如何变化，亦不过“皆修德之实事也”。孔子的成德之学中，所有的分殊之德，在工夫上不论其如何复杂与多面，都只是为了完成一个目标，即将个体的普通生命，脱胎换骨成为“充实而有光辉”的道德生命，修身就是脱胎换骨的工夫。这是传统儒学的活水源头，儒家在中国两千多年的历史上，所以能源远流长，除了代有大儒作见证之外，其为人之道，早已深植于一般老百姓的信念与价值观之中。儒学要在现代世界获得新生，在建构新学统之外，这仍然是我们今后必须努力的方向。

孔子所说“游于艺”，虽然也是成德工夫的纲领之一，但性质与“志于道，据于德，依于仁”显然有所不同，此三者不能不从心（主体意识中的自觉与反省）上下工夫，而“游于艺”之“艺”，是指礼、乐、射、御、书、数之六艺，所以是借文化来陶冶性情，以收潜移默化之效。六艺在孔子的时代，本是贵族子弟以及家臣、邑宰的基本教养和技能，在贵族或只是一种生活方式，在家臣、邑宰，则是“通礼乐以相赞诸侯贵族，精射御以争战防卫，习书数以营理贵族之家或庄园”[①]。为了谋生

①杜正胜：《周代城邦》自序，联经出版事业公司，1985年，第10页。

或有机会出仕，孔子也以六艺教弟子。但孔子所要培养的人才，不只是家臣、邑宰，他理想中的人才，是“以道事君，不可则止”的“大臣”，为了这种需要，于是孔子将六艺之教，从文化教养和技能的层次，提升到“辅仁”、修德的层次。提升以后的六艺，或如徐幹（171—218）所说：“礼以考敬，乐以敦爱，射以平志，御以和心，书以缀事，数以理烦。”[①] 刘伯骥先生，因徐幹的启发，遂下一转语，他说：“礼乐是养仁，射御是养勇，书数是养智。”[②] 这样六艺之教，不仅与“修身以道”的目标完全一致，且可使成德工夫收到朱注所说“本末兼该（赅），内外交养”的效果。

至于为何要说“游”于艺？盖因在六艺作为文化教养和技能的学习活动中，心智必须有所专注，精神必须有所系缚，方能有成。六艺之教一旦提升到“辅仁”、修德的层次，因目标的转化，其精神必须从原来的系缚中超脱出来，“游”就是指这种无所系缚的精神状态——一种能与成德工夫相应的精神状态。

---

①《中论·艺纪》。

② 刘伯骥：《六艺通论》，台湾中华书局，1977 年，第 44 页。

三、君子：成德的理想

有关修身的精神活动，基本上是“反求诸己”的活动，这种精神活动，如继续向内向上发展，或可通向宗教，孔子的思想虽有此倾向（如“知天命”“畏天命”等），但并未凸显。学者解释“命”与“天命”，有偏向于宗教义者[①]，也有认为“此‘命’即指当时能否行‘道’的客观条件”[②]。这两种解释并非不能相通，就孔子整体的思想性格来看，命与天命的问题，似因行道的要求而逼出来的成分居多。

修身的精神活动，是为了建立道德的根本，这是立大本的工作，也是“先立乎其大”的“大”之所指。基于孔子所凸显的人间性与伦理性的思想性格，志道之士必须在修身之外，勇于面对人世间复杂而又艰险生活的挑战，使修身工夫能在不断的挑战中接受考验。孔子心目中的理想人格——君子，不单单在修身，而且要在无止境的迎接挑战、接受考验的过程中，才可能完成。在无论多么艰险的生活的挑战下，都能经得起考验，使各种道德原则皆坚守而不失，这才算达到成德的理想，毫无疑问，孔子是这一理想的开创者，也为君子这种理想人格，树

---

① 林义正：《孔子学说探微》，东大图书股份有限公司，1987 年，第 106 页。

② 余英时：《中国思想传统的现代诠释》，联经出版事业公司，1987 年，第 157 页。

立了第一个典范。

这样的理想人格，除及门弟子，已无从亲身体验，但我们仍可由孔子有关君子的理论，以及相关的道德观念中，对他究竟如何达到这一理想，获知一个大概。这些理论和观念，既有历史的根源，又是他一生经历无数考验所得的心血结晶，这才是使成德理想经过两千多年，至今仍具有感召力的真正原因。

“子曰：君子义以为质，礼以行之，孙以出之，信以成之。君子哉！”这是针对如何成为君子一次比较完整的表述。要如何才能成为君子呢？他必须以义作为言行的基本准则，行为合于礼，言论的表达谦逊，才能合乎义的基本准则。“信以成之”，“子曰：人而无信，不知其可也。大车无輗，小车无軏，其何以行之哉？”可知人生在世，不论为人或处事，如缺乏诚信，都是不可行的。所以这句虽然最后举出，却是贯彻始终的，因为唯有诚信，则礼不致成为虚文，义不致变为假义，言语也不致流于巧言。[1]

除了“君子义以为质”之外，孔子又说：“君子义以为上。”甚至说：“君子之于天下也，无适也，无莫也，义之与比。”“天下”指“事”，也表示没有例外。无可无不可，一方面表示不拘泥、不固执；另一方面是因天下事极复杂，人处其中，难免会遭遇不知如何定夺、如何抉择的情境。人一旦遭到如此情境，照孔子的意思，如是普通人，可能有不同的考虑，但要成

① 王熙元：《论语通释》，台湾学生书局，1988 年，第 942 页。

为君子，就只能作一个决定，那便是唯义是从。由此可知，义在成德的理想中，是扮演着至高无上的角色，所谓“君子义以为上”，就是这个意思。上引两则言论，很重要的一点，是在说明，孔子思想中的“义”，是对应“事”而言，天下事可包括人类的一切言行，政治社会的事务也在其中，如是离群索居的隐士，不涉政治社会事务，仍可有修身的问题，但已没有义不义的问题，子路批评荷蓧丈人这位隐者“不仕无义”，就透露出这个道理。

“无适也，无莫也”，只是虚拟一种情况，当孔子回答子路“成人”（相当于君子的一种理想人格）之问时，以“见利思义”为成人必要的条件之一，此外，孔子又以“见得思义”为“君子有九思”之一，才使情况显得比较具体。“得”与“利”可能是财富，可能是名位，财富、名位对任何人都是很大的诱惑，即使对“志道之士”也是一大挑战，一大考验。要成为一个君子，就必须经得起考验，坚守住“义”这个做人的原则。孔子是一位通情达理的人，他从未矫情地教人不要追求财富、名位。相反地，他深知“富与贵，是人之所欲也”，但因他对新兴的士人阶层有很高的期许，总希望能从中培养出一批能以道自任的士或君子，所以在辞受取予之间，不能不有“不以其道得之，不处也”的高标准要求。孔子自身是一位经得起考验的人物，他自述“不义而富且贵，于我如浮云”。正因他对自己的主张能身体力行，才令人对他的要求并不觉得过分。

前面说过，“无适也，无莫也”有不拘泥、不固执的含义，拘泥、固执为孔子所一向反对，由此而孳生出通权达变的“权”的观念，“权”乃“义”于“对应事”“作为抉择依据”之外，另一重要的特性。人间之事复杂万端，在道德问题上，人都可能遭遇特殊情况和特殊难题，“权”这一观念的提出，就是教人面对特殊情况和特殊难题时，要如何处理。

“子曰：可与共学，未可与适道；可与适道，未可与立；可与立，未可与权。”“适道”即“志于道”，“立”同于《中庸》“修身则道立”的“立”，也是颜回所说“夫子循循然善诱人，博我以文，约我以礼，欲罢不能。既竭吾才，如有所立卓尔”的“立”，指修德有成，已达欲罢不能、强立不反的境界。“可与立，未可与权”，是说行权比修身还要难。朱熹解“可与权”为“遭变事而知其宜”①，“变事”言事之非常态者。举一个最简单的例子，如《孟子·离娄上》：“男女授受不亲，礼也；嫂溺援之以手者，权也。”“男女授受不亲”是事之常，“嫂溺援之以手者”是事之变，变事之来，往往事起仓促，这时刻仍知以最合宜的行动去做、去解决难题，便是行权。宜不宜取决于义，“知其宜”必合于义，所以行权绝非为了便宜行事，而是义在应对特殊情况和特殊难题时一种通权达变的表现，也就是说，当我们的行为明显违反了社会既定的规范时，仍要做出合于义的道德的决定，这才是真正困难的所在。作为权衡轻重得失最终依据的

①《朱子语类》卷三七。（见黎靖德编：《朱子语类》第3册，王星贤点校，中华书局，1986年，第986页。——编者注）

义，并非客观存在足以取法的规范（此所以义不同于礼），义者宜也，这是要诉诸个人道德判断的，道德判断的恰当与否，有赖于个人的精神修养，孔子虽认为行权比修身还要难，但由整章文义看，他也必定认为：如不经由“共学”“适道”“与立”等一层层的由易而难的修身工夫，是不能行权的。

“樊迟问知。子曰：务民之义，敬鬼神而远之，可谓知矣。”《论语》里，“知”作动词，取“知晓”义；作名词，取“知识”之“知”与“智慧”之“智”两义。[1]樊迟所问之“知”，究是何义，不得而知，孔子所答之知，则可以确定为“智慧”之“智”。朱注：“民亦人也……专用力于人道之所宜，而不惑于鬼神之不可知，知者之事也。”只有有智慧的人才能行义，才能“不惑于鬼神之不可知”——此乃“知者不惑”之一例，而“知者不惑”又是君子所行之道三者之一。根据前文对行义、行权的分析，在行义、行权的过程中，随时都可能面对抉择，并行施道德判断。即以“务民之义”为例，有关人民的事务很复杂，其中有“于人道之所宜”者，也有于人道之所不宜者，智者行义，必定已经过一番道德的抉择和道德的判断，所以行义若无“智”的介入，根本是行不成的。

在道德实践中，该作抉择时，却难作抉择，该下判断时，却犹豫不决，这种心理状况，即孔子所说的“惑”。“子张问崇

①林义正：《孔子学说探微》，东大图书股份有限公司，1987年，第103页。

德、辨惑”，樊迟也“问崇德、修慝、辨惑”，可见弟子们也被这种问题所困扰。“辨惑”是为了解惑，孔子回答子张：“爱之欲其生，恶之欲其死。既欲其生，又欲其死，是惑也。”回答樊迟：“一朝之忿，忘其身以及其亲，非惑与？”只举例说明什么是“惑”，“知者不惑”才是如何解惑的答案。由于道德上所遭遇的困惑，可能因人、因时、因地的不同而有异，无论有多少实例，也未必能有助于解决个别的难题，因此孔子把解惑的重点放在如何成为一个有智慧的人上（这是君子的必要条件之一）。

“子曰：由！诲女知之乎！知之为知之，不知为不知，是知也。”最后一“知”字指智慧之“智”，人能知道自己知道些什么，不知道些什么，对自己的“知”有了更高一层的反省[①]，以及“毋意、毋必、毋固、毋我”，都是培养道德智慧的方法（其实也是获得正确知识的方法）。由“唯仁者能好人，能恶人”看，要成为一个不惑的智者，除了好学（《中庸》：“好学近乎知。”《孟子·公孙丑》引子贡：“学不厌，智也。”），最后仍不能不归结到道德修养，道德修养是达到成德理想的唯一保证。

① 林义正：《孔子学说探微》，第103页。

四、以身作则：成德之教

以上两节已探讨过成德的工夫和成德的理想，下面将继续探讨成德之教，这三部分合起来，才能使孔子的成德之学，有完整的呈现，缺一不可。这三部分分开来看，似乎角色不同，各有所司，但在实际成德的过程中，三者之间，不但具有互动互依相辅而成的密切关系，而且都是为了一个共同的目标，这目标就是成就孔子心目中道德的理想人格。成德之教即是经由教育的程序，将个体的成德经验，推广到群体之中，以促进群体道德生命的成长、道德人格的提升。

在《论语》里，足以代表成德之教的教育程序和教育方针的，只有孔子自己说的“君子博学于文，约之以礼，亦可以弗畔矣夫”。颜渊回顾长期从学于孔子的经验和内心的感受时，也提到“夫子循循然善诱人，博我以文，约我以礼”，这不仅证明孔子平日确实是以这种教育程序和教育方针在教弟子，同时也证明孔子的成德之教，并非空谈，而是具有实效的道德经验。对孔子而言，一切的道德教诲，如不能激发人成德的意愿，如不能使彼此感通、相互印证，都是没有意义的空话。颜回对孔子伟大人格及所受教诲的感动与赞叹，应该也是孔子始终“诲人不倦”的一种动力吧！

要了解孔子这一章的自述，首先得注意是就“君子”而言，而君子代表道德的理想人格，因此，“博学于文，约之以礼”乃表示成德之教的程序和方针，这一点应无可疑。“亦可以弗畔矣夫”之“矣夫”，是十分肯定的语气，可见孔子对自己所揭示的这条教学纲要充满自信。但后人要对这八字真言有恰当理解，并不简单。

历来传统注解，盖因体例所限，都不免失之过简，例如朱注：“君子学欲其博，故于文无不考；守欲其要，故其动必以礼。”对这个解释，陈大齐先生有所批评：“朱注所释，虽若文从字顺，但未能触及孔子立言的本意。因其将博学与约礼，说成两件平列的事，未说及其两相关涉的密切情形……原文所欲阐发的，是治学的始终两端，谓始于‘博学于文’终于‘约之以礼’。”[①] 陈氏因是从治学上来理解这八字真言，因此得出“约之以礼”意即“简化以成抽象的原则，择其善者以充造作具体制度的张本”[②]。若然，则文首的“君子”所指，已不是理想人格，而是指在上位者。陈氏之所以偏向这方面去理解，关键在“约之以礼”的“之”字，他以为“之”字是“博学于文”的代词[③]，显然有误，其中“之”字是指上文的“君子”，因此颜回以第一人称转述时，就成为“博我以文，约我以礼”。所以陈氏批评朱注“未能触及孔子立言的本意”，也是不对的。但指出朱注“未说及其两相关涉的密切情形”，这一点是对的。不过朱子一生对博约问题曾不断思考，有过多方讨论，要真正了解他的解

① 陈大齐：《孔子言论贯通集》，台湾商务印书馆，1982 年，第 25 页。

② 陈大齐：《孔子言论贯通集》，第 28 页。

③ 陈大齐：《孔子言论贯通集》，第 25 页。

释，不能仅限于《集注》。

《朱子语类》："'博我以文，约我以礼'，圣门教人，只此两事，须是互相发明。约礼底工夫深，则博文底工夫愈明；博文底工夫至，则约礼底工夫愈密。"[①] 这不仅说明"两相关涉的密切情形"，且更说明二者之间是一种互依并进、互相增强的关系。

如问博文、约礼，何者为先？朱子似有两种答案：其一："学者当自博而约，自易而难，自近而远，自下而高，乃得其序。"[②] 此盖指一般性的顺序。其二："观古今圣贤立言垂训，亦未始不以孝弟忠信、收敛身心为先务，然后即吾日用之间，参以往训之指，反覆推穷，以求其理之所在。"[③] 这有先约后博之意。不论是自博而约，或先约后博，在成德之教中，当因人而异。如学者质胜于文，即当先博后约；反之，即当先约后博。以德行著称的颜渊、闵子骞，恐怕要在"博文"上多下点工夫；以文学著称（熟悉古代文献）的子游、子夏，又必须在"约礼"上多加努力。就二者互依并进、互相增强的关系来看，

---

①《朱子语类》卷三六。（见黎靖德编：《朱子语类》第 3 册，王星贤点校，中华书局，1986 年，第 963 页。——编者注）

②《答程允夫》。（见《朱子全书》第 22 册《晦庵先生朱文公文集（三）》卷四十一，刘永翔、徐德明校点，上海古籍出版社、安徽教育出版社，2002 年，第 1859 页。——编者注）

③《答曾建景》。（见《朱子全书》第 23 册《晦庵先生朱文公文集（四）》卷六十一，徐德明、王铁校点，上海古籍出版社、安徽教育出版社，2002 年，第 2974 页。——编者注）

并无固定的先后可言，而应如钱穆先生所说："惟学欲博而践履则贵约，亦非先博文，再约礼，二者齐头并进，正相成，非相矫也。"①

在此我们还可以再问，欲使二者齐头并进，要从何处着力、如何进行呢？这是一个不容易回答的问题，朱子下面这段话，虽非针对博约而发，但对孔子揭示的教学纲要，实际上可能运作的情况，极具参考的价值，他说："岁月易得，义理难明。但于日用之间，随时随处提撕此心，勿令放逸，而于其中随事观理，讲求思索，沉潜反复，庶于圣贤之教渐有默相契处，则自然见得天道性命，真不外乎此身，而吾之所谓学者，舍是无有别用力处矣。"②

朱子这番话，有助于我们进一步理解到，所谓"博文"，并非"泛然博览"（亦朱子语），而是传统文献中（包括诗、书、礼、乐）与"圣贤之教"相关者，也就是其中足为范式的嘉言懿行。"博"而必须反"约"，博是手段，约是目的，成德的目的，势必规范了求博的性质与范围。"博而反约"之"反"，乃"反求诸己""反身而诚"之"反"，是要使博文所得者，皆能一一体之于身，见之于行。朱子所说"但于日用之间，随时随

---

①钱穆：《论语新解》，香港新亚研究所，1963年，第212页。

②《答度周卿》。（见《朱子全书》第23册《晦庵先生朱文公文集（四）》卷六十一，徐德明、王铁校点，上海古籍出版社、安徽教育出版社，2002年，第2898页。——编者注）

处提撕此心，勿令放逸”，正好是对“约之以礼”做了简明贴切的解释，“约”是教学纲要中最具关键性的工夫，“礼”是“立于礼”“不学礼，无以立”的“礼”，它使人“德性坚定”（朱注），是作为立身之本的“礼”。“约之以礼”，不只是孔子告诉颜回的“非礼勿视，非礼勿听，非礼勿言，非礼勿动”而已，在成德之教中，这句话代表着全部的修身工夫。在这个背景下，我们才能了解孔子为何说“以约失之者，鲜矣”。

孔子的教学纲要，经颜回的印证，证明确可行之而有效。其所以能行之有效，是因这个纲要，并非出之于理论性的设想，而是得之孔子自己追求理想人格的经验。孔子说：“夫仁者，己欲立而立人，己欲达而达人。”在成德之教中，如不先使己立、己达，是不可能立人、达人的，孔子成德之教之所以能行之有效，完全寄托在他能以身作则的身教上。“学而不厌，诲人不倦”，是孔子身教的最佳自白。他一生坎坷，为了得君行道，行走列国的十余年间，危难重重，有时不免饥寒交迫，在如此艰困的岁月中，始终有一批弟子患难与共，所能凭借的，就是他道德人格的感召力量。《韩诗外传》：“智如泉源，行可以为表仪者，人师也。”[1] 孔子是中国民间讲学的鼻祖，也是中国历史上第一位人师。

---

①《韩诗外传》卷五，见《汉魏丛书》第一册，新兴书局，1959年，第108页。

五、成德之学的前景

徐复观先生说："今日中国哲学家的主要任务，是要扣紧《论语》，把握住孔子思想的性格，用现代语言把它讲出来，以显现孔子的本来面目，不让许多浮浅不学之徒，把自己的思想行为，套进《论语》中去，抱着《论语》来糟蹋《论语》。孔子的本来面貌显出来了，时代对他作何评价，只有一委之于人类自身的命运。"[①] 以上三节的讨论，是否足以显现孔子的本来面目，不敢肯定，但自信成德的工夫、成德的理想与成德之教这三个部分，确是扣紧《论语》，把握到孔子思想的核心与精华，至于孔子的社会政治思想，不过是这核心部分的衍生。成德是本，是儒学的活水源头；政治社会是末，是成德之学的扩充。《大学》云："物有本末，事有终始，知所先后，则近道矣。""培元固本"，应该才是徐氏发出"回归"呼声的真义所在，成德之学是否仍有前景，端看信奉儒学之士，今后能否在立本方面多下点工夫。

基于孔子特重"人间性"的精神，因此立本的工作绝不可能脱离社会现实。可是我们今天却生活在一个向往丰裕经济，崇尚物欲享受，忽视精神修养的社会；生活在一个商业文化泛滥，市场型人格横行，并不重视道德人格的社会；生活在一个

① 徐复观：《中国思想史论集续编》，时报文化出版事业有限公司，1982年，第433页。

重理工、轻人文，形成教育的本末倒置，不知身教为何物的社会。如从这方面去看，今日奢谈孔子成德之学的立本工作，岂非天方夜谭般不切实际?

但上述的社会现象，尽管相当普遍，毕竟不是社会的全貌。不久前新闻工作者唐光华先生有篇文章，从社会心理或精神面貌，指出解严后的台湾可分为两个截然不同的精神世界：一是“显性台湾”，也就是外国媒体所称的“贪婪之岛”“赌博‘共和国’”“最粗暴的民主”的台湾。一是“隐性台湾”，“无数不认同拼斗、金权为人生最高价值的台湾人，在不同宗教和道德的指引、鼓舞下，虽然信仰有别，皆不认同物质价值高于精神价值，皆强调博爱、慈悲、正义、公道、智慧、谦让、祥和，这近八百万虔诚的佛教徒、道教徒、基督徒所形成的精神力量，经过十年来的成长，已有逐渐和拼逐金权的力量相抗衡乃至压过的迹象”[①]。记者的观察虽敏锐，但用语不会像学术研究讲求严谨、精确，今日台湾纵然真有两个精神世界存在，也不可能“截然不同”。人性很复杂，在黑道的社会中，盗亦有道；在以慈善、功德为名的团体中，不乏伪善者。这不是问题的所在。这篇文章的重要意义，是指出我们这个社会，在道德上同时存在着衰败和再生的两股力量，这是台湾多年来，虽然社会失秩，人心动荡，多数民众的生活依旧安然有序的重要原因。

① 唐光华:《陈履安和“隐性台湾”》,《中国时报》1995 年 8 月 19 日第 11 版。

道德再生的力量究有多大，虽难以估计，它确实存在，这一点毋庸置疑。只要它存在，社会就有生机，就有更新的动力。这股力量也为孔子成德之学在社会现实中从事立本的工作提供契机。

1992年以来，国际佛光会就在台湾社会推动“把心找回来”的运动，进行的方式，除了系列演讲之外，为了配合环保有净山活动，为了吸引社会大众的参与，也办园游会。所谓“把心找回来”，岂不是孔子“反求诸己”，孟子“求放心”，一种更通俗的表达吗？这个运动还有一个具有社教意义且切中时弊的观念，即大力宣导“清贫思想”。这个观念盖由日人中野孝次一本同名的著作所引进，根据原作者的解释，“清贫不是一般的贫穷，这是由自己思想与意志积极创出之简单朴实的生活形态”[①]。它劝导并鼓励世人，去过一种精神自由不为物役的生活。据星云法师的理解，《清贫思想》这本书，略可归纳为四种理念：（一）回归简朴。（二）活在当下。（三）喜舍感恩。（四）同体共生。[②]这四点在中国传统中，早已是儒、道、释三家（或三教），经由精神修养的共法中，所产生的共有的人生智慧。这种修养和智慧，在现代社会并未失传，只是没有受到普遍的重视。

---

①中野孝次：《清贫思想》，李永炽译，张老师文化事业股份有限公司，1995年，第29页。

②见该书星云的序文。

中野孝次在书中提到，目前“清贫”一词在日语中已是死字。[①] 代表孔子心目中理想人格的“君子”一词，到今天在我们的社会，有时虽被用作“傻瓜”的异称，但它不仅不是一个死概念，一经提起，总不免令人联想到，它仍代表着一个人的单纯、诚恳、可信赖的品质。不久前，在“总统选举”的热潮中，高希均先生因有见于政治人物光怪陆离的行径，发表了一篇副题为《先做君子再做大人物》的文章，他认为现代社会中的“君子”，须具有下列的特质：“做事上，专注、出色、有原则。做人上，敦厚、谦和、有诚信。态度上，不争、不贪、不献媚。品德上，有格、有节、有分寸。见解上，有创意、有包容、有执着。”[②] 高先生所列举的特质，无一不与两千五百多年前，孔子心目中的“君子”以及孔子自己所表现的人格吻合。我相信这些特质，不见得是因熟读《论语》才归纳出来的，而是说明孔子所塑造的理想人格的典范，早已在传统中深入人心形成共识，至今仍为有教养的知识分子所向往。在今日社会里，千万不要再把“君子”朝“圣人”方面去联想，人间并无圣人，君子却是人人可欲的理想，孔子所说君子，一点也不玄虚，本来就是属于庸言庸行的层次，人人可学可行，只是今日社会流行的价值观中，不是很鼓励人朝这方面去努力。

---

① 中野孝次：《清贫思想》，李永炽译，第 29 页。

② 高希均：《何时才有灿烂的日出？——先做君子再做大人物》，《联合报》1995 年 11 月 15 日第 11 版。

在台湾的精神世界里，有能代表道德再生的一股力量，慈济功德会是一显著的例子。他的主持人证严法师，学识平平，其貌不扬，却能号召二三百万徒众，出钱出力，奉献社会，这股力量主要来自他以身作则的身教。不论是道德或宗教，要对社会大众的日常生活有影响力，身教或见证是不可或缺的动力。

近十年来，台湾在政治风潮之外，正有一些团体和个人，默默地在推动社会更新的工作，儒家要想在这方面不做历史缺席者，必须为成德之学的立本工作开发新的着力点，这工作要如何进行？下面是一点初步的构想，希望能引起人文学者的共鸣和讨论。

这工作可从学院内与社会两方面来看。学院方面，目前大学教育正在进行大规模的改革，今后大学的自主性越来越高，希望有创意的大学，能突破现有体制，担负起人文教师再教育的工作。这种教育的宗旨是“人”优先于“文”，“以友辅仁”重于“以文会友”。经由这种教育的过程，希望能激发人文教师的成德意愿，并以文质彬彬的君子自我期许，这样的教师，重回到讲台上，可能产生的效果，必不同于往昔。初期可利用假期试行，长远的目标，望能做到把传统书院的精神，扎根于现代学制之中，使每一位人文教师，在研究工作之外，在人生的某一阶段，有机会在一特殊的场合，互相砥砺品德，所谓“相观而善之谓摩”。负责再教育工作的单位，在财源上必须独立，并聘请有学养、有热情的学者来主持，同时能号召优秀的人文学者来参与和支持。

社会方面，是把校内人文教师再教育的工作，向社会大众推广。希望社会上有财力的企业家或基金会来募集资金，详细规划，热心推动，聘请富有人文理想和人文素养的教师，定期以小众的方式进行讲学，使社会大众重新认识精神修养、道德人格及身教对社会、文化长远发展的重要性。现在台湾社会富有了，但生活品质并未相对地提高，反而有日渐恶化的趋势。丰富社会大众的精神生活，改善社会大众的生活品质，人文学者责无旁贷。社会性的人文讲学，如有一天能蔚为风潮，对改变全社会的风气，必有助益。至于讲学的场地，不必有固定的房舍，文化中心的一角，学校的一间教室，办公大楼中的一个小会议室，咖啡屋、书屋，都可以作为自由讲学的场所。近年来终身教育的理念，似已形成共识，终身教育当然不再是为了资格和文凭，正可以使它落实在社会性的人文讲学之中。

以上是我们对孔子成德之学的前景，提出一些粗略的构想，是否可行，望学者们来共同讨论。

孔子年表

周灵王二十一年，鲁襄公二十二年（前551），阴历八月二十七日（阳历9月28日）生于鲁昌平乡陬邑（今山东曲阜东南）。父叔梁纥（名纥，字叔梁），母颜徵在。

前一年，晋栾盈因遭范宣子排挤，被逐出奔楚。是年秋栾盈自楚适齐，晏婴谏齐庄公勿纳，庄公不听，晏婴退告陈文子："君人执信，臣人执共（恭）。忠信笃敬，上下同之，天之道也。君自弃也，弗能久矣。"三年后，庄公果遇弑。

周灵王二十二年，鲁襄公二十三年（前550），二岁

栾盈由齐潜回晋起事，结果被杀。秋，齐庄公伐卫、伐晋，晏婴说："君恃勇力以伐盟主，若不济，国之福也，不德而有功，忧必及君。"八月，鲁叔孙豹帅师救晋。

周灵王二十三年，鲁襄公二十四年（前549），三岁

（1）父叔梁纥卒。是年鲁国有水灾。

（2）晋范宣子问叔孙豹：何谓死而不朽？叔孙豹答："大

（太）上有立德，其次有立功，其次有立言。虽久不废，此之谓不朽。”

（3）范宣子为晋国执政，加重了诸侯的币帛，郑国子产写信给他，劝他重视名誉，不要沉溺于财货：“夫令名，德之舆也。德，国家之基也。”

周灵王二十四年，鲁襄公二十五年（前 548），四岁

齐崔杼弑庄公。“大史书曰：‘崔杼弑其君。’崔子杀之。其弟嗣书而死者二人，其弟又书，乃舍之。南史氏闻大史尽死，执简以往，闻既书矣，乃还。”

周灵王二十五年，鲁襄公二十六年（前 547），五岁

弟子秦商（鲁人，字不兹）生。

周灵王二十六年，鲁襄公二十七年（前 546），六岁

晋、楚、齐、秦及各小国，于宋开弭兵（停战）之会。是年，齐庆封灭崔氏，崔杼上吊死。

周灵王二十七年，鲁襄公二十八年（前 545），七岁

（1）弟子颜繇（由，鲁人，字路，颜回之父）生。

（2）鲁，春无冰，八月大旱。

（3）作《竹刑》的邓析出生。

周景王元年，鲁襄公二十九年（前544），八岁

（1）弟子冉伯牛（鲁人，名耕，字伯牛）生。伯牛乃孔子早期弟子，以德行著称。

（2）吴公子季札历聘诸侯，是年至鲁，观天子礼乐。

周景王二年，鲁襄公三十年（前543），九岁

（1）四月，蔡世子般弑其君（景侯，因其与儿媳私通）。

（2）周景王杀其弟佞夫。

（3）子产为郑国执政，“使都鄙有章，上下有服，田有封洫，庐井有伍。大人之忠俭者，从而与之；泰侈者，因而毙之”。《论语·公冶长》：“子谓子产有君子之道四焉：其行己也恭，其事上也敬，其养民也惠，其使民也义。”（5·16）又《宪问》：“或问子产。子曰：惠人也。”（14·9）

周景王三年，鲁襄公三十一年（前542），十岁

（1）弟子子路（鲁人，姓仲名由，字子路）生。

（2）鲁襄公仿照楚宫造了一座宫殿。“穆叔（叔孙豹）曰：《大誓》云：‘民之所欲，天必从之。’君欲楚也夫，故作其宫。若不复适楚，必死是宫也。”

（3）郑人游于乡校，议论执政。然明告子产：何不把乡校毁掉？子产说：“何为？夫人朝夕退而游焉，以议执政之善否。其所善者，吾则行之，其所恶者，吾则改之。是吾师也，若之何毁之？”后来孔子听到这番话，他说：“以是观之，人谓子产不仁，吾不信也。”

周景王四年，鲁昭公元年（前 541），十一岁

（1）医和由阴、阳、风、雨、晦、明六气，论养生之道。

（2）十一月，楚公子围，于“入问王疾”时，将其缢死而自立，是为灵王。

周景王五年，鲁昭公二年（前 540），十二岁

（1）晋使韩起（宣子）聘鲁，“观书于大史氏，见《易象》与《鲁春秋》，曰：周礼尽在鲁矣！吾乃今知周公之德，与周之所以王也”。

（2）叔向：“吾闻之曰：忠信，礼之器也；卑让，礼之宗也。”

周景王六年，鲁昭公三年（前 539），十三岁

（1）齐晏婴使晋，与晋卿叔向论两国公室凋零，“政在家门”之故。

（2）是年鲁国八月旱灾，冬有大雨雹。

周景王七年，鲁昭公四年（前 538），十四岁

（1）叔孙豹卒。

（2）郑子产作丘赋（李宗侗：丘赋，每十六井当出马一匹、牛三头），国人谤之，子产曰："何害？苟利社稷，死生以之。"

周景王八年，鲁昭公五年（前537），十五岁

（1）自述："吾十有五而志于学。"（2·4）

（2）鲁舍中军。"初，作中军，三分公室"，季氏、叔氏、孟氏各取其一；舍中军后，四分公室，季氏取二，叔氏、孟氏各一。自此公室愈卑。

周景王九年，鲁昭公六年（前536），十六岁

（1）弟子闵子骞（鲁人，名损，字子骞）生，后以孝行著称于世。

（2）郑子产铸刑书（将法典铸于鼎上），晋叔向以"国将亡，必多制"责之。

（3）叔向谓晋平公："《书》（逸书）曰：'圣作则。'无宁以善人为则，而则人之辟（邪辟）乎？匹夫为善，民犹则之，况国君乎？"

（4）九月，鲁旱。

周景王十年，鲁昭公七年（前535），十七岁

（1）母颜徵在卒于孔子十七岁之前。

（2）士文伯答晋平公日蚀之问："国无政，不用善，则自取谪于日月之灾，故政不可不慎也。务三而已：一曰择人，二曰因民，三曰从时。”

（3）子产论鬼与魂魄。

（4）孟僖子：“礼，人之干也，无礼无以立。”

周景王十一年，鲁昭公八年（前534），十八岁

（1）陈哀公自缢死，楚乘陈内乱灭之。

（2）鲁旱。

周景王十二年，鲁昭公九年（前533），十九岁

（1）与宋国亓官氏成婚。

（2）季平子筑郎囿，劳民。叔孙昭子曰：“无囿犹可，无民其可乎？”

周景王十三年，鲁昭公十年（前532），二十岁

（1）生子名鲤，字伯鱼。为季氏委吏、乘田（管理仓库与牧场），约在此时。

（2）晏婴：“让，德之主也，让之谓懿德。凡有血气，必有争心，故利不可强，思义为愈。义，利之本也。”

（3）季平子伐莒，取郠（今山东沂水县东），献俘，始用人祭于亳社。

（4）郑国子皮：“非知之实难，将在行之。”

周景王十四年，鲁昭公十一年（前531），二十一岁

叔向："鲁公室其卑乎？君有大丧，国不废蒐（打猎、阅兵）。有三年之丧而无一日之戚。国不恤丧，不忌君也。君无戚容，不顾亲也。国不忌君，君不顾亲，能无卑乎？殆失其国。"

周景王十五年，鲁昭公十二年（前530），二十二岁

"仲尼曰：古也有志：'克己复礼，仁也。'"

周景王十六年，鲁昭公十三年（前529），二十三岁

楚灵王自缢死，上年仲尼引古志之言，即针对灵王而发。

周景王十七年，鲁昭公十四年（前528），二十四岁

"仲尼曰：叔向，古之遗直也。治国制刑，不隐于亲。三数叔鱼（叔向之弟）之恶，不为末减。曰义也夫，可谓直矣。"

周景王十八年，鲁昭公十五年（前527），二十五岁

晋国荀跞如周葬穆后，籍谈为副使，丧毕，周王设宴，问及晋国何以没有贡献。副使籍谈代答道："晋居深山，戎狄之与邻而远于王室，王灵不及，拜戎不暇，其何以献器？"周王不满他的回答，就晋国的历史反驳了所谓"王灵不及"绝非史实。籍谈无言以对。等到客人出去以后，周王说："籍父其无后乎！数典而忘其祖。"

周景王十九年，鲁昭公十六年（前526），二十六岁

（1）齐伐徐，楚诱杀戎蛮，叔孙昭子认为，这都是因为诸侯之间没有霸主造成的害处。

（2）“子服昭伯语季平子曰：晋之公室其将遂卑矣。君幼弱，六卿强而奢傲，将因是以习，习实为常，能无卑乎！”

（3）九月，鲁、郑大旱。

周景王二十年，鲁昭公十七年（前525），二十七岁

郯子朝鲁，畅论上古官制。“仲尼闻之，见于郯子而学之，既而告人曰：吾闻之，天子失官，学在四夷，犹信。”

周景王二十一年，鲁昭公十八年（前524），二十八岁

宋、卫、陈、郑四国相继发生火灾。“裨灶曰：‘不用吾言（用宝器瓘斝禳火），郑又将火。’郑人请用之，子产不可。子大叔曰：‘宝以保民也。若有火，国几亡。可以救亡，子何爱焉？’子产曰：‘天道远，人道迩，非所及也，何以知之？灶焉知天道？’”

周景王二十二年，鲁昭公十九年（前523），二十九岁

（1）郑国大水，国人请祭龙神，子产弗许，曰：“吾无求于龙，龙亦无求于我。”

（2）鲁国地震。

周景王二十三年，鲁昭公二十年（前 522），三十岁

（1）弟子冉求（鲁人，字子有）生。弟子冉雍（鲁人，字仲弓）生。

（2）“子产卒，仲尼闻之出涕曰：古之遗爱也。”

（3）棠君尚（伍尚）：“奔死免父，孝也；度功而行，仁也；择任而往，知也；知死不辟，勇也。”

（4）晏婴与齐景公论“和”“同”之异。

周景王二十四年，鲁昭公二十一年（前 521），三十一岁

（1）弟子颜回（鲁人，字子渊）生。弟子巫马期（鲁人，字子旗）生。弟子高柴（卫人，字子羔）生。

（2）七月，鲁有日蚀，昭公问祸福，梓慎对曰：“二至（冬至、夏至）二分（春分、秋分），日有食之不为灾。日月之行也，分，同道也，至，相过也。其他月则为灾，阳不克也，故常为水。”

周景王二十五年，鲁昭公二十二年（前 520），三十二岁

弟子子贡（卫人，姓端木，名赐，字子贡）生。

周敬王元年，鲁昭公二十三年（前 519），三十三岁

（1）“莒子庚舆虐而好剑，苟铸剑，必试诸人，国人患之。”

（2）八月，南宫极因地震亡，苌弘谓刘文公曰：“君其勉之，先君之力可济也。周（西周）之亡也，其三川震，今西王之大臣亦震，天弃之矣。东王必大克。”东王即敬王，因居王城之东狄泉，故称东王。居王城之子朝则称西王。

周敬王二年，鲁昭公二十四年（前518），三十四岁

（1）孟僖子卒，临终前嘱其子孟懿子、南宫敬叔学礼于孔子。

（2）齐景公使士景伯莅周，问子朝与敬王争位之曲直。

（3）鲁国旱灾。

周敬王三年，鲁昭公二十五年（前517），三十五岁

（1）因鲁国内乱，昭公流亡齐国。稍后，孔子亦避乱于齐。在齐国得闻韶乐，三月不知肉味。

（2）赵简子问礼，子大叔（游吉）对曰：“吉也闻诸先大夫子产曰：‘夫礼，天之经也，地之义也，民之行也。’天地之经，而民实则之。”

（3）是年秋，鲁大旱。

周敬王四年，鲁昭公二十六年（前516），三十六岁

（1）仍在齐国。《论语·颜渊》：“齐景公问政于孔子。孔子对曰：‘君君，臣臣，父父，子子。’公曰：‘善哉！信如君不君，臣不臣，父不父，子不子，虽有粟，吾得而食诸？’”（12·11）

（2）在晋军协助下，敬王回到成周，王子朝被逐奔楚。

（3）齐有彗星，齐景公派人禳除之，晏婴曰："天道不謟，不贰其命，若之何禳之？且天之有彗也，以除秽也。君无秽德，又何禳焉？若德之秽，禳之何损？"

（4）晏婴为齐景公说礼治："礼之可以为国也久矣，与天地并。君令、臣共（恭），父慈、子孝，兄爱、弟敬，夫和、妻柔，姑慈、妇听，礼也。"

周敬王五年，鲁昭公二十七年（前515），三十七岁

（1）是年返鲁。《史记·孔子世家》："齐大夫欲害孔子，孔子闻之。景公曰：'吾老矣，弗能用也。'孔子遂行，反乎鲁。"

（2）至嬴、博（皆齐邑）间观葬礼。《礼记·檀弓下》："延陵季子（吴公子札）适齐，于其反也，其长子死，葬于嬴博之间。孔子曰：'延陵季子，吴之习于礼者也。'往而观其葬焉。"

（3）吴公子光弑吴王僚，继位，即吴王阖庐（闾）。

周敬王六年，鲁昭公二十八年（前514），三十八岁

晋韩宣子（起）卒，魏献子（舒）当政，将所灭祁氏之田分为七县，所灭羊舌氏之田分为三县，并任贤能者为县大夫。仲尼闻魏子之举，曰："近不失亲，远不失举，可谓义矣。"

周敬王七年，鲁昭公二十九年（前513），三十九岁

（1）晋大夫蔡墨与魏献子论龙。

（2）晋赵鞅铸刑鼎，仲尼曰："晋其亡乎！失其度矣。"

周敬王八年，鲁昭公三十年（前 512），四十岁

（1）弟子澹台灭明（鲁人，姓澹台，名灭明，字子羽）生。

（2）郑国游吉论大国小国相处之道："礼也者，小事大，大字小之谓。事大在共（恭）其时命，字小在恤其所无。"

周敬王九年，鲁昭公三十一年（前 511），四十一岁

君子曰："《春秋》之称微而显，婉而辨，上之人能使昭明，善人劝焉，淫人惧焉，是以君子贵之。"

周敬王十年，鲁昭公三十二年（前 510），四十二岁

昭公卒于乾侯，至死未能返鲁。晋赵简子（鞅）问史墨："季氏出其君，而民服焉，诸侯与之，君死于外，而莫之或罪也。"史墨对曰："物生有两、有三、有五、有陪贰，故天有三辰，地有五行，体有左右，各有妃耦，王有公，诸侯有卿，皆有贰也。天生季氏以贰鲁侯，为日久矣，民之服焉，不亦宜乎？鲁君世从其失，季氏世修其勤，民忘君矣，虽死于外，其谁矜之？社稷无常奉，君臣无常位，自古以然。"

周敬王十一年，鲁定公元年（前 509），四十三岁

（1）弟子公西华（鲁人，姓公西，名赤，字子华）生。

（2）昭公尸体回鲁，季孙将其墓地与鲁先君分开，后孔子为司寇时，筑墓道使相通。

（3）鲁国旱灾。

周敬王十三年，鲁定公三年（前507），四十五岁

弟子子夏（卫人，姓卜，名商，字子夏）生。

周敬王十四年，鲁定公四年（前506），四十六岁

（1）弟子子游（鲁人，姓言，名偃，字子游）生。

（2）子鱼（祝佗）论周初史事。

（3）吴、蔡伐楚，楚昭王奔随，楚申包胥如秦乞师，“立依于庭墙而哭，日夜不绝声，勺饮不入口七日……秦师乃出”。

周敬王十五年，鲁定公五年（前505），四十七岁

（1）弟子曾子（鲁人，姓曾，名参，字子舆）生，以孝著称。

（2）《史记·孔子世家》：“定公立五年，夏，季平子卒，桓子嗣立。季桓子穿井得土缶，中若羊，问仲尼云得狗。仲尼曰：以丘所闻（知），羊也。”

（3）季氏家臣阳虎（即阳货）囚季桓子，并杀其族人公何藐。阳货欲见孔子，或在此年。

周敬王十六年，鲁定公六年（前504），四十八岁

（1）“阳虎又盟公及三桓（孟孙、季孙、叔孙）于周社，盟国人于亳社，诅于五父之衢。”

（2）去年秋，阳虎拘禁季桓子嬖臣仲梁怀，桓子怒，阳虎因囚桓子。今年，盟于周社后，才放了仲梁怀。从此，阳虎大权在握，孔子所谓“陪臣执国命”（16・2）是也。

周敬王十七年，鲁定公七年（前503），四十九岁

（1）弟子子张（陈人，姓颛孙，名师，字子张）生。

（2）齐国将郓、阳关两地归还鲁国，阳虎纳入自己的管辖之中。

（3）鲁国旱灾。

周敬王十八年，鲁定公八年（前502），五十岁

季氏费邑宰公山不狃（《论语》“狃”作“扰”）因不得意于季氏，趁阳虎作乱谋反。《史记・孔子世家》：“公山不狃以费畔季氏，使人召孔子。孔子循道弥久，温温无所试，莫能己用，曰：‘盖周文武起丰镐而王，今费虽小，傥庶几乎！’欲往。子路不说（悦），止孔子，孔子曰：‘夫召我者岂徒哉，如用我，其为东周乎！’”（参《论语》17・5）

周敬王十九年，鲁定公九年（前501），五十一岁

（1）三桓合力攻阳虎，阳虎奔齐，曾被齐景公所囚，得脱，又逃往晋国，投奔赵简子。“仲尼曰：赵氏其世有乱乎！”

（2）“郑驷歂杀邓析（郑大夫）而用其《竹刑》。”（《竹刑》，书于竹简的刑法）

（3）阳虎之乱后，孔子出任中都宰（中都，今山东汶上县西）。同时任弟子原宪为家宰。

周敬王二十年，鲁定公十年（前500），五十二岁

（1）由中都宰升任司空，由司空为大司寇。

（2）是年夏，鲁定公与齐景公会于夹谷（在今莱芜境内），孔子随行摄相事，景公图以兵劫持定公，赖孔子的辩才与勇气，化解了这场危机，并使齐归还了郓、汶阳、龟阴等地（详见同年《左传》及《史记·孔子世家》）。

（3）晏婴卒。

周敬王二十一年，鲁定公十一年（前499），五十三岁

《论语》载孔子与定公两次问答，约在此时。（1）“定公问：‘君使臣，臣事君，如之何？’孔子对曰：‘君使臣以礼，臣事君以忠。’”（3·19）（2）“定公问：‘一言而可以兴邦，有诸？’孔子对曰：‘言不可以若是其几也。人之言曰：“为君难，为臣不易。”如知为君之难也，不几乎一言而兴邦乎？’曰：‘一言而丧邦，有诸？’孔子对曰：‘言不可以若是其几也。人之言曰：“予无乐乎为君，唯其言而莫予违也。”如其善而莫之违也，不亦善乎？如不善而莫之违也，不几乎一言而丧邦乎？’”（13·15）

周敬王二十二年，鲁定公十二年（前498），五十四岁

（1）《史记·孔子世家》："孔子言于定公曰：臣无藏甲，大夫毋百雉之城。"《左传》："仲由（子路）为季氏宰，将堕三都，于是叔孙氏堕郈。季氏将堕费，公山不狃、叔孙辄帅费人以袭鲁，公与三子入于季氏之宫，登武子之台。费人攻之，弗克。入及公侧，仲尼命申句须、乐颀（二人皆鲁大夫）下伐之，费人北，国人追之，败诸姑蔑。二子奔齐，遂堕费。将堕成，公敛处父谓孟孙：'堕成，齐人必至于北门，且成，孟氏之保障也，无成，是无孟氏也。子伪不知，我将不堕。'冬十二月，公围成，弗克。"

（2）堕三都，功败垂成，孔子与子路处境艰险。此时齐国送来女乐，定公与季桓子因而怠于政事。"子路曰：夫子可以行矣。"于是决心离开鲁国，开始流浪生涯。

（3）鲁国旱灾。

周敬王二十三年，鲁定公十三年（前497），五十五岁

（1）去鲁适卫，颜回、子路、冉有等随行。

（2）到达卫国边境，一位官名"封人"的边防官请求见孔子。见了以后，向弟子们说："二三子，何患于丧乎（指孔子在鲁丧失官位事），天下之无道也久矣！天将以夫子为木铎。"（《论语》3·24）

（3）《史记·孔子世家》："卫灵公问孔子：'居鲁得禄几何？'对曰：'奉粟六万。'卫人亦致粟六万。居顷之，或谮孔

子于卫灵公。……孔子恐获罪焉，居十月，去卫。”

（4）是年，薛弑其君比。

周敬王二十四年，鲁定公十四年（前496），五十六岁

（1）去卫适陈，路过匡（今河南长垣西南）地，因鲁之阳虎曾暴虐匡人，而孔子貌似阳虎，遂遭拘禁。在危急时，孔子说：“文王既没，文不在兹乎？天之将丧斯文也，后死者不得与于斯文也，天之未丧斯文也，匡人其如予何！”（《论语》9·5）

（2）晋大夫赵简子的邑宰（一说为范、中行氏家臣）佛肸据邑叛，召孔子，孔子要去，为子路所阻，未果。（《论语》17·7）

（3）由匡地脱困后，走到离匡不远的蒲地，重又回到卫国。

（4）子见南子。《史记·孔子世家》：“灵公夫人有南子者，使人谓孔子曰：‘四方之君子不辱欲与寡君为兄弟者，必见寡小君。寡小君愿见。’孔子辞谢，不得已而见之。夫人在絺帷中，孔子入门，北面稽首。夫人自帷中再拜，环珮玉声璆然。孔子曰：‘吾乡为弗见，见之礼答焉。’子路不说。孔子矢之曰：‘予所不者，天厌之！天厌之！’居卫月余，灵公与夫人同车，宦者雍渠参乘，出，使孔子为次乘，招摇市过之。孔子曰：‘吾未见好德如好色者也。’”（参《论语》6·28）

（5）子路任蒲邑宰。

周敬王二十五年，鲁定公十五年（前495），五十七岁

正月，邾隐公朝鲁，子贡往观礼，曰："以礼观之，二君者皆有死亡焉。"五月，定公卒，仲尼曰："赐不幸言而中，是使赐多言者也。"孔子是年，或已返鲁。

周敬王二十六年，鲁哀公元年（前494），五十八岁

据《国语·鲁语下》，是年"吴伐越，堕会稽，获骨焉，节专车。吴子使来好聘，且问之仲尼。……曰：'敢问骨何为大？'仲尼曰：'丘闻之，昔禹致群神于会稽之山，防风氏后至，禹杀而戮之，其骨节专车，此为大矣。'"因孔子以博学闻名于当世，故有此问。这段史料，证明孔子是年在鲁。

周敬王二十七年，鲁哀公二年（前493），五十九岁

（1）由鲁至卫。《论语·卫灵公》："卫灵公问陈（阵）于孔子，孔子对曰：'俎豆之事，则尝闻之矣；军旅之事，未之学也。'明日遂行。"

（2）卫灵公卒于是年夏，蒯聩父子争位，孔子离开卫国。

周敬王二十八年，鲁哀公三年（前492），六十岁

（1）孔子在到陈国的途中，路过宋国，宋司马桓魋欲杀孔子，孔子曰："天生德于予，桓魋其如予何！"（《史记·孔子世家》）

（2）路过郑国，《史记·孔子世家》："孔子适郑，与弟子相失，孔子独立郭东门。郑人或谓子贡曰：‘东门有人……累累若丧家之狗。’子贡以实告孔子，孔子欣然笑曰：‘形状，末也，而谓似丧家之狗，然哉！然哉！’”

（3）是年年终前，孔子已到陈国。秋，鲁季桓子卒，临终嘱其子季康子召孔子，为公之鱼所阻，改召弟子冉求。冉求将行，孔子因而思鲁，曰：“归乎！归乎！吾党之小子狂简，斐然成章，吾不知所以裁之。”（《史记·孔子世家》）。

（4）四月，鲁国地震。

周敬王二十九年，鲁哀公四年（前491），六十一岁

孔子居陈。

周敬王三十一年，鲁哀公六年（前489），六十三岁

（1）吴伐陈，孔子由陈适楚，由于战乱，绝粮于陈、蔡之间。《论语·卫灵公》：“在陈绝粮，从者病，莫能兴。子路愠见曰：‘君子亦有穷乎？’子曰：‘君子固穷，小人穷斯滥矣。’”（15·2）

（2）在楚国境内，孔子一行，与接舆、长沮、桀溺、荷蓧丈人等隐逸之士相遇。《论语·微子》：“楚狂接舆歌而过孔子曰：‘凤兮！凤兮！何德之衰！往者不可谏，来者犹可追，已而！已而！今之从政者殆而！’孔子下，欲与之言。趋而辟之，不得与之言。”（18·5）又：“长沮、桀溺耦而耕，孔子过之，使子路问津焉。……（桀溺）曰：‘滔滔者天下皆是也，而谁以易之？且而与其从辟人之士也，岂若从辟世之士哉！’耰而不辍。子路行以告。夫子怃然曰：‘鸟兽不可与同群，吾非斯人之徒与而谁与？天下有道，丘不与易也。’”（18·6）又：“子路从而后，遇丈人，以杖荷蓧。子路问曰：‘子见夫子乎？’丈人曰：‘四体不勤，五谷不分，孰为夫子？’植其杖而芸。子路拱而立。止子路宿，杀鸡为黍而食之，见其二子焉。明日，子路行以告。子曰：‘隐者也。’使子路反见之。至则行矣。”（18·7）

（3）孔子至叶（在楚国境内）。《论语·子路》：“叶公问政。子曰：近者说（悦），远者来。”（13·16）

（4）楚昭王将以书社地七百里封孔子，令尹子西曰：“今孔丘得据土壤，贤弟子为佐，非楚之福也。”昭王乃止。其秋，楚昭王卒。（《史记·孔子世家》）

（5）孔子自楚起程返卫。

周敬王三十二年，鲁哀公七年（前488），六十四岁

（1）因孔子弟子多仕于卫，卫君（出公）欲得孔子为政，子路曰：“卫君待子而为政，子将奚先？”孔子曰：“必也正名乎！（《史记·孔子世家》）

（2）是年夏，吴与鲁会于缯，吴向鲁征百牢（牛、羊、猪各百头）。吴太宰嚭召季康子，康子使子贡（时已仕于鲁）前往，子贡阻止了吴人无礼的要求。（《史记·孔子世家》）

周敬王三十三年，鲁哀公八年（前 487），六十五岁

吴伐鲁，鲁大夫微虎，率私属徒三百，宵攻吴王，孔子弟子有若在其中。

周敬王三十四年，鲁哀公九年（前 486），六十六岁

晋赵鞅卜救郑，遇水适火，占诸史墨，史墨曰："盈，水名也；子，水位也。名位敌，不可干也。炎帝为火师，姜姓其后也。水胜火，伐姜则可。"

周敬王三十五年，鲁哀公十年（前 485），六十七岁

（1）夫人亓官氏卒。

（2）齐人弑悼公。

周敬王三十六年，鲁哀公十一年（前 484），六十八岁

（1）是年春，齐师伐鲁。《史记·孔子世家》："冉有为季氏将师，与齐战于郎，克之。季康子曰：'子之于军旅，学之乎？性之乎？'冉有曰：'学之于孔子。'季康子曰：'孔子何如人哉？'对曰：'用之有名，播之百姓，质诸鬼神而无憾。求之至于此道，虽累千社，夫子不利也。'康子曰：'我欲召之，可乎？'对曰：'欲召之，则毋以小人固之，则可矣。'"

（2）孔子返鲁。卫卿"孔文子（圉）之将攻大叔也，访于仲尼，仲尼曰：'胡簋（夏、周礼器）之事，则尝学之矣；甲兵之事，未之闻也。'退，命驾而行，曰：'鸟则择木，木岂能择鸟？’文子遽止之，曰：‘圉岂敢度其私，访卫国之难也。’将止，鲁人以币召之，乃归。”

（3）反对季氏以田赋。“季孙欲以田赋，使冉有访诸仲尼。仲尼曰：‘丘不识也。’三发，卒曰：‘子为国老，待子而行，若之何子之不言也？’仲尼不对，而私于冉有曰：‘君子之行也，度于礼，施取其厚，事举其中，敛从其薄。如是，则以丘亦足矣。若不度于礼，而贪冒无厌，则虽以田赋，将又不足。且子季孙若欲行而法，则周公之典在，若欲苟而行，又何访焉？’弗听。”

周敬王三十七年，鲁哀公十二年（前483），六十九岁

（1）孔子正乐。《论语·子罕》：“子曰：吾自卫反鲁，然后乐正，《雅》《颂》各得其所。”（9·15）

（2）哀公问政。《论语·为政》：“哀公问曰：‘何为则民服？’孔子对曰：‘举直错诸枉，则民服；举枉错诸直，则民不服。’”（2·19）

（3）季康子问政。《论语·颜渊》：“季康子问政于孔子，孔子对曰：政者，正也，子帅以正，孰敢不正？”（12·17）

（4）十二月，鲁国蝗灾，季孙问诸仲尼，仲尼曰：“丘闻之，火伏而后蛰者毕，今火犹西流，司历过也。”

（5）鲁施行田赋。

（6）孔子之子孔鲤卒。

周敬王三十八年，鲁哀公十三年（前482），七十岁

（1）《史记·孔子世家》："鲁终不能用孔子，孔子亦不求仕。""孔子以诗、书、礼、乐教，弟子盖三千焉，身通六艺者七十有二人。"

（2）是年夏，鲁哀公、晋定公、吴王夫差会于黄池，越王勾践趁机率军攻入吴国都城。

（3）九月、十二月，鲁国蝗灾。

周敬王三十九年，鲁哀公十四年（前481），七十一岁

（1）颜回卒，西狩见麟。《史记·孔子世家》："鲁哀公十四年春，狩大野，叔孙氏车子锄商获兽，以为不祥。仲尼视之曰：'麟也。'取之。曰：'河不出图，洛不出书，吾已矣夫！'颜渊死，孔子曰：'天丧予！'及西狩见麟，曰：'吾道穷矣！'"

（2）齐陈恒弑齐简公，"孔丘三日齐（斋），而请伐齐三，公曰：'鲁为齐弱久矣，子之伐之，将若之何？'对曰：'陈恒弑其君，民之不与者半，以鲁之众加齐之半，可克也。'公曰：'子告季孙。'孔子辞，退而告人曰：'吾以从大夫之后也，故不敢不言。'"

（3）鲁国饥荒。

周敬王四十年，鲁哀公十五年（前480），七十二岁

（1）卫蒯聩逐其子自立，子路为卫大夫孔悝之邑宰，在内乱中，死于难。

（2）八月，鲁国旱灾。连年天灾，使鲁国盗贼蜂起。《论语·颜渊》："季康子患盗，问于孔子。孔子对曰：苟子之不欲，虽赏之不窃。"（12·18）

周敬王四十一年，鲁哀公十六年（前479），七十三岁

（1）四月，孔子卒。

（2）《礼记·檀弓上》："孔子蚤（早）作，负手曳杖，消摇（逍遥）于门，歌曰：'泰山其颓乎！梁木其坏乎！哲人其萎乎！'既歌而入，当户而坐。子贡闻之，曰：'……夫子殆将病也。'遂趋而入。夫子曰：'赐，尔来何迟也。……夫明王不兴，而天下其孰能宗予？予殆将死也。'盖寝疾七日而没。"

（3）孔子死后，哀公诔之曰："旻天不吊，不慭遗一老，俾屏余一人以在位，茕茕余在疚。呜呼哀哉，尼父！无自律。"子贡曰："生不能用，死而诔之，非礼也。称一人，非名也。君两失之。"

（4）《史记·孔子世家》："孔子葬鲁城北泗上，弟子皆服三年，三年心丧毕，相诀而去，则哭，各复尽哀，或复留。唯子赣（贡）庐于冢上，凡六年，然后去。弟子及鲁人往从冢而家者百有余室，因命曰孔里。"

附注：本表史事，引文未予注明者，皆录自《左传》。